"十三五"普通高等教育本科部委级规划教材

U0259136

服装人体工效学

薛　媛　冀艳波　编著

中国纺织出版社

内 容 提 要

服装人体工效学主要研究人、服装、环境三者之间的关系，以舒适、安全、健康、高效为目标，从满足人体需求的角度出发，对服装的设计与制作提出要求，使设计最大限度地适应人体的需要。内容主要包括人体尺寸与服装规格、环境气候与服装调节、服装材料性能与热湿舒适性、服装结构设计的工效学、服装舒适性及其评价方法、日常服装及功能服装的工效学分析六大部分。以理论为主，教学过程中若适当配合实验和设计实践，将能收到更好的学习效果。

本书结合了多年教学经验，参考了国内外大量文献资料，立足于人体工效学的核心内容，重点结合服装的材料和结构要素，体现了服装人体工效学的最新研究成果。既可作为高等院校服装设计与工程专业的教材，也可作为服装学科研究人员与从业人员的参考书籍。

图书在版编目（CIP）数据

服装人体工效学 / 薛媛，冀艳波编著 . -- 北京：中国纺织出版社，2018.8 (2022.5重印)

"十三五"普通高等教育本科部委级规划教材

ISBN 978-7-5180-5111-3

Ⅰ. ①服… Ⅱ. ①薛… ②冀… Ⅲ. ①服装—工效学—高等学校—教材 Ⅳ. ① TS941.17

中国版本图书馆 CIP 数据核字（2018）第 119962 号

策划编辑：孙成成　　责任编辑：杨　勇
责任校对：楼旭红　　责任印制：王艳丽

中国纺织出版社出版发行
地址：北京市朝阳区百子湾东里A407号楼　邮政编码：100124
销售电话：010—67004422　传真：010—87155801
http://www.c-textilep.com
E-mail:faxing@c-textilep.com
中国纺织出版社天猫旗舰店
官方微博 http://weibo.com/2119887771
三河市宏盛印务有限公司印刷　各地新华书店经销
2018年8月第1版　　2022年5月第4次印刷
开本：787×1092　1/16　印张：15.5
字数：302千字　定价：39.80元

前言

　　服装人体工效学是人体工效学的一个分支，涉及人体测量学、解剖学、人类学、生物力学、环境卫生学、心理学、服装材料学等多种学科，是一种综合交叉的边缘学科，也是一门以人为中心，以服装为媒介，以环境为条件的系统工程学科。服装人体工效学主要研究人、服装、环境三者之间的关系，研究人在某种条件下穿着什么服装最合适、最安全、最能发挥人的能力，从满足人体各种需求的角度出发，对服装的设计与制造提出要求，使设计尽可能最大限度地适应人体的需要。设计健康、舒适、方便的服装是服装人体工效学研究的最终目标。

　　从20世纪30年代开始，美国等一些发达国家就开始了服装人体工效学的研究。我国的研究起步较晚，但也进行了大量有价值的研究。在各国研究者的共同努力下，该学科已经产生了许多卓越的研究成果，并应用于军需装备、工矿企业和社会生活。许多高校的服装专业都开设了相关课程，也出版了一些专著和教材。

　　本书是在多年的教学实践中结合教师和学生的需求编写而成的，主要考虑本科教学的广度和深度。还参考了国内外大量文献资料，立足于人体工效学的核心内容，重点结合服装的材料和结构要素，从人体尺寸与服装规格、环境气候与服装、服装材料性能与热湿舒适性、服装结构设计的工效学、服装舒适性及其评价方法、日常服装及功能服装的工效学分析共六大部分详细阐述人、服装和环境三者的关系。本书以理论为主，若能结合每章末尾的思考题进行分析和设计实践，将能收到更好的学习效果。

　　参与本书材料收集、图片处理的还有张嫚毅、郭冰洁、陈茜、白圆圆等。在此对本书引用的文献著作者以及在编著过程中做出贡献和给予帮助的所有同志及我的家人致以诚挚的谢意！

　　由于本人的经验和能力有限，加之服装人体工效学涉及领域广泛，本教材不能反映服装人体工效学研究领域的全面研究成果，不妥之处还请读者指正，在以后的版本中再行完善。

薛媛

2018年2月

目录

第一章 绪论

许多人因为工作和家庭环境不符合他们的需求而生病。这种状况直接影响到他们的安全和幸福，也影响了他们的组织和群体。高科技使我们的生活更高效和充满活力，但对科技的迷恋和过度的商业期望使我们忽略了人的因素，对生产商、供应商和服务商造成了严重影响。因此，人体工效学在后现代时期远比它产生时的19世纪重要。

人体工效学理论与性别、年龄、文化、生活习惯、生活方式、身体特征、有无伤害等有关，也与基于"谁都可以简单使用的设计"的"通用设计"相关，是当前与设计相关的重要关键词。 与过去相比，人体工效学的开发、研究随着关联商品开发部门的技术水平不断提高，考虑所有年龄、性别、职业、文化、居住区域、身体特征、趣味、趣向、生活方式、生活习惯等多种需求，减轻身体负荷，减少长时间使用产生的疲劳感，涉及制造领域的各种产品。

随着信息化时代的发展，基于人体工效学理论制造的键盘、鼠标、按钮等输入装置和显示器等输出装置，搭载人机界面功能的计算机环境和手机应用越来越广泛。除了IT关联的商品外，还有为了减轻身体负荷而以一定的材质、形状等精心设计的椅子，根据使用者身高、坐高等进行高度调节的课桌、餐桌、洗脸台，减轻因长时间使用而使指尖产生疲劳感的圆珠笔、钢笔、自动铅笔等文具，减轻对腰、肩的负担能舒适就寝的床垫，以及每天24小时陪伴人体的舒适、健康的服装等。

服装人体工效学是隶属于人体工效学学科的一个分支，本章从介绍人体工效学的名称、定义开始，重点介绍人体工效学学科的研究内容、研究方法及其发展历程，最后简介服装人体工效学的研究内容。

第一节 人体工效学概述

一、人体工效学的名称和定义

1. 人体工效学的多种学科名称

由于该学科研究和应用的范围极其广泛，世界各国对本学科的命名不尽相同，即使同一个国家对本学科名称的提法也不统一，甚至有很大差别。由各种文字译成中文后，就产生了多种学科名称。

在美国，该学科被称为人类工程学（Human Engineering）或人因工程学（Human Factors Engineering）；在欧洲，该学科被称为人类工效学（Ergonomics）；在日本，该学科被称为人间工学；还有人称之为生物工艺学、工程心理学、应用试验心理学及人体状态学等。

"Ergonomics"一词由希腊词根"Ergon"（即工作、劳动）和"Nomos"（即规律、规则）复合而成，本义为工作的自然法则。由于该词能够较全面地反映本学科的本质，又源自希腊文，便于各国语言翻译上的统一，且词义中立，因此较多国家采用"Ergonomics"一词为该学科命名，国际人体工效学学会也采纳该词作为学科名称。

在我国，该学科起步较晚，在国内的名称尚未统一，普遍采用的名称有人体工效学、人机工程学、人体工程学，常见的其他名称有人类工程学、工程心理学、人—机—环境系统工程、人因学、宜人学等。

2. 人体工效学的基本概念和定义

人体工效学是人体科学、环境科学、工程科学的交叉产物。它涉及人体科学中的人类学、生物学、心理学、卫生学、解剖学、生物力学、人体测量学，环境科学中的环境保护学、环境卫生学、环境心理学，工程科学中的服装设计、工业产品设计、工业经济、系统工程、交通工具、企业管理等众多科学。人体工效学研究人的动作、行为、生理反应、心理感情变化等多种因素，服务于适合人类使用的新产品的设计、制造和开发。

国际人体工效学学会（IEA，International Ergonomics Association）在1960年为本学科所下的定义是：人体工效学是研究人在某种工作环境中的解剖学、生理学和心理学等方面的因素；研究人和机器及环境的相互作用；研究在工作中、家庭生活中与闲暇时怎样考虑人的健康、安全、舒适和工作效率的学科。三句话分别说明了人体工效学的研究对象、研究内容与研究目的。

2008年8月，国际人体工效学学会对学科定义做了更新如下：人体工效学是研究系统中人与其他部分交互关系的学科，运用其理论、数据和方法进行设计，应达系统工效优化及人的健康、舒适之目的。新定义概略、简洁，强调了系统中人与其他因素交互作用的观念。

图1-1　人体工效学的研究内容
资料来源：国际人体工效学学会（IEA）官网

二、人体工效学的研究内容

如图1-1所示，人体工效学的研究核心是达到以人为中心的设计，其范围不仅仅涉及产品，还涉及任务、工作、环境、组织等。人体工效学在现代社会的应用已经涵盖了所有的人造物和环境，充分考虑人类的需求、能力和局限，考虑人的动作、行为、生理反应、心理感情变化等多种因素，尽可能符合人体最自然的活动、状态、姿势、体态等来设计、制造、开发新产品。

（一）一般性的研究内容

人体工效学的研究内容一般分为人的因素、机的因素、环境的因素三部分。人的因素包括人体尺寸、信息的感受和处理能力、运动的能力、学习的能力、生理及心理需求、对物理环境的感受性、对社会环境的感受性、知觉与感觉的能力、个体之差、环境对人体能的影响等。机的因素研究工作系统中直接由人使用的部分如何适应人的使用。环境的因素包括普通环境和特殊环境，普通环境指建筑与室内空间环境的照明、温度、湿度控制等，特殊环境指冶金、化工、采矿等行业遇到的高温、高压、振动、辐射等。

（二）不同领域的研究内容

按涉及领域分为生理工效、认知工效和组织工效。生理工效关注和体力活动相关的人体解剖学、人体测量学、生理学和生物力学性能；相关的课题包括工作姿势、材料处理、重复动作、与肌肉骨骼疾病相关的工作、工作空间布局、安全健康等。认知工效关注心理过程，比如感知、记忆、推理、运动神经反应，因为它们影响系统中人与其他要素的相互作用；相关的课题包括心理负荷、决策、技术技能、人机交互、人的可靠性、工作压力和培训。组织工效关注社会技术系统优化，包括组织结构、政策和工艺流程；相关的课题包括沟通、人力资源管理、工作安排、工作时间设计、团队合作、参与式设计、社区工效、协同工作、新的工作范式、虚拟组织、远程办公、质量管理等。

（三）生活中的人体工效学研究内容

生活中的人体工效学应包括人居环境中的工效学、产品设计中的工效学、物品收存的工效学，以及室内环境的工效学等问题。

1. 人居环境中的工效学

人居环境中的工效学原则是"以人为本"。"以人为本"就是要选择和营造良好的生态环境，使居民充分享受绿地、阳光和新鲜空气；"以人为本"就是要尽可能完善其餐饮、聚会、教育、娱乐、保健等社区功能；"以人为本"就是要采用先进的智能服务系统，较好地解决安全、通信、资讯、防盗、消防、物业管理等服务系统；"以人为本"就是要强化社区邻里交流，创造亲切宜人的社交氛围，体现"邻里守望与相顾"的文明精神，形成有人情味的社区文化空间。总之"以人为本"就是要统筹规划、合理布局、设施齐全、有利工作、方便生活，以营造一个环境优美、清洁、安静，居住条件舒适的人类居住环境。

2. 产品设计中的工效学

产品设计的工效学就是研究人体与家具器具之间的关系。工效学最重要的理念就是"用户友好"。任何一件人造产品，如家具、车辆、电脑、生产工具、生活器皿等，都要让人们在使用时达到最安全、最有效、最舒适、最容易学会、最有人情味等效果。要实现上述要求，设计时应从如下方面予以考虑：

（1）产品的尺度应与人体的尺度一致：产品的尺度，特别是与人体关系密切的产品尺度，如座椅的座面高度、写字台的高度等应与人体相对应部分的测量平均值相符。因此家具设计时要严格执行有关家具的尺寸标准。

（2）产品的尺度应与人的动作尺度相适应：工效学中的所谓"人—机"界面或"人—物"界面，其实质就是人与产品之间的包括尺度关系在内的状态。这不但要求产品的尺度与人体相对应部位的尺度相一致，而且要求与人的动作尺度相一致。如大衣柜挂衣棒的高度应以人站立时上肢能方便到达的高度为准。写字台的高度和电脑桌的高度则应以人手能方便写字或操作键盘的高度为准。只有这样才能达到方便高效而不易产生疲劳。如果达到了这种要求就称之为具有良好的人机界面。

（3）舒适的原则：任何产品设计都有"舒适"的要求，沙发设计要讲究坐垫与靠背的舒适性，床垫的设计要讲究垫子的软硬舒适。太软的沙发和床垫，容易使人体低陷，产生疲劳。太硬的沙发或床垫，则容易使接触部分的骨骼产生压力集中，时间长了就要改变坐姿与睡姿，影响休息效率。

（4）多功能的原则：现代产品的设计都要体现多功能组合。如办公家具要集合阅读、写字、电脑、电话、打印、传真、照明等功能，厨房家具要综合冷藏、烘烤、洗涤、配餐、烹调、排气以及供水、供电、供热等功能。一个台灯，不仅是照明的器具，还可以调节光色、光强和照射面积，甚至还可以提供给手机充电的功能，真正做到关爱人、体贴人的目的。

（5）为残疾人设计：产品设计的工效学还要关爱残疾人，提倡为残疾人设计。如舒适高效的残疾人用车或轮椅，多用的可折叠的拐杖，盲人用的电脑，聋人用的高效的助听器等，以体现对弱势人群的关怀。

3. 物品收存的工效学

物品收存的工效学就是研究人与生活用品的收存关系。随着生活水平的提高，人们拥有的衣物、日常生活用品、文化用品以及孩子们的玩具等都越来越多。家庭中要收存的东西越来越复杂，因此处理好生活物品的收存便成了工效学要解决的重要课题。生活物品收存总的指导思想是合理归类、各得其所，实现空间使用的高效率和存取使用的方便性。主要包括以下几方面：

（1）衣物的收存：衣物的收存是个令人头痛的问题，在20世纪50～70年代，是一个皮箱就可以解决的问题，而今天的双门柜、三门柜或大型壁柜都不一定使你满意。一是由于衣物数量增多，二是由于品类增加和更换衣服的频率更高。用工效学指导衣物的收存，首先应根据不同衣物合理划分存放区域和存放方式。在衣柜内最方便存取的地方存放最常用的衣物，在衣柜上层或底部存放换季衣物。大衣、风衣和西装等上衣要挂放，衬衫、内衣等可以叠放，下班后更换的工装要有临时挂衣架，或在门厅的风雨柜储存，以便第二天使用。对要洗的衣物也要设置专用的衣筐，不要胡乱堆放。为了对付日益增多的衣物存放，可以在室内装修时设置专用的大型封闭的存衣室，内设隔板和落地式的可移动挂衣架，以便大量合理地存放全家人的衣物。倡导"够用即可"的简朴生活是解决衣物存放矛盾的指导思想，清除多余的长年不用的衣物也是有效的措施之一。

（2）客厅的收存：现代社会城市居民客厅的物品也越来越多，如电视、音响、VCD、空调、风扇、书籍、报纸、期刊、茶具、酒类、玩具、工艺品等，不一而足。处理得好则可以赏心悦目，处理得不好则杂乱无章。客厅除了设置沙发、茶几等休闲家具外，还应设置具有视听功能、收藏功能和展示功能的组合柜。或分别设置以放电视为主的视听柜和收藏、展示物品的陈列柜，使各类物品各得其所。但工效学需要告诫的是，即使有许多名酒、名画、古玩和工艺品，你也不必全部摆放出来，可以经常轮流"展出"，这就是客厅区别于杂货店的主要标志之一。少而精的物品展示才是高品位的客厅艺术。

（3）锅碗盆碟交响曲：不管是老式厨房还是现代厨房，都不可避免与锅碗盆碟打交道，厨房的脏乱差往往都是由于这些物品的处理不当所致，而现代高雅清净厨房的实现也要靠厨房用具、物品收存的合理设计与有序存放。现代橱柜设计是解决炊具、餐具、食品、调味品存放的有效途径。常用的炊具要挂放在显眼的易于存取的地方，如吊柜之下。而餐具则应收存在厨房下部可以抽出的搁架上，并配有专用的金属柜，为了充分利用转角处的空间，还应设置可以旋转的存物柜。调味品应放在灶台上方的吊柜内，以便于随时取用。同时还要合理安排灶台、洗菜池和配菜台三者之间的相互位置，保证三者之间的距离为最短，以减少人在厨房工作时的劳动强度。总之要从大处着眼，小处着手，处理好每一个细节和相互关系，就能演奏好家庭厨房的锅碗盆碟交响曲。

4. 室内环境的工效学

室内环境的工效学研究的是人与室内环境的关系。主要包括以下两方面。

（1）物理环境的要求：在声环境方面，应采用吸音或隔音等措施保证卧室和客厅等居室环境的噪音不大于50分贝。在热环境方面，应对冷热感和湿度感予以关注，一般允许值为12～32℃，湿度为15%～80%，但可以通过空调予以调节，实现最佳温湿度。一般冬季温度为20～22℃，夏季温度为22～25℃；冬季湿度为30%～45%，夏季湿度为30%～60%。在嗅觉方面，为了保持室内良好的嗅觉环境，应解决自然通风或强制换气的问题，清新的空气能使人感到心旷神怡，微微的自然风能使人心情愉悦。长期处在不通风的室内，则必然影响人的身心健康。对室内有害气体的浓度更要予以充分关注。如因装修大量使用的人造板、地板以及家具等，都将长期挥发有害气体，重点是控制空气中游离甲醛的含量和有机溶剂的含量。人对甲醛会产生过敏反应，并通过眼、喉黏膜及皮肤发生中毒，长期接触会导致疲劳、记忆力衰退、头疼、失眠等疾病，并有可能导致鼻咽癌及呼吸道癌。因此，要严格控制游离甲醛超标的材料和产品进入室内。从2002年7月1日开始，相关标准已开始强制实施，从立法的角度关怀人的健康。建筑设计时应考虑到主要的室内都有良好的自然采光，在室内设计时则应充分注意室内照明和光环境的塑造。室内照明的方式、室内照明的光度以及灯具的类型与风格都应从家具环境的特点出发，既要科学合理，也要简洁实用，还要有自己的个性与特色，以便形成一个宜人的光环境。

（2）心理环境的营造：就室内的心理环境而言，成功的室内设计与装修都应该体现民族、时代、地域的特征，特别是要体现个人的品质与人格精神。心理环境的营造主要体现个人的精神素养、性格魅力和生活情趣，表现个人的精神气质，形成个人的风格。这就是说我们不要追风，不要模仿，不要千人一面，千室一格。而应根据自己的身份、生活阅历、职业、学识修养与兴趣爱好，构思一些独具个性的装饰主题与形式，形成新的亮点。

三、人体工效学的研究方法

1. 观察法

观察法是指研究者根据一定的研究目的、研究提纲或观察表，用自己的感官和辅助工具去直接观察被研究对象，从而获得资料的一种方法。由于人的感觉器官具有一定的局限性，观察者往往要借助各种现代化的仪器和手段，如照相机、录音机、录像机等来辅助观察。如某电器公司在电熨斗的改进设计调研中，用摄像机记录家庭主妇操作电熨斗的行为，进而分析需要改进的部分。

2. 实测法

实测法是一种借助仪器设备进行实际测量的方法。如对人体静态和动态参数的测量、对人体生理参数的测量、对作业环境参数的测量等。

3. 实验法

实验法是当实测法受到限制时采用的一种研究方法，一般在实验室进行，有时也在作业现场进行。研究者利用一定的设施，控制一定的条件，并借助专门的实验仪器进行研究的一种方法。通过仪器测试可得到的客观实验数据，因此这种研究方法具有较高的可信度。如要了解色彩环境对人的心理、生理和工作效率的影响时，通常在作业现场进行长时间和多人次的实验，获得客观的数据。

4. 计算机模拟法

这是一种先进的研究方法，有些特殊的环境条件恶劣，人难以承受各种极限条件，通过计算机可以模拟环境参数和相应的人体反应，结合有限元或有限容积的概念，通过数值计算和图像显示的方法，达到对工程问题和物理问题乃至自然界各类问题研究的目的。如机动车辆碰撞时人机系统的模拟。

5. 分析法

通常从要证明的结论出发，逐步寻求使它成立的充分条件，直到归纳出定理、公理、性质或法则为止，从而达到证明论点的正确性、合理性的目的。

第二节　人体工效学的发展

一、人体工效学的形成

人体工效学作为一门学科还非常年轻，起源于19世纪末20世纪初的工业革命。英国是世界上开展人体工效学研究最早的国家，但学科的奠基性工作实际上是在美国完成的，因此有"起源于欧洲，形成于美国"之说。作为一门独立的学科正式提出于20世纪60年代，已经有七十多年的历史，但是学科思想却源远流长，产生于人类最初的生活。

博物馆陈列的各时期人类制造使用的器具可以充分说明这一点。原始人狩猎所用的棍棒、石块、投枪，半坡遗址中的石桌、石凳等，这些器物的尺寸和重量都非常适合人类使用。我国古籍《考工记》中有关于兵器的宜人性记述，如"用于劈杀大刀、剑戟，使用有方向性，握柄截面应为椭圆，凭手握柄杆的感知，无须眼看可掌握刀刃、钩头的方向；用于刺杀的枪矛，使用没有方向性，柄杆的截面应该做成圆形……要根据弓箭手的性格来配备弓箭，性情温和、行动迟缓者，配备强劲急疾的硬弓；暴躁性急、行动快猛者，配备柔韧的软弓。"再如《天工开物》的插图可以看出，劳动者的动作、姿态都是自然的、舒展的，说明他们使用的工具、设备与人体尺寸非常适宜，如图1-2所示。

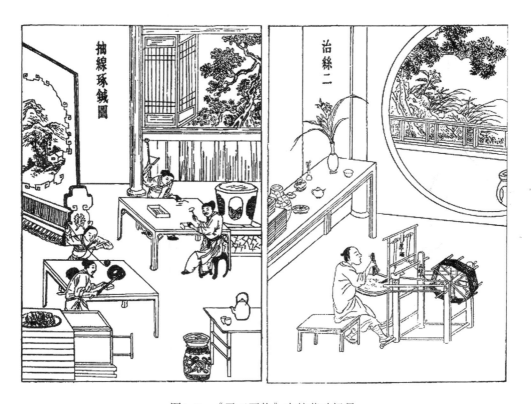

图1-2　《天工开物》中的劳动场景

手工业时代的中外建筑设计、产品设计，从实用和美观的角度出发，遵循着合乎人体结构的基本规律。如埃及国坦卡门墓中的御座、乌木椅、人形棺、玻璃枕头，古希腊、罗马时期的神庙和金属制品中均有体现。远古人类就已经明白器物要和人的各种因素相适宜，可以说人体工效学的基本思想是人类自发的思维倾向，是一种自觉的设计意识。

工业革命时期，由于新技术、新材料、新工艺的发明，使新产品源源不断地出现，设计从生产中分离出来成为一个独立的职业。

电话机的设计是人体工效学的发端，亨利·德雷夫斯（Henry Dreyfess，1903—1972）是人体工效学的奠基者和创始人。德雷夫斯起初做舞台设计工作，1929年建立了自己的工业设计事务所，1930年开始与贝尔公司合作，德雷夫斯坚持设计工业产品应该考虑的是高度舒适的功能性，提出了"从内到外（from inside out）"的设计原则。经过他的反复论证，贝尔公司开始同意按照他的方式设计电话机，自此以后德雷夫斯的一生都与贝尔电话公司结缘，他是影响现代电话形式的最重要的设计师。德雷夫斯对外形设计在市场上的竞争效果考虑得比较少，而更多地考虑电话机的完美功能性设计方面。

1927年，贝尔公司首次引进横放电话筒，改变了以往纵放电话筒的设计。1937年德雷夫斯提出了从功能出发，听筒与话筒合一的设计。德雷夫斯设计的300型电话机，把过去分为两部分的体积很大的电话机缩小为一个整体。成功的设计使贝尔公司与德雷夫斯签订了长期的设计咨询合约。20世纪50年代初期，制作电话机的材料由金属转为塑料，从而基本确定了现代电话机的造型基础。到20世纪50年代末，德雷夫斯已经设计出一百多种电话机。德雷夫斯的电话机因此进入了美国和世界的千家万户，成为现代家庭的基本设施。

除了电话机的设计，德雷夫斯在其他领域也形成了很多人体工效学的研究成果，比如自1955年以来他为约翰·迪尔公司开发的一系列农用机械，这些设计围绕建立舒适的、以人体工效学计算为基础的驾驶工作条件这一中心，特点是外形简练，其中与人相关的部件设计合乎人体舒适的基本要求，这是工业设计的一个非常重要的进步与发展。

德雷夫斯的设计信念是设计必须符合人体的基本要求，他认为适应于人的机器才是最有效率的机器。经过多年研究，他总结出有关人体的数据以及人体的比例及功能，1955年出版了专著《为人的设计》（Designing for People），该书收集了大量的人体工效学资料，1961年他又出版了著作《人体度量》（*The Measure Of Man*），从而为工业设计领域奠定了人体工效学这门学科的基础，德雷夫斯成为最早把人体工效学系统运用在设计过程中的一个设计家。

二、人体工效学的发展

现代人体工效学的发展和学科思想的演进可分为四个阶段：

1. 人体工效学发展的萌芽期——19世纪末到第一次世界大战

20世纪初，美国学者弗雷德里克·温斯洛·泰罗（Frederick Winslow Taylor，1856—1915）在传统管理方法的基础上，提出了现代管理方法和理论，研究怎样操作才能省时、省力、高效，并据此制订了一整套以提高工作效率为目的的操作方法，考虑了人使用的机器、工具、材料及作业环境的标准化问题，也是人们从理论上对人体工效学进行归纳研究的开始。泰罗的代表性研究为"时间研究"，其中包括他在美国伯利恒钢铁厂进行的著名的"铁铲试验"。在该研究中，他比较了工人铲煤与铲矿砂间的差异，对工人的铁铲进行了改进，并制订相应的劳动定额及奖励制度，在短短3.5年时间内，使该厂原需400~600人的工作降低到只需140人即可完成。

弗兰克·吉尔布雷斯（Frank Bunker Gilbreth，1868—1924）夫妇开展了"动作研究"（Motion Study）和疲劳研究。动作研究是把作业动作分解为最小的分析单位，然后通过定性分析，找出最合理的动作，以使作业达到高效、省力和标准化的方法。吉尔布雷斯把手的动作分为17种基本动作（动素），如拿工具这一动作可以分解成17个基本动素：伸手、移物、握取、装配、使用、拆卸、放手、检查、寻找、选择、计划、定位、预定位、持住、休息、延迟（不可避免）、故延（可避免）、发现。他们将动作研究成果应用于砌砖作业，方法是当砖块运至工作场时，先让工费低廉的工人挑选并置于木筐内，每筐盛砖90块，将最好的一面置于一定的方向，此木筐悬挂于工人左方身边，工人左手取砖时右手同时取泥灰，并改善泥灰的浓度，使砖置于泥灰上时无须敲击即可到达定位。这样改善后，工人砌每一砖的动作从18次减少到5次，原来每小时只能砌砖120块，经过训练可砌砖350块，工作效率增加了近200%。

在人体工效学的萌芽期，研究者大多是心理学家，其中突出的代表是美国哈佛大学的心理学教授雨果·芒斯特伯格（Hugo Munsterberg）。他在代表作《心理学与工业效率》中提出了心理学对人在工作中的适应与提高效率的重要性。他把心理学研究工作与泰罗的科学管理方法联系起来，对选择、培训人员与改善工作条件、减轻疲劳等问题做过大量的实践工作。芒斯特伯格的理论，来自于大量的调查和实验性研究，其中一个著名的例子是研究安全驾驶电车的司机所应具备的特征。他通过系统地调查和研究电车司机工作中的各种因素，进行了模拟实验，最终归纳和推论出一个优秀的司机应该具备的各种素质和技能，以及担任司机的心理条件。芒斯特伯格在疲劳研究中，不仅注意到引起疲劳的身体因素，而且注意到引起疲劳的心理因素。他和学生一起进行了许多有关工厂的工作曲线的研究，从中发现了日产量和周产量的涨落规律。日产量在每天上午九十点钟有明显的增加，午饭前产量有所下降，午饭后恢复上升，但上升情况不如早晨九十点钟的产量，下午下班前产量又会显著下降。周产量也表现出类似的情形，星期一的产量平平，星期二和星期三产量最高，然后逐渐下降，直到星期六产量降到最低。日产量的变化可以认为是由身体疲劳引起的，而周产量的变化就不能再用身体因素来解释，唯一合理的解释就是心理因素。他的研究为工业心理学开辟了新的领域。

1919年，英国工业保健研究部对人体工效问题开展了广泛研究，涉及作业姿势、负担限度、体能、工间休息、工作场所光照、环境温湿度，甚至工作中播放音乐的效果等。

这一阶段研究的核心是最大限度提高人的操作效率，研究的主要目的是选拔与培训操作人员，要求人适应于机器，即以机器为中心进行设计，这一点在理论上与人体工效学思想是对立的，因此可以看作人体工效学发展的萌芽期。

2. 人体工效学发展的初兴期——第一次世界大战到第二次世界大战

图1-3 飞机上复杂的显示控制界面

如图1-3所示，从第一次世界大战到第二次世界大战，飞机、潜艇、无线电通信等现代化装备投入使用，且飞机技术不断升级，但事故、伤亡频发。心理学家、航空工学专家组成调查组调查事故原因，调查发现，是飞机高度计人机界面的设计问题导致飞行员读错数字。人们开始认识到飞机的技术性能必须与飞行员的生理机能相适配。1947年，英国海军部成立交叉学科研究组。考虑人类的认知特性，后来改进使用易读的指针式高度计。因此以应用心理学为背景发展了人的因素学。有的国家聘请生理医学、心理学家参与设计，经费增加有限，却事半功倍，效果显著。对人员素质提出了较高的要求，从而重视兵员的选拔与训练，使人去适应已定型的机器装备的需要。战后各国纷纷成立了相应的研究机构，研究发现，生产效率的升降主要取决于职工的工作情绪。影响人的生产积极性的因素除了物质利益、工作条件外，还有社会的和心理的因素。

当时美国人伍德（Wood）说："设备设计必须适合人的各方面因素，使操作的付出最小，而获得的效率最高。"反映了这一时期人体工效学的学科思想。人体工效学的学科思想至此完成了重大的转变：从以机器为中心转变为以人为中心，强调机器的设计应适合人的因素。

3. 人体工效学发展的成熟时期（第二次世界大战至20世纪60年代）

第二次世界大战期间，复杂的高性能的武器装备，由于设计不符合人的生理、心理特点，即使经过严格选拔和训练的人员也难以适应，并经常发生事故，从而促使人们对人机匹配，从过去的由人适应机、转向使机适合于人的研究方向。这是人体工效学发展的又一转折。在此期间，心理学与工程技术互相渗透，系统的设计成果丰硕。许多学者出版了有关人体工效学专著，并将人体工效学的研究成果整理成汇编、手册或规范，广泛应用于工程技术设计之中，尤其是有关显示器、控制器设计中的人的因素的研究，取得显著的成效。各国纷纷成立有关人体工效学研究学术团体或学会，1961年，国际人体工效学学会正式成立，进一步推动了人体工效学的发展。这标志着人体工效学已发展成为一门成熟的学科。

20世纪五六十年代后，人体工效学的研究和应用，从军工迅速延伸到民用品等广阔领域，主要有家具、家电、室内设计、医疗器械、汽车与民航客机、飞船宇航员生活舱、计算机设备与软件、生产设备与工具、事故与灾害分析等。

美国阿波罗登月舱设计中，原方案是让两名航天员坐姿观察月球着陆点的地表情况，但开了4个窗口也看不到。后来有工程师提出，登月舱脱离母舱到月球表面大约只需1个小时，建议站着进行这次旅行。站着的航天员眼睛能紧贴窗口，窗口尽管很小，但视野很大。改变了航天员的工作姿势，让人适应设备，成功解决了问题，使整个登月舱的重量减轻，同时方案也更安全、高效和经济。由此可知，过于强调"机器适应人"也不全面，有时候让"人适应机器"反而使方案更简单、经济。加之系统论的渗入，人体工效学学科思想又有新发展，国际人类工效学学会的定义进一步明确：人机（及环境）系统的优化，人与机器应互相适应、人机之间应合理分工。

4. 人体工效学新的发展时期（20世纪70年代以后）

人体工效学的研究领域越来越宽广，人体工效学已渗透到各个行业以及人类生活的各个领域。人体工效学的各个分支学科不断涌现，如航空航天、交通、建筑、农业、林业、服装等人体工效学。

人体工效学的应用不仅使产品设计能满足人类的要求，使人类在操作机器设备的过程中能获得一定的满足，而且使人类能较安全、舒适地工作，不断地提高工作效率。对人机系统中人的因素的深入研究，一方面给人体工效学带来了新思路，另一方面也促进了管理工效学、安全工效学的进一步发展。高科技领域的发展，人机信息交换发展为人机对话的形式，人的作用已由操纵者转变为以监控为主，各种专家系统和人工智能技术将逐渐广泛应用。这些均给人体工效学的发展添加新的内容和课题。

反思工业文明的负面后果，以可持续发展理论为统领，人体工效学正经历着新的学科思想演进。绿色设计、生态设计、节能设计、再生设计等理念，立足于人与自然保持持久和谐，回归到中国古代"天人合一"的设计伦理。数字技术、信息技术、基因技术急剧地改变着人类的文明进程，带给人们空前福祉的同时，必须警觉其危及人们体魄和精神健康的负面影响，人体工效学今后将任重而道远。

在新的发展时期，人体工效学可能形成以下热点：计算机人机界面、永久太空站的生活工作环境、弱势群体（残疾人、老年人）的医疗和便利设施、海陆空交通安全保障、生理与心理保健产品与设施等。

三、人体工效学的研究机构

1. 国际人体工效学学会

国际人体工效学学会成立于1960年。1961年在瑞典斯德哥尔摩举行了第一届国际人体工效学会议，正式完成了学会的准备阶段，开始了规律的学会活动。此后，每3年举行1次，至今未曾间断。1976年，国际人体工效学学会成为世界联邦学会，结束了作为个体学会的时期。

1975年成立国际人体工效学标准化技术委员会，代号ISO/TC-159。TC-159下设6个委员会（SC）：SC1——人体工效学指导原则；SC2——符合标准的人体工效学要求；SC3——人体测量与生物力学；SC4——信号与控制；SC5——物理环境人体工效学；SC6——工作系统的人体工效学要求，发布了《工作系统设计的人类工效学原则》标准。

  2. 各主要工业国的学术机构

  英国最早建立人体工效学学会，成立于1950年。随后建立国家人体工效学学会的有：联邦德国（1953年），美国（1957年），苏联（1962年），法国（1963年），日本（1964年）等。

  英国人体工效学学术机构有：工效学研究协会、工程学和控制论学会、伯明翰大学、伦敦卫生和热带医学学院、政府的科学和工业研究部、医学研究协会、皇家海军热带研究中心、人类生理学应用心理学研究中心、英国钢铁研究协会、气候和工作效率研究中心、自动化工业研究协会、英国鞋靴联合贸易研究协会、英国玻璃工业研究协会等。英国人体工效学学会从1957年起发行会刊 *ERGONOMICS*，坚持几十年一直至今，贡献卓著。

  美国的相关学术机构较多，有人类因素协会、人类工程学研究协会、哈佛大学、纽约大学、乔治华盛顿大学、普林斯顿大学、马里兰大学、俄亥俄州立大学、密歇根州立大学、马萨诸塞州理工大学、纽约特殊设计中心、海军医学研究中心、海军医学研究实验室、海军电讯实验室、空军医学实验室、空军行为科学研究实验室、陆军研究与发展中心等。美国人体工效学学会发行会刊，出版书刊、发布专利，是提供人体工效学研究成果、数据资料最多的国家。在20世纪漫长的冷战年代，为了军备竞赛，美国对人体工效研究投入巨大，20世纪70年代有4400人从事人因工程研究，其中属于军事部门者850名。美国陆海空三军制定了很多军事人体工效技术标准。

  日本的人体工效学学术机构有日本人间工学研究会、东北大学医学部、东京大学工学部、劳动科学研究所、京都大学、大阪大学、大阪市立大学、御茶水女子大学、奈良女子大学、千叶大学工学部、庆应大学工学部、九州大学工学部、日本科学技术联盟、北海道大学医学部、三菱重工自动车工业研究所、HK技术研究所、劳动省产业安全研究所等。

  俄罗斯的人体工效学学术机构有圣彼得堡安全实验室、国家航空医学实验中心、巴普洛夫生理学研究所、保险装置实验室、莫斯科工作能力测试中心、安全工程联合科学研究学院、技术和机械建筑科学研究中心、莫斯科技术和机器建筑科学研究中心等。

  法国的人体工效学学术机构有劳动生理学实验中心、国家科学研究所、法国人体工效学协会等。

  德国的人体工效学学术机构有马克思—普朗克职业生理学协会、人体工程学协会等。

四、我国人体工效学的发展与学术机构

（一）我国人体工效学的发展

  我国人体工效学的研究起步较晚，开始于20世纪30年代。20世纪六七十年代，虽然在

铁道、航空、航天等部门做过一些试验性研究工作，但作为一门学科，直到20世纪70年代末才确立，并获得蓬勃发展。

1980年4月，国家标准局成立了全国人类工效学标准化技术委员会，规划和组织人类工效学国家标准和专业标准的制定、修订，促进了我国人体工效学的发展。与此同时，一些大学、研究所建立了工业心理学、人类工效学专业和相应研究机构，招收硕士和博士学位研究生；心理、航空、机械工程等学会分别成立了有关工业心理、人类工效等专业委员会，人体工效学的科研队伍不断扩大。1984年，国防科工委成立了国家军用人—机—环境系统工程标准化技术委员会。这两个技术委员会的建立，有力地推动了我国人体工效学研究的发展。

1989年又成立了中国人类工效学学会，再在1995年9月创刊了学会会刊《人类工效学》季刊。北京航空航天大学设立了人机环境专业的教学和科研；北京医科大学公共卫生学院也开展了包括坐姿作业导致的肌肉骨骼劳损、粉尘污染致癌等职业病学的研究，同时也涉及作业姿势、作业环境评价等方面的人体工效的研究。

人体工效在中国的进展和发达国家相比还有相当大的距离。随着我国科技和经济的发展，人们对工作条件、生活品质的要求也逐步提高，对产品的人体工效特性也会日益重视。目前市场上琳琅满目的产品，有许多已经充分考虑了人性化的需求。需要指出的是，人体工效在我国不仅有待研究和提高，更需宣传和普及。

（二）我国的学术团体及其主要活动

1. 中国人类工效学学会

中国人类工效学学会的英文名称为Chinese Ergonomics Society，简称CES，1989年6月成立。现有会员500多人，下设8个专业技术分会，分别为人机工程专业委员会、认知工效专业委员会、生物力学专业委员会、管理工效学专业委员会、安全与环境专业委员会、工效学标准化专业委员会、交通工效学专业委员会、职业工效学专业委员会。会员单位为各大学、科研院所及企事业单位。每年学会各专业分会举办年会，每4年学会举办1次会员大会及研讨会。学会期刊为《中国人类工效学》，每年发行4期。已协同国家技术监督局制定了百十个人机工程的国家标准。

2. 中国人类工效学标准化技术委员会

中国人类工效学标准化技术委员会隶属于中国标准化研究院，成立于1980年，主要负责制修订人类工效学方面的国家标准。

3. 其他的工效学学术组织

机械、冶金工业等系统在20世纪80年代成立了本行业的工效学学会；中国工业设计协会下属的人体工效专业委员会于1985年建立；中国系统工程学会下的"人—机—环境系统工程专业委员会"成立于1993年。

第三节　服装人体工效学的定义及其发展

一、服装人体工效学的定义

服装人体工效学是人体工效学的一个分支，既是一种解剖学、生物力学、数学、心理学等现代科学与服装学科交叉的、综合的边缘学科，也是一门以人为中心，以服装为媒介，以环境为条件的系统工程学科。服装人体工效学主要研究人、服装、环境三者之间的关系，从适合人体的各种要求的角度出发，对服装的设计与制造提出要求，以数量化的形式为创造者服务，研究人在某种条件下应该穿着什么服装最合适、最安全、最能发挥人的能力，使设计尽可能最大限度地适合人体的需要。

服装人体工效学与人类服装史一样古老，人类总是在不断探索合理解决人与服装关系问题的方案。例如，从"紧身胸衣"到现代文胸的发展，从16世纪初用金属条或鲸骨做骨架来塑造曲线及系带束紧，19世纪用轻薄弹性布料修形，20世纪40年代按胸、腰部位形体曲线来修身，到当下的无钢圈文胸，体现了服装人体工效学思想的不断演变。拉链在服装上的应用，1913年瑞典人杰德伦·桑巴克（Gideon Sundback）发明拉链之初仅用于钱袋与靴子的扣合，1917年开始用于飞行服，现在在服装上广泛应用并种类繁多，开尾型拉链用于夹克，闭尾型拉链用于口袋，隐形拉链用于夏季裙装，金属拉链用于牛仔或休闲服装等。"人台"的发明为服装结构设计提供了更科学的人体工效学方法，使用立体裁剪进行服装制作并在人台上试装，省工省力，提高了合体性。

二、服装人体工效学的主要研究内容

设计健康、舒适、方便的服装是服装人体工效学研究的最终目标。服装人体工效学的研究内容主要涉及人、服装及生活、工作环境三方面及三者之间的关系。人的方面包括人体尺寸、人的生理和心理；服装方面包括服装材料、服装结构、服装功能等；生活、工作环境包括物理环境、化学环境、环境气候等。

（一）人的因素

1. 人体几何尺寸的测量

人体几何尺寸测量包括动态静态两方面的尺寸测量。静态尺寸的测量为人体体型的分类、服装号型标准的制订、服装的加工提供参考数据。动态尺寸的测量为不同类型服装的结构设计提供理论依据。

2. 生理指标的测量

生理指标一方面包括常规的生理指标，如体温、血压、脉搏、心率等，另一方面包括相对复杂的生理指标，如代谢产热量、体核温度、平均皮肤温度、出汗量、心电图、肌电图等。研究人体的舒适指标、耐受限度等，为科学地评价服装提供理论指导。

3. 心理测量

心理一般来说是主观感觉，随着新的理论、技术和测量手段的提出，已经可以进行部分客观指标的测量，结合主观评价方法，为服装舒适性评价提供了更科学、更有力的数据支持。

（二）服装的因素

1. 服装材料因素

（1）服装材料的选择首先是合适。例如，内衣应该选择柔软、吸湿性好、透气性好的材料，冬季大衣应该选择防风保暖、耐磨、保形性好的材料。满足了这些基本性能要求，在一定程度上已经达到了服装人体工效学的健康、舒适的设计目标。近年来人们越来越关注主观的舒适感受，也开发了一些新型服装材料，如夏季可使人获得凉爽感的材料，冬季可使人获得温暖柔软感的材料等。

（2）其次应考虑的是服装材料的功能性。服装人体工效学的研究最早从军服、防护服开始。一般日常服装的材料应具备基本的功能性，如风衣材料应有防风功能。功能性服装应具备特定的功能，如雨衣材料应有防水功能，抗静电服材料应有抗静电功能，防辐射服材料应有防辐射功能。近年来功能性运动服装是一个新的热点方向，如奥运会上运动员穿着的乒乓球服、网球服、排球服、柔道服等，对服装材料有特定的功能要求。特种功能服装主要应用于某些特殊场合，如火灾、炼钢、炼焦、航空、防化、防毒等，服装材料应具备特殊功能。

2. 服装结构因素

服装结构设计应达到合体合理、舒适方便的目标。服装各部位的松量要在符合人体静态尺寸和动作特点的基础上确定。细节设计如衣领、衣袖、裤子裆部、口袋、拉链等都应基于人体的尺寸、形态特点、动作特点进行科学的设计。

3. 服装色彩因素

服装的色彩和图案对人的心理有重要影响，因此色彩被列为服装的三要素之一。新颖的色彩、和谐的色彩搭配、精巧的图案设计都能使人耳目一新、赏心悦目，从而达到心理舒适的效果。日本学者提出并在日本国内迅速发展的感性工学技术广泛应用于服装色彩和图案的感性设计，也是服装人体工效学研究的一个方面。

（三）环境因素

环境因素包括内环境和外环境两方面。内环境是指人体与服装之间的环境，通常称为服装气候。外环境是指着装人体的服装之外的环境，即周围的空气环境。无论是内环境还是外环境，它们的温度、湿度、气流、辐射都影响到着装舒适效果。比如夏季的新疆吐鲁番，炎热干燥，温度高湿度低，太阳辐射强，适合穿着轻薄、覆盖率高的服装，据此要求去选择相应的服装材料和结构设计才能比较科学地设计出相对舒适的服装。

三、服装人体工效学的发展

服装人体工效学的发展是从服装舒适性的研究开始的。我国在该领域的研究起步较晚，但也进行了大量很有价值的研究。总后勤部军需装备研究所在服装舒适性与功能、热湿传递和防护服方面做了大量的研究工作。20世纪70年代后期，总后勤部军需装备研究所设计研制了中国第一代暖体假人；20世纪80年代研制成功变温暖体假人。随着学科的不断发展，一些学者将服装的设计因素也加入到服装人体工效学的研究中。东华大学在服装的结构设计方面也做了很多基础研究工作。北京服装学院、东华大学等高等院校逐渐开设服装人体工效学方面的专业课程，设立服装人体工效学的研究方向，建立相关实验室，研制各种测试设备。

目前服装人体工效学的研究方向有服装的功能与舒适性研究，特种功能服装的研发，军需个人用携行具的研发，可穿戴智能服装的研发，以及服装人体工效学研究用的特殊装备和测试仪器的研究等。单兵作战装备、生活用品、个人健康监测服、人工气候室、暖体假人、测量人体生理指标的便携式多通道生理参数测量仪等。

思考题

1.简述人体工效学的定义及其学科发展阶段？

2.简述服装人体工效学的定义、研究内容及研究方法？

3.举例说明服装的哪些设计体现了人体工效学的学科思想？

第二章　人体尺寸与服装规格

本章主要介绍人体测量的发展、人体测量方法、服装设计所涉及的人体动静态尺寸及形态，以及将测量数据应用于服装生产加工的服装号型、服装规格等。

第一节　人体测量概述

一、人体测量简史

人体测量的工作从久远的古代就已经开始，从古代建筑、雕塑、文化中可以看出古人对人体尺寸、形态的关注。在我国古代医学典籍《内经·灵枢》中的《骨度篇》就有人体测量的文字记载。西方的人体测量在文艺复兴时期得到了飞速发展，其中代表性的成果有意大利的文艺复兴先驱达·芬奇（Da Vinic，1452—1519）著名的人体比例图，如图2-1所示。文艺复兴巨匠米开朗琪罗（Michelangelo，1475—1564）创作的著名雕塑《大卫》。

1870年，比利时人奎特莱特（Quitlet）出版了《人体测量学》，是最早的人体测量专著。20世纪初国际上建立了统一的人体测量标准。1914年，德国人类学家马丁

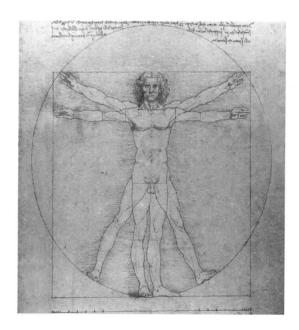

图2-1　达·芬奇人体比例图

（Martin）的《人类学教科书》出版，为各国人体尺寸测量方法奠定了基础，这些方法一直沿用至今。1919年，美国进行了10万退伍军人的多项人体测量工作，所得数据用于军服的设计制作。第二次世界大战后，美、英两国又进行了大规模的海空军人体测量，1946年提出研究报告《航空部队人体尺寸和人员装备》，这是人体尺寸用于人体工效设计的重要文献。现在世界各先进国家都有本国的人体尺寸国家标准。

我国于1981年开展了全国性的人体测量工作，在大量的统计分析后，于1988年发布了国家标准GB/T 10000—1988《中国成年人人体尺寸》，成为之后很长一段时间内各行各业工作空间、工业产品尺寸的参考依据。1986年，国家为了制定《服装号型》国家标准，服

装行业又开展了全国性人体测量工作。

随着生活水平的提高，在之后的20年中人体体形发生了很大变化，2006年国家启动了新一轮全国性人体测量工作。测量首次采用了国际上先进的非接触式人体三维扫描技术，在不到10s的时间内获得完整的1∶1的人体三维模型，然后通过测量软件就可以在模型上提取包括立姿、坐姿、头部、足部等150多个人体尺寸，准确度在1mm左右。中国标准化研究院用时4年，采集了23000份不同年龄的中国人三维人体尺寸数据，样本涉及东北华北区、长江中下游区等全国6大自然区，初步建立了国家级人体尺寸基础数据库。

标准GB/T 26158—2010《中国未成年人人体尺寸》给出了未成年人（4～17岁）72项人体尺寸所涉及的11个百分位数。本标准适用于未成年人用品的设计与生产以及与未成年人相关设施的设计和安全防护。

世界上已有90多个大规模的人体测量数据库，其中欧美国家占了大部分，亚洲国家约有10个，而日本占了一半以上。如CASER（Civilian American and European Survey of Anthropometry Research）人体测量研究计划，在美国、荷兰、意大利等得到了广泛应用；日本HQL协会（Research Institute of Human Engineering for Quality Life）提出了人体测量和增进人类福祉计划；英国3D电子商务中心（The Centre for 3D Electronic Commerce）在网上开展了三维人体数据方面的商务活动。

二、人体测量的方法

人体测量方法按照自动化程度可以分为手工测量方法和三维数字化人体测量方法；按照技术特点可分为接触式测量和非接触式测量。接触式测量与非接触式测量的区别在于：前者用探针感觉被测物体表面并记录接触点的位置；后者用各种光学技术检测被测物体表面点的位置获取三维信息的输入。具体的测量方法有马丁法、三维人体扫描法、莫尔条纹法等。

（一）马丁法

马丁法是一种手工测量法，是使用最多、世界通用的接触式测量法，所用的测量仪器称为马丁测量装置。马丁测量装置由一组仪器构成（图2-2～图2-6），包括测高仪、触角仪、弯脚规、杆状仪、卡尺、人体角度计等，可以测量人体高度方向、围度方向、宽度和厚度方向、体表长度、体表角度、人体与投影间距离等各种尺寸。测量图例如图2-7所示。

测量时要求被测者不穿鞋袜，只穿单薄内衣（背心、裤衩）。基本测量姿势为直立姿势（立姿）和正直坐姿（坐姿）。

人体尺寸测量均在测量基准面内，沿测量基准轴的方向进行。基准面有矢状面、冠状面和水平面，基准轴有铅垂轴、矢状轴和冠状轴。如图2-8所示，沿身体中线对称地把身体切成左右两半的铅垂平面，称为正中矢状面，与正中矢状面平行的一切平面都称为矢状

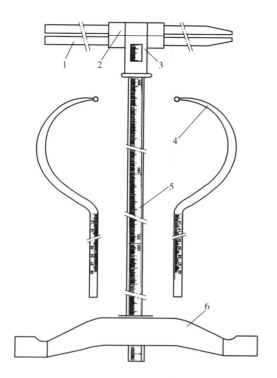

图2-2 人体测高仪
1—直尺 2—固定尺座 3—活动尺座
4—弯尺 5—主尺杆 6—底座

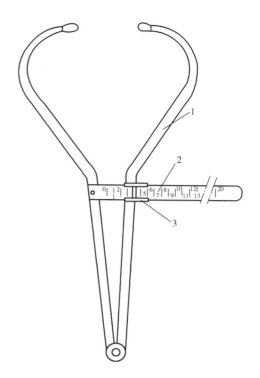

图2-3 人体测量用弯脚规
1—弯脚 2—主尺 3—尺框

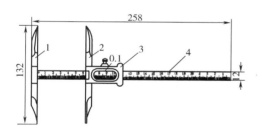

图2-4 人体测量用直脚规
1—固定直脚 2—活动直脚 3—尺框 4—主尺

图2-5 人体测量用角度计

图2-6 人体测量用软尺

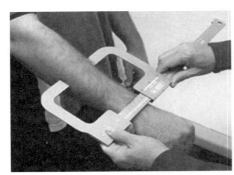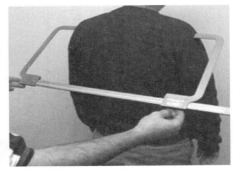

图2-7　人体测量

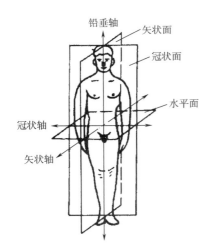

图2-8　人体测量的基准面和基准轴

面；垂直于矢状面，通过铅垂轴将身体切成前、后两部分的平面称为冠状面；垂直于矢状面和冠状面的平面称为水平面。眼耳平面是指通过左右耳屏点及右眼眶下点的平面。通过各关节中心并垂直于水平面的一切轴线称为铅垂轴；通过各关节中心并垂直于冠状面的一切轴线称为矢状轴；通过各关节中心并垂直于矢状面的一切轴线称为冠状轴。

立姿测量时，被测者站立在地面或平台上，要求挺胸直立，头部以眼耳平面定位，平视前方，肩部放松，上肢自然下垂，手伸直。手掌朝向体侧，手指轻贴大腿外侧，腰部自然伸直，两足后跟并拢、前端分开约成45°角。被测者足后跟、臀部和后背部与同一铅垂面相接触。坐姿测量时，座椅面为水平面，稳固、不可压缩。被测者要求挺胸端坐在腓骨头高度的平面上，头部以眼耳平面定位，平视前方，膝弯曲大致成直角，足平放在地面上，手轻放在大腿上。被测者臀部和后背部靠在同一铅垂面上。

（二）三维人体扫描法

三维人体扫描法属于数字化测量方法，也是非接触式测量方法。根据使用光源和方法的不同又可分为普通光扫描法、激光扫描法、基于位置传感探测器（PSD）的光电二极管法。其中普通光扫描法应用较多，因为普通光对人体没有危害，但弊端是会出现表面反射和干扰条纹。为了避免不必要的反射光，这种扫描仪的操作室必须是暗室。如英国的LASS（Loughborough Anthropo-metric Shadow Scanner）和美国［TC］²（the Textile Clothing Technology Corporation）。［TC］²使用白光并提出了相位测量技术（Phase Measurement Profilometry，PMP）。其数据采集用相位步进技术（Phase-Stepping），随着不同的相位而改变预置栅格的距离，并捕获每一个点的数据。

激光扫描法则不需要遮光良好的暗室，采用的是传感器探测，测量干扰小，精确度高，但价格昂贵。随着计算机技术和三维空间扫描仪技术的发展，Vitronic（德国）、Cyberware（美国）、Telmat（法国）等公司纷纷出现，高解析度的3D资料足以描述准确的人体模型。

VITUS全身3D人体扫描仪是德国Vitronic公司的产品，Vitronic由于Vitus Smart而获得了2002年欧洲IST（Information Society Technologies）奖。Vitus Smart是Vitronic公司的最新一代产品，由于体积小，可以将它放在更衣室中。Vitus Smart能够提供足够的人体尺寸，以便进行量身定做和大规模定制，实现电子商务。同VITUS其他产品一样，Vitus Smart使用光线条纹扫描方法，8个三角形的探头能够在10s内扫描1m×1m和2.1m高的区域，而分辨率可以达到0.5mm。

较VITUS全身彩色3D人体扫描仪而言，Cyberware数字化扫描仪种类更齐全，系统更复杂，价格更昂贵。它最初是由斯坦福大学马克·勒沃伊（Marc Levoy）研制的。Cyberware数字化仪由平台、传感器（光学系统）、计算机工作站、Cyberware标准接口及CYSURF处理软件构成。平台一般有3个自由度（X、Y、Z），伺服电动机驱动，典型的分辨率为0.5mm。Cyberware全身彩色3D扫描仪主要由DigiSize软件系统构成，它能够测量、排列、分析、存储、管理扫描数据。扫描时间只需几秒到十几秒，整个扫描参数的设置及扫描过程全部由软件控制。

基于位置传感探测器的光电二极管法的技术也属于普通光扫描，如日本的Hamamatsu人体扫描系统。红外光电二极管通过脉冲传送并通过投射镜头从被测物表面反射成像，第二级镜头收集光线并聚焦到探测器上。在该系统中，位置传感探测器的作用是用来探测质心的位置。Hamamatsu系统使用8台呈U形排列的传感器，测量值由3D点阵云导出。该公司最初开发的BL扫描仪用于日本女性人体躯干研究，为设计紧身内衣提供第一手数据。

三维人体扫描技术最早出现于20世纪80年代中期，随着科学技术的发展日趋成熟，在人体数据收集、人体工程学和系统建模、医学和博物馆陈列等实际应用方面作用重大，如图2-9所示。以英国、美国、法国为首的一些国家已将三维扫描技术应用于大规模测体，更新本国的体型数据库，以此改善大批量生产中出现的问题。三维人体扫描技术弥补了常规接触式人体测量的不足，测量效率高，结果准确、可靠，已经成为目前人体测量技术的主流。

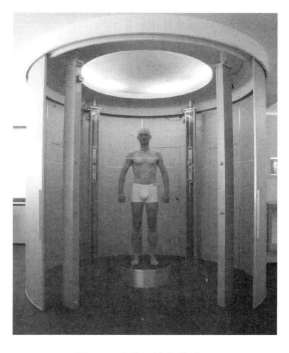

图2-9 人体三维扫描设备

尤其对于顾客导向的服装产品，如MTM量身定制（Made to Measure）等，使用3D扫描仪得到个体体型数据，可与计算机辅助服装设计系统结合，如计算机虚拟仿真、自动打板系统等，以实现人体测量和服装设计一体化。

通过三维人体扫描技术，可以将裸体和着装后的三维图像实时显示输出，同时利用计算机技术将两张图像进行重叠比较，从而以三维直观的方式呈现出人体皮肤与服装表面之间的空间分布形态，进而定量评价该空间的体积、面积、厚度等物理分布，评价服装的合体性。康奈尔大学的苏珊·P.阿什顿（Susan P. Ashdown）等在2004年做的一项研究表明，三维人体扫描技术在服装合体性领域有四大潜力：（1）得到并记录一个可旋转的、放大细节的三维立体图像；（2）建立一个包含各种体型与尺寸扫描结果的数据库，即拥有多样的试衣模特；（3）以扫描试衣模特穿着服装的不同姿态，来评估该服装在日常活动下的合体性情况；（4）拥有一个虚拟专家陪审团。

相比传统的接触式人体测量，三维人体扫描技术能提供更准确全面的人体尺寸信息，可借助其完成三维数字化人体模型展示。利用三维人体扫描仪得到人体体型，再通过计算机模拟出虚拟人体，利用电脑制板系统自动修正复杂曲线，实现三维服装的虚拟缝合。通过这一技术，大大减少了实际样衣的数量，加快了产品进入市场的时间。三维人体扫描技术测量速度快，综合成本低，是目前大规模人体测量的最佳选择，在人体体型分析方面优势明显。利用三维扫描技术和三维虚拟仿真软件获取纺织参数，结合三维扫描数据和纺织参数制作虚拟服装，实现了人体扫描数据和虚拟仿真服装之间的商业系统的集成，在服装的量身定制方面取得了巨大发展。应用仿真人体和虚拟服装相拟合的创新技术完成虚拟试衣，已逐渐成为定制服装产品设计和实际应用中的主体。

（三）其他测量方法

除上述测量方法之外，还有手动接触式三维数字化测量法，滑动量规测量法（Sliding Gauge），复模法（Replica），摄影照相法，莫尔条纹法，着装变形测试法。

（1）手动接触式三维数字化测量法：是通过探针接触人体表面并获得人体的三维数据。如美国佛罗里达Faro技术公司的FaroAr，测量时，操作者手持Faro手臂，其末端的探针接触被测人体的表面时按下按钮，测量人体表面点的空间位置。三维数据信息记录下探针所测点的X、Y、Z坐标和探针手柄方向，并采用DSP技术通过RS232串口线连接到各种应用软件包上。

（2）滑动量规测量法：也称为截面测量法，测量设备是用一组相互平行等长的滑杆在水平或垂直方向滑动。测量时，将滑杆排列固定在某一方向并与参考平面垂直，移动各滑杆使其尖端与人体体表轻轻接触并固定，在坐标纸上记录滑杆各点的位置，最后将所有点连成曲线，即可得到人体横截面或纵断面的形状。

（3）复模法：是在人体表面轻涂油性护肤膏或包裹薄纸、薄布、薄膜后，用树脂或石膏轻轻涂覆在人体上，干后从人体剥离，可得到人体体表形状的硬质复制品。这种方法用于测量人体形态、人体表面形状和尺寸变化，特别是由立体向平面展开时的对应关系分析。

（4）摄影照相法：是将人体运动时的瞬间姿态与动作拍摄成照片，然后在照片上进行测量分析。该方法局限性较大，受到摄影长度和像差的影响，拍摄距离需要10米以上。

（5）莫尔条纹法：是通过3D光学测量，将所测人体用莫尔条纹体表等高线图形化，可以得到体表的凹凸、断面形状、体表展开图等体型信息。莫尔条纹常被用于测量物体的三维轮廓。通过静态与动态莫尔图可以计算出运动所引起的垂直或水平断面的形状变化与表面积变化等。20世纪80年代，日本研究人员尝试使用莫尔条纹法测量和分析服装悬垂、起拱、皱褶和身体形状。1989年，富田（Tomita）等用莫尔图像计算裤装与人体之间的空隙距离作为裤子的松量，确定了影响裤装活动的松量值及位置。到了20世纪90年代，莫尔条纹技术在服装结构研究中有了更深入的应用。莫尔条纹技术为服装合体性评价提供了一种客观方法，人们可以进行比较不同样板结构和组合方法的服装表面的差别，也可以测试批量生产中服装形状的变化。

（6）着装变形测试法：包括织物割口法、捺印法、纱线示踪法等。用于测定运动引起着装变形的量，以估计形体变化、衣料伸长和服装的宽松量。

（四）马丁法与三维人体扫描法的特点比较

马丁法和三维人体扫描法是人体尺寸测量的两种主要方法，马丁法是传统的手工测量法，三维人体扫描法产生较晚，但发展速度惊人。两种测量方法各有优缺点，因此在人体测量中通常同时采用。下面就三个方面来比较一下两种测量方法的特点。

1. 标记点

确定人体的标记点是人体测量的第一步，也是非常重要的一步。标记点位置的准确直接影响后续测量结果的准确性。马丁法测量的标记点数量较多，而三维人体扫描法的数量很少。马丁法的标记点可通过观察法和触摸法来确定，大部分标记点是有骨骼点位置确定，但是三维扫描仪受其测量原理的影响，传感器有时候不能采集到相应的数据，因此马丁法比三维扫描仪更加精确。

2. 测量姿势

马丁法的测量姿势有立姿和坐姿，如前文所述每种姿势有标准的要求。而三维人体扫描法的人体测量姿势只有一种，即赤脚自然站立在水平地面，双手握把手，双臂微微张开，双脚分开与肩同宽，头稍上抬。

3. 测量部位数和速度

如果被测者愿意合作的话，马丁法可以测量任何姿势下的任何部位数据。但是三维人体扫描法受测量姿势的限制，很多部位的数据无法测得，比如身高、坐姿颈椎高、头部的细部尺寸、手部的细部尺寸。在围度、宽度和厚度尺寸的测量方面，三维人体扫描法具有明显的优势，比马丁法快速、准确。用马丁法测量一个样本大约50～60个部位的数据，需要4个熟练操作者花费30min的时间；而三维人体扫描法只需不到1min的时间，就可获得多达200个部位的数据。

三、人体测量的统计指标及数据特征

大规模人体测量的数据是通过抽样调查的结果，需要应用数理统计的方法统计分析，才能得到工业上能够采用的数据。

（一）人体测量的主要统计指标

1. 平均值（Mean Value）

平均值是数理统计中最常用的指标之一。用统计学方法计算的平均值，能够说明事物的本质和特征，可用来衡量一定条件下的测量水平，并概括地表现出测量数据的集中情况。平均值在人体测量学中占有重要的地位，也是获得其他统计结果的基础。计算公式如下：

$$\bar{x} = \frac{x_1 + x_2 + \cdots + x_n}{n} = \frac{1}{n} \sum_{i=1}^{n} x_i$$

2. 标准差（Standard Deviation）

标准差又称均方差，是表示正态分布曲线集中或分散状况的一个指标，它表明一系列变数距离平均值的分布情况。标准差大，说明测量数据离散性大；标准差小，说明各测量数据比较集中，并接近平均值。计算公式如下：

$$\sigma = \sqrt{\frac{1}{N} \cdot \sum_{i=1}^{N} (x_i - \bar{x})^2}$$

式中：$\bar{x}$——测量样本的平均值；

x_i——第 i 个样本的测量值；

σ——标准差；

N——统计人数。

3. 百分位数（Percentile）

百分位数表示具有某一人体尺寸和小于该尺寸的人占统计对象总人数的百分比。百分位数表示人体尺寸的等级，一个百分位数将群体或样本的全部测量值分成两部分。如果将一组数据从小到大排序，并计算相应的累计百分数，则某一百分位所对应数据的值称为这一百分位的百分位数。

（二）人体尺寸数据的部分特性

1. 群体的人体尺寸数据近似服从正态分布规律

（1）中等尺寸的人数最多；对中等尺寸偏离值越大，人数越少；

（2）人体尺寸的中值就是它的平均值。

以中国成年男子（18~60岁）的身高为例（图2-10），数据呈正态分布，平均值为

1678mm，大约等于50百分位对应的值。人数在均值附近最多，特别高的和特别低的人数非常少。

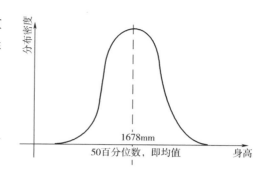

图2-10　中国成年人身高数据分布图

2. 人体尺寸间一般具有线性相关性

身高、体重、手长等是基本人体尺寸数据。通常可以取基本人体尺寸之一作自变量，把某一人体尺寸表示为该自变量的线性函数，即

$$Y = aX + b$$

式中：Y——某一人体尺寸数据；

　　　X——身高、体重、手长等某一基本人体尺寸；

　　　a，b——（对特定人体尺寸函数）常数。

研究表明，人体各基本结构尺寸与身高具有近似的比例关系，即对人体基本结构尺寸而言，上式中$b=0$，上式简化为$Y = aX$。

3. 人体尺寸间的比例关系，随种族、民族而不同。

中华人民共和国成立初期，我国的军械大多由苏联引进，或依据苏式仿制而成。在应用中，我国陆军士兵嫌苏式火炮高了一些，往炮膛里装炮弹过于费劲；而我国战斗机飞行员却嫌苏式战斗机座舱盖罩低了一些，头顶几乎要挨着盖罩显得局促。这就是不同人种人体尺寸比例不同引起的问题。俄罗斯人属欧罗巴白色人种，腿相对较长；中国人属蒙古黄色人种，上身相对较长。

由此可知，人体尺寸的线性关系$Y = aX + b$，对不同种族、国家的人群都适用；但式中的系数a和b，随不同种族、国家而有所不同。

四、各国人体测量标准

1. ISO标准

ISO是国际标准化组织（International Standardization organization）的简称，是世界上最大的非政府性标准化专门机构，于1946年成立于瑞士日内瓦，在国际标准化中占有主导地位。ISO制定的标准推荐给世界各国采用，但非强制性标准。由于ISO颁布的标准在世界上具有很强的权威性、指导性、通用性，所以各国都非常重视ISO标准。

ISO早在1981年就开始颁布服装人体测量标准，名为ISO 3635—1981《服装的尺寸标识、定义和人体测量步骤》。1989年又颁布ISO 8559—1989《服装结构和人体测量、人体尺寸》。这两个服装人体测量标准成为以后各国制定国家标准时的参考。由于制定时间较早，标准中涉及的都是人体测量最基本的部位，部位数量较少，而且没有包括肩斜度、胸厚、臀厚等比较重要的人体部位。

2. ASTM标准

ASTM是美国材料与试验协会（American Society for Testing and Materials）的简称。美

国材料与试验协会成立于1898年，是美国最老、最大的非营利性的标准学术团体之一，其前身是国际材料试验协会。协会的工作中心不仅包括研究和制定材料规范和试验方法标准，而且包括各种材料、产品、系统、服务项目的特点和性能标准以及试验方法、程序等标准。由于其质量高，适应性好，赢得了美国工业界的官方信赖，不仅被美国工业界采用，而且被美国国防部和联邦政府各部门机构采用，有些被直接采用作为国家标准。

ASTM制定的ASTM F 1731–96（2013）《消防和救援人员制服及其他隔热保护服装的人体测量与尺寸标注的标准规程》被直接采用作为国家标准，在标准的编号前面冠以ANSI国家标准代号，写作ANSI/ASTM F 1731–96（2013）。该组织制定的人体测量标准也是最丰富的，不仅有服装行业的服装人体测量标准，还根据被测者的性别、年龄、身高制定了适应不同对象的人体测量标准。此类标准有ASTM D 5585–11《尺寸00～20的成年女性身体测量标准表》，ASTM D 6240/D 6240M–12 e1《34～52的矮个、正常、高个男性身体测量标准表》，ASTM D 6192–11《2～20正常和瘦型女孩身体测量标准表》，ASTM D 6458–12《8～14瘦型男孩和8～20正常男孩身体测量标准表》，ASTM D 4910–13《0～24个月婴儿的身体测量标准表》，ASTM D 5826–00《2～6x/7的儿童身体测量标准表》（2009年撤销），ASTM D 6829–02（2015）《0～19的年轻人身体测量标准表》，ASTM D 6860/D 6860M–13《4H～20H的强健男孩身体测量标准表》，ASTM D 5586/D 5586M–10《55岁以上女性身体测量标准表（全部号型）》，ASTM D 5219–15《服装度量用与人体尺寸相关的标准术语》。

3. BS标准

BS标准是由英国标准学会（British Standards Institution，BSI）制定和修订的。英国标准学会是在国际上享有较高声誉的非官方机构，是世界首家实施质量认证的权威性机构，成立于1901年，是世界上最早的全国性标准化机构，它不受政府控制但得到了政府的大力支持。

英国标准中涉及人体测量的有7条，其中有3条明确指出是涉及机械安全的人体测量标准。有两条是特别针对男孩和女孩测量的标准，分别是BS 7231–1–1990《从出生到16.9岁以下男孩和女孩的身体测量　第1部分：表格式资料》，BS 7231–2–1990《从出生到16.9岁以下男孩和女孩的身体测量　第2部分：小孩身体尺寸推荐规范》。还有1条针对服装的测量标准，为BS EN 13402–1–2001《服装的尺寸设计、术语、定义和身体测量过程》。

4. JIS标准

JIS标准是由日本工业标准调查会（Japanese Industrial Standards Committee，JISC）组织制定和审议的国家级标准，也是最重要、最权威的标准。其内容包括产品标准（产品形状、尺寸、质量、性能等）、方法标准（试验、分析、检验、测量方法和操作标准等）、基础标准（术语、符号、单位、优先数等）。领域涉及建筑、机械、电气、冶金、运输、化工、采矿、纺织、造纸、医疗设备、陶瓷、日用品、信息技术等。

JIS标准中涉及人体测量的有2条，有一条是关于服装人体测量的标准，JIS L0111–

1983《用于量体裁衣的条款术语汇编》早在1983年就颁布了。该标准也是目前涉及部位最全的标准，不仅包括肩斜度，而且有人体厚度，如胸厚、腰厚、臀厚等的定义和测量方法。

5. DIN标准

DIN是德国标准化学会（Deutsches Institue fur Normung）的简称，成立于1917年，是德国的标准化主管机构。从1975年开始得到德国政府的认可，作为德国政府在国际和欧洲社会标准化的全国性代表机构，其制定的标准代号为DIN。目前，DIN制定的标准涉及建筑、采矿、冶金、化工、电工、安全技术、环境保护、卫生、消防、运输、家政等各个领域，其中80%以上标准被欧洲各国采用。

DIN标准中涉及人体测量的标准有5条，其中3条是关于机械安全性的人体测量。分别是DIN EN 547-1《机器的安全性，人体测量 第1部分：机器工作场地的整个人体通道的尺寸测定用原理》，DIN EN 547-2《机器的安全性，人体测量 第2部分：通道口尺寸测定的原理》，DIN EN 547-3《机器的安全性，人体测量 第3部分：人体尺寸数据》。涉及服装人体测量的标准是DIN EN 13402-1-2001《服装尺寸的名称与符号 第1部分：术语、定义和人体测量过程》，DIN EN 13402-2-2002《服装尺寸的名称与符号 第2部分：主要和次要尺寸》，DIN EN 13402-3-2005《服装尺寸的名称与符号 第1部分：测量方法和间隔期》。还有1条是DIN EN ISO 7250—1997《工艺设计相关的基本人体测量》。其中EN是欧洲标准的代号。

6. GB标准

GB是中国国家标准的代号。与其他国家的国家标准委员会不同，我国的标准由专门的政府部门制定并推广。随着政府部门的更替和改名，标准制定部门也在更换。中华人民共和国刚成立时，中央人民政府政务院财政经济委员会设立了标准规格处，负责标准的制定。1955年，成立了国家技术委员会，设标准局，负责管理全国的标准化工作。1988年，国务院撤销原国家标准局、国家计量局、国家经委质量局，合并成立国家技术监督局，负责全国标准化、计量、质量工作并进行执法监督工作。1998年国家技术监督局更名为国家质量技术监督局，负责全国的标准化、计量、质量、认证工作并行使执法监督职能。1999年，中国标准研究中心成立，负责标准化、质量、商品条码、企事业单位代码的研究、咨询、服务和开发工作。

我国人体测量标准都属于推荐标准，因此标准号均以GB/T开头。国标中有4条明确规定了人体测量的仪器，分别是GB/T 5704.1—1985《人体测量仪器，人体测高仪》，GB/T 5704.2—1985《人体测量仪器，人体测量用直脚规》，GB/T 5704.3—1985《人体测量仪器，人体测量用弯脚规》，GB/T 5704.4—1985《人体测量仪器，人体测量用三脚平行规》，这4条标准于2008年被GB/T 5704—2008《人体测量仪器》代替。有2条关于服装人体测量的标准，分别是GB/T 16160—2008《服装人体测量的部位与方法》，GB/T 17837—1999《服装人体头围测量方法与帽子尺寸代号》。

第二节　服装的静态人体尺寸测量

服装人体工效学研究的人体测量包含四个方面：

（1）人体形态的测量：包括人体长度和围度的测定、人体体型测定、人体体积和质量的测定、人体表面积的测定。通过形态测量，研究服装与人体的关系，研究人体的体型特征，为服装号型的制订、服装制图或纸样的设计提供重要依据。

（2）人体生理参数的测量：包括人体部分生理参数测量（如体温、心率、代谢产热、出汗量、热平衡等）、人体感觉测定、人体疲劳测定等。通过人体参数测量，更加客观地评价服装穿着者在生活中、工作中，特别是在特殊的环境条件下，服装对人体生理的影响以及对人体的防护功能。

（3）运动的测量：包括动作范围的测量、动作过程测定、体型变化测量、皮肤变化测量等。通过测量人体在运动状态下的四肢活动范围、皮肤伸长等生理特征，结合穿着者的穿着要求，进行最终的服装规格及款式结构确定，科学合理地进行纸样放缩，达到艺术性与功能性的完美结合。

（4）心理的测量：随着实验心理学、认知心理学的发展以及心理学量化的研究，心理测量也将成为人体测量学的一个重要方面。

本节主要介绍服装的静态人体尺寸测量。测量点和测量项目对服装设计来说具有重要意义。特别是测量点，是体表上服装的基准，或者说是设计服装结构线的基准点，是体表和服装原型之间重要的连接点。测量项目通常按照设计目的来选择。图2-11～图2-18是成年男性与成年女性的常用人体尺寸测量项目及基准（图片来源：中泽愈著，袁观洛译. 人体与服装. 北京：中国纺织出版社，2000）。

根据国家标准GB/T 16160—2008《服装用人体测量的部位与方法》规定，共有15个测量点，64个测量项目。

一、标准规定的测量点

（1）头顶点（Vertex）：头顶部最高点。

（2）颈根外侧点（Lateral Neck Root Point）：在外侧颈三角上，斜方肌前缘与颈外侧部位上联结颈窝点和颈椎点的曲线的交点。

（3）颈窝点（Fossa Jugularis Point）：左右锁骨的胸骨端上缘的连线中点。

（4）桡骨点（Radiale）：桡骨小头上缘的最高点。

（5）大转子点（Trochanterion）：股骨大转子的最高点。

（6）会阴点（Perineum Point）：左右坐骨结节最下点的连线中点。

（7）胫骨点（Tibial Point）：胫骨上端内侧的髁内侧缘上最高的点。

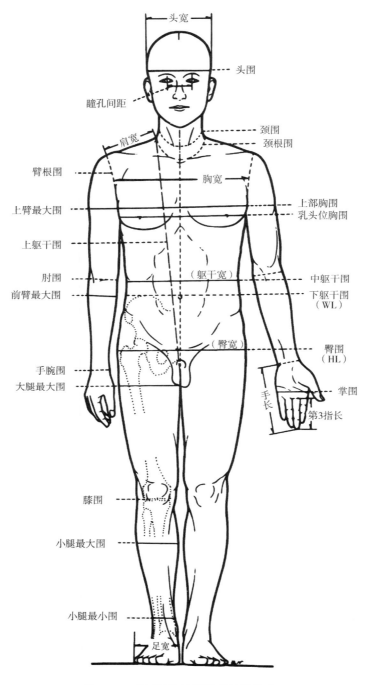

图2-11 成年男性的测量项目及基准1

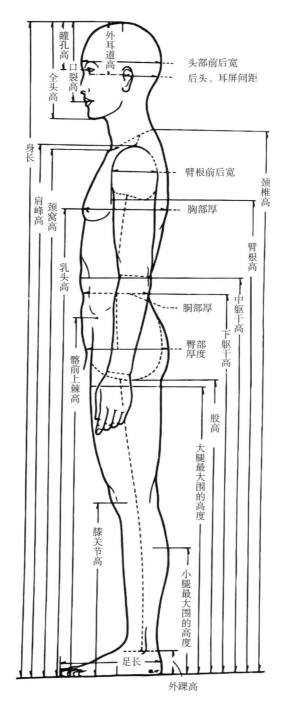

图2-12　成年男性的测量项目及基准2

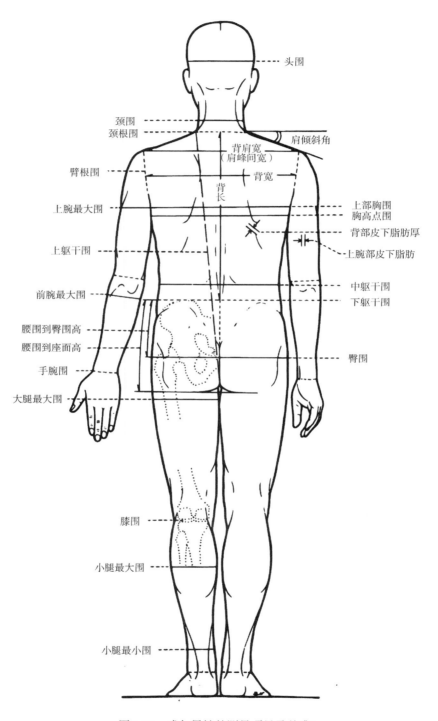

图2-13 成年男性的测量项目及基准3

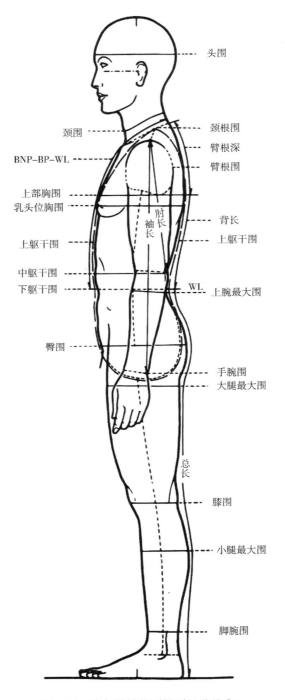

头围

颈根围

臂根深

臂根围

颈围

BNP–BP–WL

上部胸围
乳头位胸围

背长

上躯干围

上躯干围

肘袖长长

中躯干围
下躯干围

WL 上腕最大围

臀围

手腕围
大腿最大围

总长

膝围

小腿最大围

脚腕围

图2-14　成年男性的测量项目及基准4

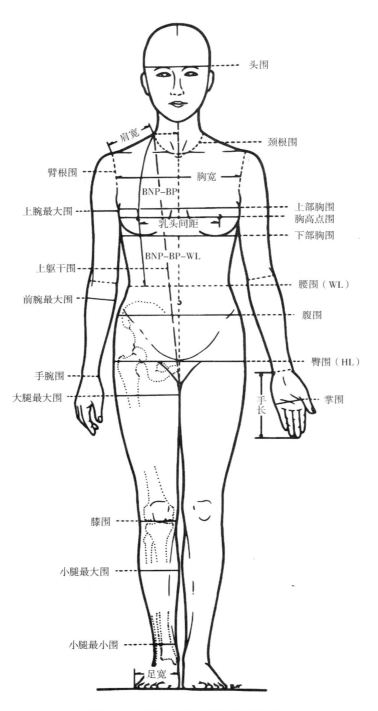

图2-15　成年女性的测量项目及基准1

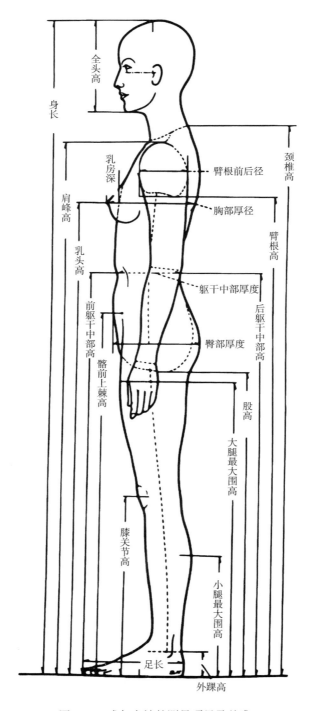

图2-16　成年女性的测量项目及基准2

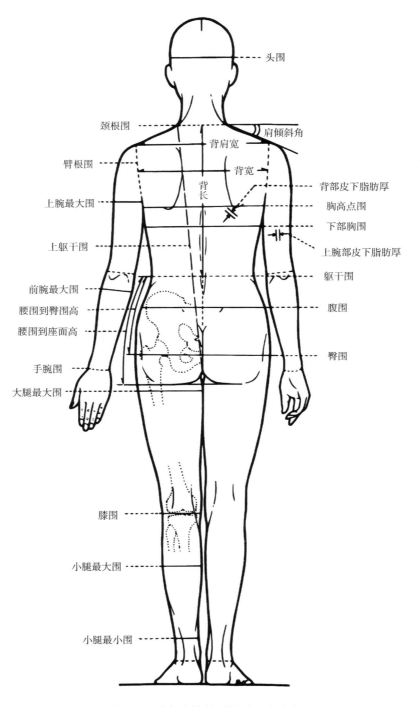

图2-17　成年女性的测量项目及基准3

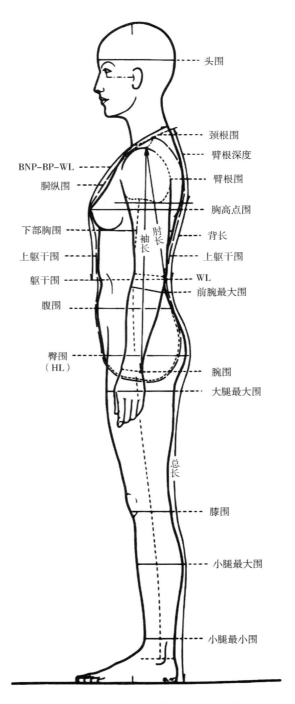

图2-18　成年女性的测量项目及基准4

（8）外踝点（Malleolus Fibulae Point）：腓骨外踝的下端点。

（9）腋窝前点（Anterior Armpit Point）：在腋窝前裂上，胸大肌附着处的最下端点。

（10）乳头点（Thelion）：乳头的中心点。

（11）桡骨茎突点（Stylion Radiale）：桡骨茎突的下端点。

（12）尺骨茎突点（Ulna Stylion）：尺骨茎突的下端点。

（13）颈椎点（Cervical）：第七颈椎棘突尖端的点。

（14）肩峰点（Acromion）：肩胛骨的肩峰外侧缘上，向外最突出的点。

（15）腋窝后点（Posterior Armpit Point）：在腋窝后裂上，大圆肌附着处的最下端点。

二、标准规定的测量项目

标准中的测量项目分为3类：水平方向测量项目（32个）、垂直方向测量项目（30个）和其他测量项目（2个）。

1.水平方向测量项目

（1）头围（Head Girth）：两耳上方水平测量的头部最大围长。

（2）颈围（Neck Girth）：用软尺测量经第七颈椎点处的颈部水平围长。

（3）颈根围（Neck Base Girth）：用软尺经第七颈椎点、颈窝点测量的颈根部围长。

（4）肩长（Shoulder Length）：被测者手臂自然下垂，测量从颈根外侧点至肩峰点的直线距离。

（5）总肩宽（Shoulder Width）：被测者手臂自然下垂，测量左右肩峰点之间的水平弧长。

（6）背宽（Back Width）：用软尺测量左右肩峰点分别与左右腋窝点连线的中点的水平弧长。

（7）胸围（Bust Girth）：被测者直立，正常呼吸，用软尺经肩胛骨、腋窝和乳头测量的最大水平围长。

（8）两乳头点间宽（女）（Bust Width）：左右乳头之间的水平距离。

（9）下胸围（女）（Underbust Girth）：紧贴着乳房下部的人体水平围长。

（10）腰围（Waist Girth）：被测者直立，正常呼吸，腹部放松，胯骨上端与肋骨下缘之间自然腰际线的水平围长。

（11）臀围（Hip Girth）：被测者直立，在臀部最丰满处测量的臀部水平围长。

（12）上臂围（Upper-arm Girth）：被测者直立，手臂自然下垂，在腋窝下部测量上臂最粗处的水平围长。

（13）肘围（Elbow Girth）：被测者直立，手臂弯曲约90°，手伸直，手指朝前，测量的肘部围长。

（14）腕围（Wrist Girth）：被测者手臂自然下垂，测量的腕骨部位围长。

（15）掌围（Hand Girth）：右手伸展，四指并拢，拇指分开，测量掌骨处的最大围长。

（16）手长（Hand Length）：被测者右前臂与伸展的右手成直线，四指并拢，拇指分开，测量自中指尖至掌根部第一条皮肤皱折的距离。

（17）大腿根围（Thigh Girth）：被测者直立，腿部放松，测量大腿最高部位的水平围长。

（18）大腿中部围（Mid-thigh Girth）：被测者直立，腿部放松，测量臀围线与膝围线中间位置的大腿水平围长。

（19）膝围（Knee Girth）：被测者直立，测量膝部的围长，测量时软尺上缘与胫骨点（膝部）对齐。

（20）下膝围（Low-knee Girth）：被测者直立，测量右膝盖骨下部的水平围长。

（21）腿肚围（Calf Girth）：被测者直立，两腿稍微分开，体重平均分布两腿，测量小腿腿肚最粗处的水平围长。

（22）踝上围（Minimum Leg Girth）：被测者直立，测量紧靠踝骨上方最细处的水平围长。

（23）踝围（Ankle Girth）：被测者直立，测量踝骨中部的围长。

（24）足长（Foot Length）：被测者赤足，脚趾伸展，测量最突出的足趾尖点与足后跟最突出点连线的最大直线距离。

（25）身高（指尚不能站立的婴儿）（Height）：被测者平躺于台面，测量自头顶至脚跟的直线距离。

（26）胸厚（Chest Depth）：在乳头点高度上，躯干前、后最突出部位间厚度方向上的水平直线距离。

（27）腰厚（Waist Depth）：最小腰围高度上，腰部前、后最突出部位间厚度方向上的水平直线距离。

（28）腹厚（Abdominal Depth）：在髂嵴点高度上，腹部前、后最突出部位间厚度方向上的水平直线距离。

（29）臀厚（Hip Depth）：臀部向后最突出部位高度上，臀部前、后最突出部位间厚度方向上的水平直线距离。

（30）胸宽（Chest Width）：在乳头点高度上，胸廓两侧最突出部位间的水平直线距离。

（31）臀宽（Hip Width）：臀部左右大转子点间的水平直线距离。

（32）腹围（Abdominal Girth）：经髂嵴点的腹部水平围长。

2. 垂直方向测量项目

（1）身高（婴儿除外）（Height）：被测者直立，赤足，两脚并拢，用人体测高仪测量自头顶至地面的垂直距离。

（2）躯干长（Truck Length）：被测者直立，用人体测高仪测量自第七颈椎点至会阴点的垂直距离。

（3）腰围高（Waist Height）：被测者直立，用人体测高仪在体侧测量从腰际线至地面的垂直距离。

（4）臀围高（Hip Height）：被测者直立，用人体测高仪测量从大转子点至地面的垂直距离。

（5）直裆（Body Rise）：用人体测高仪测量自腰际线至会阴点的垂直距离。

（6）膝围高（Knee Height）：用人体测高仪测量自胫骨点（膝部）至地面的垂直距离。

（7）外踝高（Ankle Height）：用人体测高仪测量自外踝点至地面的垂直距离。

（8）坐姿颈椎点高（Cervical Height）：被测者直坐于凳面，用人体测高仪测量自第七颈椎点至凳面的垂直距离。

（9）腋窝深（Scye Depth）：用一根软尺经腋窝下水平绕人体一圈，用另一根软尺测量自第七颈椎至第一根软尺上缘部位的垂直距离。

（10）背腰长（Back Waist Length）：用软尺测量自第七颈椎点沿脊柱曲线至腰际线的曲线长度。

（11）颈椎点至膝弯长（Cervical to Knee Hollow）：用软尺测量自第七颈椎点，沿背部脊柱曲线至臀围线，再垂直至胫骨点（膝部）的长度。

（12）颈椎点高（Cervical Height）：用软尺测量自第七颈椎点，沿背部脊柱曲线至臀围线，再垂直至地面的长度。

（13）颈椎点至乳头点长（Cervical to Breast Point）：用软尺测量自第七颈椎点，沿颈部过颈根外侧点，再至乳头点的长度。

（14）颈椎点至腰长（前身）（Cervical to Waist）：用软尺测量，自第七颈椎点沿颈部过颈根外侧点，再经乳头点后至腰际线的长度。

（15）肩颈点至乳头点长（Neck Shoulder Point to Breast Point）：用软尺测量自颈根外侧点至乳头点的长度。

（16）前腰长（Front Waist Length）：用软尺测量自颈根外侧点经乳头点，再至腰际线所得的距离。

（17）腰至臀长（Waist to Hips）：用软尺测量从腰际线，沿体侧臀部曲线至大转子点的长度。

（18）躯干围（Truck Circumference）：用软尺测量，以右肩线（颈根外侧点与肩峰点连线）的中点为起点，从背部经腿分叉处过会阴点，经右乳头再至起点的长度。

（19）会阴上部前后长（下躯干弧长）（Total Crotch Length）：用软尺测量自前身腰际线中点经会阴点至背部腰际线中点的曲线长。

（20）臂根围（Armscye Girth）：被测者直立，手臂自然下垂，以肩峰点为起点，经前腋窝点和后腋窝点，再至起点的围长。

（21）上臂长（Upper Arm Length）：被测者右手握拳，放在臀部，手臂弯曲成90°，用软尺测量自肩峰点至桡骨点（肘部）的距离。

（22）臂长（Arm Length）：被测者右手握拳放在臀部，手臂弯曲成90°，用软尺测量自肩峰点，经桡骨点（肘部）至尺骨茎突点（腕部）的长度。

（23）颈椎点至腕长（7th-cervical-to-wrist Length）：用软尺测量自颈椎点经肩峰点，沿手臂过桡骨点（肘部）值尺骨茎突点（腕部）的长度。测量时手臂弯曲成90°，呈水平状。

（24）下臂长（Under-arm Length）：被测者手臂自然下垂，用软尺测量自腋窝中点至桡骨茎突点（腕部）的垂直距离。

（25）腿外侧长（Outside Leg Length）：用软尺从腰际线沿臀部曲线至大转子点，然后垂直至地面测量的长度。

（26）大腿长（Thigh Length）：用软尺测量腿内侧自会阴点至胫骨点（膝部）的垂直距离。

（27）腿内侧长（会阴高）（Inside Leg Length；Crotch Height）：被测者直立，两腿稍微分开，体重平均分布于两腿，用软尺测量自会阴点至地面的垂直距离。

（28）颈椎点至膝长（Cervical to Knee）：被测者直立，用软尺测量自第七颈椎点至膝弯处（胫骨）所得的垂直距离。

（29）颈椎点高（直线测量）（Cervical Height）：被测者直立，用人体测高仪测量自第七颈椎点至地面的垂直距离。

（30）臂长（直线测量）（Arm Length）：被测者直立，手臂自然下垂，用软尺测量自肩峰点至尺骨茎突点所得的直线距离。

3. 其他测量项目

（1）肩斜度（Shoulder Slope）：将角度计放在被测者肩线（肩峰点与颈根外侧点的连线）上测量的倾角值，以度为单位。

（2）体重（Weight）：被测者稳定地站在体重计上，体重计显示的数，以千克为单位。

第三节　服装号型与服装规格

服装人体测量的尺寸有两种应用情况，一种用于个性化量身定制，另一种用于批量化成衣生产。三维人体扫描仪、三维服装CAD技术、大数据等推动了个性化量身定制的迅速发展，人体测量所得的尺寸数据需要结合服装款式转变成服装制图尺寸数据。同理，批量化成衣生产也需要结合服装款式得到服装制图尺寸数据，但不需要测体，而是根据服装号型标准制定服装规格。因此服装号型标准与服装规格是大规模人体测量数据在服装行业的直接应用，本节介绍服装号型标准与服装规格。

一、服装号型标准

（一）我国服装号型标准的制定

截至目前，我国已经颁布3次服装号型标准，最早的是GB 1335—1981《服装号型》，第二版是GB 1335—1991《服装号型》，第三版是GB 1335—1997《服装号型》。

1981版服装号型标准是依据1974～1975年全国人体体型测量的数据结果，找出全国人体体型的规律后制定的。20世纪80年代改革开放之后，经济发展迅速，人民生活水平不断提高，人体体型变化很大，另外服装消费观念也在不断变化，对于形体美的展示要求逐渐提高，第一版的服装号型标准不能满足服装行业的需求。

为了制定新的服装号型标准，上海市服装研究所、中国服装工业总公司、中国服装研究设计中心、中国科学院系统所等在北京大学、复旦大学及部分省市服装公司的配合下，在全国范围内进行了大量的人体测量，对采集的人体数据进行了科学归纳、分析和处理，经过多次验证，历时5年，完成了第二版服装号型标准的制定。

第二版服装号型标准根据人体胸围尺寸的落差将人体划分为Y、A、B、C四种体型，反映了人体体型多样化的特点，科学地解决了上下装配套问题。该标准还解决了儿童服装标准与成人服装标准的衔接问题，根据十年中儿童体型发展的趋势，调整了控制部位数据，使新标准更符合变化中的中国人的人体体型特点。该标准运用了科学的测量、取样与统计分析方法，保证了精度和科学性，使覆盖率达到95%以上。

随着行业的进一步发展，国际化趋势越来越明显，第二版号型标准逐渐显现出不足。中国服装工业总公司、上海市服装研究所、中国服装研究设计中心、中国科学院系统所、中国标准化与信息分类编码所、上海海螺公司、上海开开制衣公司等单位的专家组成了课题组，完成了第三版服装号型标准的制定工作。该标准参考了国际标准技术文件和国外先进标准，对第二版号型标准进行了调整和增删，使新标准更具实用性和操作性。

（二）人体测量方案

由于中国地域宽广，各地区人体体型差异明显，而体型也受到性别及年龄等多种因素的影响，因此进行人体测量时将全体人群按照性别、年龄和地域进行了划分。

1. 抽样方案

按性别、年龄将抽样人群分成如下6类。

（1）学龄前儿童（不分性别）：2～6岁；

（2）学龄儿童（不分性别）：7～12岁；

（3）少年男子：13～17岁；

（4）少年女子：13～17岁；

（5）成年男子：18～60岁；

（6）成年女子：18～60岁。

抽样时，按人类学的理论，将我国各省、市、自治区分成6个自然区域，分别是：东北华北区（黑龙江、吉林、辽宁、内蒙古、河北、山东、北京、天津），中西部区（河南、陕西、山西、宁夏、甘肃、青海、新疆、西藏），长江下游区（江苏、浙江、安徽、上海），长江中游区（湖北、湖南、江西），两广福建区（广东、广西、海南、福建），云贵川区（云南、贵州、四川）。

2. 测量项目与方法

根据科研目标选定了60个测量项目，选测的原则是满足服装工业对消费者人体体型规律研究的需求，满足修订服装号型标准的需要。在确定测量项目的名称、术语、测量方法等内容时，严格执行国家标准GB 3975—1983《人体测量术语》和GB 5703—1985《人体测量方法》的有关规定，同时也考虑到了和ISO 3635—1981《服装尺寸名称定义和人体测量程序》的一致。如对于身高的规定如下：

（1）项目名称：身高。

（2）定义：从头顶点至地面的垂距。

（3）测量方法：被测者取立姿，将人体测高仪放置在被测者的正后方，测量者站立在被测者的右侧，用手移动人体测高仪的活动尺座，使活动直尺与顶点相接触，测量从头顶点至地面的垂距。

（4）测量仪器：人体测高仪。

（三）体型分类、基本部位与控制部位的选择等

1. 体型分类

人体体型大致可以采用三类表达形式，分别是围度差、前颈腰长与后颈腰长的差、各种有关人体尺寸的指数。

围度主要有胸围、腰围、腹围和臀围，它们不一定同步变化。相同的胸围、不同的腰围或臀围，就显示出不同的体型。因此不同围度的差值可用作区分体型的依据。前颈腰长与后颈腰长的差也称为前后腰节差，最能表示正常人体与挺胸凸肚体或驼背体型的差别，也是女装设计制作中经常需要考虑的部位。因此表示人体某种曲度部位的尺寸或它们的差值，也可用作划分体型的依据。有关人体尺寸的指数如体重与身高的比，也称作丰满指数，某种围度与身高的比，不同围度的比，都可以作为划分体型的依据。

日本工业标准规定，成年男子以胸腰差为划分体型的依据，成年女子以胸臀差作为划分体型的依据。我国号型标准也使用围度差作为划分体型的依据。

我国服装号型标准将少年与成年人合并处理，男子与女子各制定一个标准，男女都分为四种体型，以胸腰差从大到小的顺序依次命名为Y、A、B、C型。其中A型是人数最多

的普通体，而Y型是腰围较小的体型，B型为稍胖体型，C型为相当胖的体型。A型覆盖面最大，Y型、B型也占相当比例，C型比例较低。

国际上ISO划分体型的方法为：男子以胸围和腰围的差值范围划分为A、R、P、S、C五种；女子以胸围和臀围的差值范围划分为A、M、H三种。

美国的女子体型分7种：瘦小青年体型，青年体型，瘦小小姐体型，小姐体型，高个小姐体型，半码体型，妇女体型。也有5种的划分法：女青年小号体型，妇女小号体型，小姐体型，妇女大号体型，妇女半号体型。美国男子体型分为3种：短小型，普通型，长大型。

日本的男子体型分为10种：J、JY、Y、YA、A、AB、B、BB、BE、E；女子体型分为4种：Y、A、AB、B。

2. 基本部位的选择

基本部位是基准人体模型或服装号型中对人体和服装的统领部位，最能反映人体最重要的体型特征。我国根据计算得到的数据，最后确定以身高、胸围、腰围作为制定号型的人体的三个基本部位，而且以胸围与腰围差的数值作为划分体型的依据。下装选身高和腰围；上装选身高和胸围。

3. 控制部位的选择

服装号型是为生产成衣而设置的，也是为了最大限度满足消费者的适体要求，但仅有身高、胸围及腰围三个基本部位的数据还不够，还需要其他某些主要部位的数据，这些部位称为控制部位。我国现行服装号型标准最后确定了10个制板、推板的必要部位作为控制部位。

4. 中间体的选定

考虑到服装工业生产的情况，对同体型内不同号型服装在设计时采用制板、推板的方式，标准中的控制部位数值是通过设置中间体的系列分档数值来确定的。中间体的设置除了考虑基本部位的均值外，主要考虑覆盖率的高低，使中间体尽可能位于所设置号型的中间位置。还有一个重要因素需要考虑，即人们对服装穿着的要求，一般是宁可偏大而不偏小。根据这些情况，最后确定了男子与女子各体型的基本部位中间体，如表2-1所示。

表2-1　服装号型标准基本部位中间体的确定值　　　　　　单位：cm

体型		Y	A	B	C
男子	身高	170	170	170	170
	胸围	88	88	92	96
女子	身高	160	160	160	160
	胸围	84	84	88	88

5. 控制部位分档数值

控制部位分档数值是根据控制部位对基本部位的回归方程来计算的。考虑到实际使用中制板的方便，同时便于记忆，要求尽量简化，对个别数值还要结合实际经验及体型变化的规律，进行适当的修正。

6. 号型覆盖率

服装号型覆盖率的数值反映了各种号型的人体在一定范围人群中的比例，我国号型可以覆盖90%以上的人群。

（四）GB/T 1335—1997 标准内容

1. 号型定义

号，指人体身高，是设计服装长度的依据。人体身高与颈椎点高、坐姿颈椎点高、腰围高、全臂长等密切相关，随着身高的增长，这些尺寸也相应增长。型，指人体的净体胸围或腰围，是设计服装围度的依据。号型与臀围、颈围、总肩宽同样不可分割。

2. 体型分类

号与型分别统辖长度和围度方面的各部位，体型代号则控制体型特征，因此服装生产者、消费者、经营者都应该了解服装号型的关键要素：身高、净胸围、净腰围和体型代号。我国人体按四种体型分类，即Y、A、B、C，根据是人体的胸腰差，即净体胸围减去净体腰围的差值。根据差值的大小来确定体型的分类。具体如表2-2所示。

表 2-2　我国人体四种体型的分类依据　　　　　　　　　单位：cm

体型分类代号	男子：胸围 – 腰围	女子：胸围 – 腰围
Y	17 ~ 22	19 ~ 24
A	12 ~ 16	14 ~ 18
B	7 ~ 11	9 ~ 13
C	2 ~ 6	4 ~ 8

值得注意的是，儿童不划分体型，随着儿童身高逐渐增长，胸围、腰围等部位逐渐发育变化，向成人的四种体型靠拢。

3. 表示方法

标准规定，机织类成品服装上必须标明号、型，号和型之间用斜线分开，后接体型代号。例如，170/88A为上装号型，其中"170"表示身高为170cm，"88"表示净体胸围为88cm，体型代号"A"表示胸腰差（男子为12 ~ 16cm）；170/74A为下装号型，其中"170"表示身高为170cm，"74"表示净体腰围为74cm，体型代号"A"表示胸腰差（男子为12 ~ 16cm）。

套装系列服装，上下装必须分别标有号型标志。儿童不分体型，因此号型标志不带体型分类代号。

4. 号型设置范围

（1）男子服装号型适用于身高155 ~ 185cm，净胸围72 ~ 112cm，净腰围56 ~ 108cm。

（2）女子服装号型适用于身高145~175cm，净胸围68~108cm，净腰围50~102cm。

（3）儿童服装号型把身高分成三段：

①婴儿服装号型适用于身高52~80cm，净胸围40~48cm，净腰围41~47cm；

②小童服装号型适用于身高80~130cm，净胸围48~64cm，净腰围47~59cm；

③大童服装号型分男女：男童服装号型适用于身高135~160cm，净胸围60~80cm，净腰围54~69cm；女童服装号型适用于身高135~155cm，净胸围56~76cm，净腰围49~64cm。

5. 号型分档

成人服装号型标准中规定身高以5cm分档，胸围以4cm分档，腰围以4cm、2cm分档，组成5.4系列和5.2系列。上装采用5.4系列，下装采用5.4系列和5.2系列。

成人号型系列分档范围和分档间距如表2-3所示。

表 2-3　成人号型系列分档范围和分档间距　　　　　　单位：cm

型号		男	女	分档间距
		155 ~ 185	145 ~ 175	5
胸围	Y 型	76 ~ 100	72 ~ 96	4
	A 型	72 ~ 100	72 ~ 96	4
	B 型	72 ~ 108	68 ~ 104	4
	C 型	76 ~ 112	68 ~ 108	4
腰围	Y 型	56 ~ 82	50 ~ 76	2 和 4
	A 型	58 ~ 88	54 ~ 84	2 和 4
	B 型	62 ~ 100	56 ~ 94	2 和 4
	C 型	70 ~ 108	60 ~ 102	2 和 4

儿童服装号型标准中规定：

婴儿身高以7cm分档，胸围以4cm分档，腰围以3cm分档，组成7.4系列和7.3系列。上装采用7.4系列，下装采用7.3系列。

小童身高以10cm分档，胸围以4cm分档，腰围以3cm分档，组成10.4系列和10.3系列。上装采用10.4系列，下装采用10.3系列。

分性别的大童身高以5cm分档，胸围以4cm分档，腰围以3cm分档，组成5.4系列和5.3系列。上装采用5.4系列，下装采用5.3系列。

6. 号型系列中间体的确定

号型系列的设置以中间标准体为中心，按规定的分档距离，向上下、左右推排而形成系列。中间体的设置除考虑部位的均值外，主要依据号、型出现频数的高低，使中间体尽可能位于所设置号型的中间位置。标准确定各体型的中间体尺寸数据如表2-4所示。

表 2-4　各体型的中间体尺寸数据　　　　单位：cm

类别	成人								儿童		
体型	Y		A		B		C		身高 80～130 儿童	身高 135～160 男童	身高 135～155 女童
主要控制部位	男	女	男	女	男	女	男	女			
身高	170	160	170	160	170	160	170	160	100	145	145
颈椎点高	145	136	145	136	145.5	136.5	146	136.5	—	—	—
坐姿颈椎点高	66.5	62.5	66.5	62.5	67	63	67.5	62.5	38	53	54
全臂长	55.5	50.5	55.5	50.5	55.5	50.5	55.5	50.5	31	47.5	46
腰围高	103	98	102.5	98	102	98	102	98	58	89	90
净胸围	88	84	88	84	92	88	96	88	56	68	68
净颈围	36.4	33.4	36.8	33.6	38.2	34.6	39.6	34.8	25.8	31.5	30
总肩宽	44	40	43.6	39.4	44.4	39.8	45.2	39.2	28	37	36.2
净腰围	70	64	74	68	84	78	92	82	53	60	58
净臀围	90	90	90	90	95	96	97	96	59	73	75

7. 控制部位的确定

制作服装仅有身高、胸围、腰围尺寸是不够的，还必须有不可缺少的若干控制部位的尺寸才能完成服装的打板、裁剪和制作。上装的主要部位是衣长、胸围、总肩宽、袖长、领围，女装加前后腰节长。下装的主要部位是裤长、腰围、臀围、上裆长。服装的这些部位反映在人体上是颈椎点高、坐姿颈椎点高、全臂长、腰围高、颈围、总肩宽、臀围、胸围、腰围、身高。

8. 分档数值

控制部位的分档数值即跳档系数。号型标准中分为四种体型，这四种体型的控制部位与基本部位的变化，有些不是同步增长的，因此不同体型，同一部位的跳档数值比较复杂。我国成人和儿童号型系列分档数值如表2-5、表2-6所示。

表 2-5　成人主要部位分档数值　　　　单位：cm

主要控制部位		体型							
		Y		A		B		C	
		男	女	男	女	男	女	男	女
当身高每增减5cm时	颈椎点高	4	4	4	4	4	4	4	4
	坐姿颈椎点高	2	2	2	2	2	2	2	2
	全臂长	1.5	1.5	1.5	1.5	1.5	1.5	1.5	1.5
	腰围高	3	3	3	3	3	3	3	3
当胸围每增减4cm时	颈围	1	0.8	1	0.8	1	0.8	1	0.8
	总肩宽	1.2	1	1.2	1	1.2	1	1.2	1
当腰围每增减4cm时	臀围	3.2	3.6	3.2	3.6	2.8	3.2	2.8	3.2
当腰围每增减2cm时	臀围	1.6	1.8	1.6	1.8	1.4	1.6	1.4	1.6

表 2-6　儿童服装号型系列分档数值　　　　　　　　　　单位：cm

主要控制部位	身高 80 ~ 130cm	身高 135 ~ 160cm	身高 135 ~ 155cm
身高	10	5	5
坐姿颈椎点高	4	2	2
全臂长	3	1.5	1.5
腰围高	7	3	3
胸围	4	4	4
颈围	0.8	1	1
总肩宽	1.8	1.2	1.2
腰围	3	3	3
臀围	5	4.5	4.5

9. 覆盖率

标准在设置号型时，各体型的覆盖率即人口比例≥0.3%时就设置号型。也存在这样的情况，有些号型比例虽小，没有达到0.3%，但这些小比例号型也具有一定的代表性。因此在设置号型系列时，增设了一些比例虽小但具有一定实际意义的号型。实际验证表明，调整后的服装号型覆盖面男子达到96.15%，女子达到94.72%，总群体覆盖面为95.46%。

二、服装规格

服装号型标准的颁布，给服装规格设计特别是成衣生产的规格设计，提供了可靠的依据。但服装号型并不是现成的服装成品尺寸。服装号型提供的均是人体尺寸，而服装规格是以服装号型为依据，根据服装款式、体型等因素，加放不同的放松量得到的成品主要部位外形的具体尺寸。服装号型的数据是相对稳定的，服装规格则是可以根据款式和流行时尚相对变化的。

在进行服装规格设计时，必须遵循以下原则：

（1）中间体不能变，必须依据标准文本中已确定的男、女各类体型的中间体数值。

（2）号型系列和分档数值不能变。

（3）控制部位数值不能变。

（4）放松量可以变。放松量可以根据不同品种、款式、面料、季节、地区以及穿着习惯和流行趋势而变化。

三、服装示明规格

服装示明规格是服装生产、销售、使用流通环节中显示服装大小属性的表示方式。服装示明规格有两部分内容，分别是规格代号和服装成品的规格尺码标示方法。

（一）示明规格代号的表示方式

（1）胸围制：以服装的胸围规格作为衣服的示明规格。针织内衣、羊毛衫等多采用胸围制表示，如女士针织内衣的示明规格有90、95、100等。

（2）领围制：以服装的领围规格作为衣服的示明规格。男立领衬衫通常都有领围制的表示方法，如39、40、41、42等。

（3）代号制：以数字、字母为代号，如2、4、6或XS、S、M、L。

（4）号型制：以人体的基本部位尺寸及体型组别组成，如号型规格。

（二）规格代号的元素构成

各国构成服装规格代号的元素数量有所不同，从1～3个元素不等。

1. 中国服装规格代号

我国服装规格代号由号、型、体型3个元素或号、型2个元素构成，其中号、型元素使用人体净尺寸。针织服装用一元（胸围）表示，男式立领衬衫用一元（领围）表示。

2. 日本服装规格代号

日本服装尺寸系统标准提供了3种规格表示方法，分别是体型区分表示、单数表示、范围表示。

体型区分表示的规格代号由胸围、体型、身高3个元素构成。如：92J5（男装），5表示身高适穿范围为170cm左右，92表示胸围，J表示日本男性的一种体形；9AR（女装），9表示胸围适穿范围为83cm左右，R表示身高适穿范围为158cm左右，A表示日本女性的标准体型。

一元表示的规格代号，如S、M、L或ST、MT、LT等。二元表示的规格代号由胸围和身高两个元素构成，如90-6（男上装），90表示胸围，6表示身高；9R（女上装），9表示胸围，R表示身高。

3. 欧美服装规格代号

德国、英国、意大利、美国等，服装示明规格除采用胸围制、领围制的表示方法外，经常使用一个数字表示，属一元表示。如8、10、12、14、16或7、9、11、13、15、17等。

（三）服装成品的规格标示方法

服装规格标示是帮助消费者了解服装适体对象的信息工具，是服装耐久性标签内容的一部分。服装标签是TBT协议中的内容之一，在各国标准中一般被列为技术法规。为了消除在服装规格标示方面出现的非关税性贸易壁垒，国际标准化机构ISO逐步制定了一系列服装规格标示标准。一些国家为了不因此造成非关税性贸易壁垒，其服装规格标示也逐渐与国际标准一致。如日本和英国，在制定服装人体尺寸系统标准时，服装规格标示部分的相关内容都以国际标准为重要参考依据。

我国目前的服装规格标示方法在GB 5296.4—1998《消费品使用说明　纺织品和服装使用说明》中有明确规定。要求纺织品的号型或规格的标注应符合有关国家标准、行业标准的规定。

第四节　服装人体工效学的人体生理指标测量

服装人体工效学研究的目标是使设计的服装更健康、安全、舒适，对于服装成品要进行主客观评价，服装的舒适与否必须参考人体的生理指标，因此本节主要讨论服装舒适性评价涉及的人体生理指标，主要包括人体的体温、能量代谢、人体表面积、心率等。

一、体温

（一）体核温度

生理学上所说的体温是指体核温度，即人体深部的平均温度。人体内部各器官的代谢水平不同，温度略有差别。在安静状态下，人体肝脏代谢活动最强，产热量最大，温度最高，约38℃；大脑产热量也比较大，温度接近38℃；肾脏、胰腺和十二指肠等温度略低；直肠内的温度更低。由于血液在全身不断循环，体内各器官的温度常常趋于一致。因此，人体深部的血液温度可代表机体深部重要器官的平均温度，即体核温度。

体核温度是评价体温调节功能的重要指标。严格来说，测量体核温度应该测定人体深部的血液温度，但它的直接测定比较困难，通常是通过测定腋窝、口腔、直肠、食道、鼓膜五个部位的温度来近似表示体核温度。其中，腋窝温度、口腔温度和鼓膜温度容易受外界的影响，因此，测定这些温度要采取必要的措施进行隔热。

1. 腋窝温度

用专用的温度计（体温计）以45°角插入腋窝凹处，夹紧密闭。这样的状态需维持10min以上，才能获得稳定的指示值。日本人的平均值为（36.8±0.29）℃。这种测量方法最简单，对被验者的心理和身体负担也很小。

2. 口腔（舌下部）温度

用专用的温度计伸入舌下，轻轻闭合嘴巴。用鼻子呼吸，经过5min后读取指示值。测量值随舌下位置不同会产生微小的差异，日本人的测量平均值为（37.0±0.22）℃。口腔温度能比较准确地反映影响温度调节中枢的血液的温度。尽管如此，口腔温度也会受到一些因素的影响而产生波动。当嘴巴张开时，由于对流和口腔黏膜表面的蒸发，口腔温度会下降；当嘴巴紧闭时，随着面部皮肤温度的下降，口腔温度也会下降；当面部受到强辐射热的照射时，口腔温度则会上升；如果刚喝过冷水或热水，口腔温度也会下降或上升。

3. 直肠温度

用细长柔软的专用温度感应计由肛门插入8cm以上。测量技术要求低，且安全可信，在研究中得到广泛应用。测量值随温度计插入深度不同而有差异，一般来说，安静状态下温度范围在36.6~38.0℃。直肠被大量的腹部低导热性能的组织包围，一般与环境无关，所测温度比较接近人体深部的血液温度。本质上讲，直肠温度是平均体核温度的指标。人在安静休息时，直肠温度是最高的温度。当进行全身活动并且热蓄积缓慢时，直肠温度才被认为是深部血液温度，也就是体温调节中枢温度的指标。当热蓄积降低，且基本是用腿进行工作时，直肠温度稍高于体温调节中枢的温度。在热蓄积迅速增高的情况下，直肠温度上升的速率比温度调节中枢温度上升的速率要慢些。直肠温度不能很好地反映血液温度的快速变化，但是它能反映发热中血液温度的缓慢变化。

4. 食道温度

食道温度反映了心脏大动脉血流的温度，并能准确反映灌注下丘脑体温调节中枢的血液温度，即食道温度变化的过程与体温调节反应的时间过程相当一致，因此在实验研究中常用食道温度作为体核温度的一个指标。可用专用的温度计由鼻孔伸入食道。温度感应端应插入约40cm长。如果感应端放置在食道的上部，则其温度受呼吸影响；如果放置的位置太低的话，则记录的是胃内温度。咽下的唾液温度也影响感应器的温度。因此，食道温度通常不采用已记录温度的平均值，而是用峰值表示。此种温度的测定不仅需要医学技术，而且也给被验者增加了心理负担。

5. 鼓膜温度

鼓膜靠近体温调节中枢，鼓膜的动脉部分是颈内动脉的分支，鼓膜温度反映了颈内动脉血流的温度，颈内动脉也灌注下丘脑，鼓膜温度变化与下丘脑温度变化成比例，因此实验中常以鼓膜温度作为脑组织温度的指标。鼓膜温度的直接测定非常困难。近来非接触测量的鼓膜用放射温度计正在开发中。

在以上测量部位中，由于直肠温度受外界环境变化影响小，准确度高，安全系数大，操作也较为方便，因此常以直肠温度代表体核温度。如果在口腔、腋窝等处测量体温，必须加以校正。校正公式如下：

（1）口腔温度+0.3=体核温度；

（2）腋窝温度+0.7=体核温度；

（3）鼓膜温度=体核温度。

（二）皮肤温度

人体最表层的温度称为皮肤温度。由于人体各部位存在肌肉强度、皮肤脂肪厚度、血流供应和表面的几何形状等的差别，所以人体各部位的皮肤温度差别很大。皮肤温度是服装人体工效学的重要指标之一。它一方面能够反映人体热紧张程度；另一方面可以判断人体通过服装与环境之间热交换的关系。从服装生理卫生学角度考虑，皮肤温度既反映出体内到体表之间的热流量，也可反映出在服装遮盖下的皮肤表面的散热量或吸热量之间的动态平衡状态。

　　皮肤在人体的最外侧，随环境的变化显示出较大的变动，同时也与身体的部位有关。如图2-19所示，包含大脑的头部、重要脏器的躯干部等核心部分的温度几乎不随环境气温的变化而改变；在极热环境中，人的皮肤血管扩张，血流量增大，皮肤温度上升，并且全身各部位皮肤温度趋向均匀一致；在极寒环境中，头部和躯干处的皮肤温度降低不大，而距离躯干较远的四肢和末梢处的皮肤温度有显著降低。

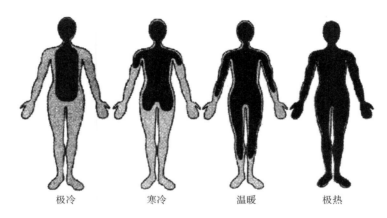

极冷　　　　　寒冷　　　　　温暖　　　　　极热

图2-19　人体核心部与外壳的温度变化
资料来源：日本家政学会被服卫生学部会.アパレルと健康一基礎から進化する衣服まで

　　由此可见，对同一个体来说，皮肤温度有明显的部位差异，因此在生理学和卫生学中，通常用平均皮肤温度来表示皮肤温度。平均皮肤温度31.5～34.5℃属于舒适范围，33～34℃最舒适。在安静状态下皮肤温度与主观温度感觉的关系如表2-7所示。

表 2-7　安静状态下皮肤温度与主观温度感觉的关系

皮肤温度				主观温度感觉
任何一处达到（45±2）℃				剧烈疼痛
平均皮肤温度35℃以上				热
31.5～34.5℃				舒适
30～31℃				凉
28～29℃				寒战性冷
低于27℃				极冷
手的温度	20℃	脚的温度	23℃	冷
	15℃		18℃	极冷
	10℃		13℃	疼痛
	2℃		2℃	剧烈疼痛

测量皮肤温度的方式有非接触式和接触式两种。测量仪器有红外辐射传感器，非接触式红外测温仪，便携式多通道生理参数测试仪。

由于人体各部位皮肤温度差异很大，因此通常使用平均皮肤温度作为人体皮肤温度的指标。许多学者研究过平均皮肤温度的测定方法，大多是加权平均皮肤温度。拉马纳坦（Ramanathan）等早期提出只测量几个点的皮肤温度，通过对局部皮肤温度和计算出的最佳皮肤温度进行线性回归处理获得各点的加权系数。哈代&杜布瓦（Hardy & Dubois）等根据人体表面积的测量提出面积加权公式，也是生理学和卫生学上用得最多的加权平均皮肤温度的计算方法。后来霍里（Hori）、入来等学者又尝试选择不同的皮肤部位取点方法，各种取点法对应的加权系数如表2-8所示。在服装人体工效学研究中，通常将加权平均皮肤温度称为平均皮肤温度，是指身体各部位皮肤温度对于各自所占面积的百分比的加权平均值。计算公式为：

$$\overline{T}_{sk} = \sum_{i=1}^{n} a_i \cdot T_i$$

式中：$\overline{T}_{sk}$——平均皮肤温度，℃；

T_i——不同身体部位的皮肤温度，℃；

a_i——各部位的加权系数（该部位在全身所占的面积比率）。

表2-8 根据人体表面积计算平均皮肤温度的面积比率 a_i

学者 / 身体各部位	哈代 & 杜布瓦		拉马纳坦	霍里等	入来
	7点	12点	4点	10点	8点
额头	0.070	0.070	—	0.098	0.070
胸部	—	0.088	0.300	0.083	0.090
上臂	—	—	0.300	0.082	0.130
腹部	0.350	0.088	—	0.162	0.180
前臂	0.140	0.140	—	0.061	0.120
手背	0.050	0.050	—	0.053	—
大腿前侧	0.190	0.095	0.200	0.172	0.160
小腿前侧	0.130	0.065	0.200	0.134	0.160
脚背	0.070	0.070	—	0.072	—
背部	—	0.088	—	0.083	0.090
腰部	—	0.088	—	—	—
大腿后侧	—	0.095	—	—	—
小腿后侧	—	0.065	—	—	—
全身	1.00	1.00	1.00	1.00	1.00

目前比较常用的是ISO平均皮肤温度测量方法。该法首先将人体表面分成14个面积相等的代表区，有4点、8点、14点法平均皮肤温度。其测量部位和加权系数如表2-9所示。

表 2-9　人体皮肤温度测量部位及相应加权系数

测量部位	4 点	8 点	14 点
前额	—	0.07	1/14
颈部背面	0.28	—	1/14
右肩胛	0.28	0.175	1/14
左上胸部	—	0.175	1/14
右臂上部	—	0.07	1/14
左臂上部	—	0.07	1/14
左手	0.16	0.05	1/14
右腹部	—	—	1/14
左侧腰部	—	—	1/14
右大腿前中部	—	0.19	1/14
左大腿后中部	—	—	1/14
右小腿前中部	0.28	—	1/14
左小腿后中部	—	0.2	1/14
右脚面	—	—	1/14

按照一般的原则，测量的点数越多，越能够代表全身皮肤温度的分布与变化情况，但是测量点数越多，尤其是运动状态下会有很多实际困难。许多学者针对测量选点做了大量研究，归纳了几点选取测量点数的原则：

（1）根据气温：较炎热的气候条件下，皮肤温度比较均匀，2～4个点就可以；中等气温下4～8个点；低温寒冷环境中，全身各点皮肤温度悬殊较大，可多选几个点，建议选8～14个点。

（2）根据目的：指研究者的预期目的，选择适合的测量部位和点数。

（3）根据活动状态：即按照人体的活动状态确定测量部位。不管气候条件如何变化，外周体温调节主要发生在四肢，皮肤温度变化显著，因此安静状态下四肢的加权系数不应小于50%。如果是运动状态，以腿部运动为主，活动量较大，那么下肢的加权系数还要适当增加。

（三）平均体温

当考虑人体热平衡状态时，需采用人体的平均体温。人体的体温通常维持在一定的水平，但是外壳的皮肤温度随环境温度变化会有较大的变动。因此人体的平均体温也会随环境变化而不同。通常用体核温度和皮肤温度结合定义平均体温。如果以直肠温度表示体核温度的话，可用下式来计算平均体温。

$$T_b = 0.6T_{re} + 0.4\overline{T}_{sk} \quad （寒冷环境）$$

$$T_b = 0.65T_{re} + 0.35\overline{T}_{sk} \quad （中性环境）$$

$$T_b = 0.8T_{re} + 0.2\overline{T}_{sk} \quad （暑热环境）$$

式中：T_b——平均体温，℃；

　　　T_{re}——直肠温度，℃；

　　　$\overline{T}_{sk}$——平均皮肤温度。

二、能量代谢

由热力学第一定律可知，能量由一种形式转化为另一种形式的过程中，既不能增加，也不能减少，即能量守恒定律。机体的能量代谢遵循能量守恒定律。因此，测定在一定时间内机体所消耗的食物，或者测定机体所产生的热量与所做的外功，都可以测算出整个机体的能量代谢率。能量代谢的测定方法：直接测热法、间接测热法和简化测定法。

1. 直接测热法

直接测热法是利用各种类型的测热装置直接测定机体在一定时间内向外部环境散发的总热量。如果在测定时间内有对外做功，应将对外做的功折算为热量一并计算。20世纪初，Arwater-Benedict设计了呼吸热量计，但设备复杂，操作烦琐，极少应用。这种测热法不能用来测试人在活动时的能量代谢。

2. 间接测热法

间接测热法是基于人体呼吸气体交换理论，通过测定受试者一定时间内的耗氧量和二氧化碳产生量，并根据化学反应中的定比关系，计算出机体的能量代谢率。耗氧量和二氧化碳产生量的测定方法有闭合式测定法和开放式测定法两种，在服装人体工效学研究中，开放式测定法使用较多。虽然间接测热法较容易，但需要拥有可以测量三种气体的分析仪器，费用也较高。因此一些学者在多年的实验研究基础上提出了简化的能量代谢测定法。

3. 简化测定法

简化测定法是测定受试者单位时间呼出的气体量及呼出气体中的氧气含量，估算受试者的能量代谢率。估算公式如下：

$$M = 4.187V_E \cdot (1.05 - 5.015F_{EO_2})$$

式中：M——代谢产热量，kJ/min；

　　　V_E——呼出气体的体积（标准状态下），L/min；

　　　F_{EO_2}——呼出气体中氧气含量。

三、人体表面积

在服装人体工效学领域中，有时需要计算人体产热和散热、服装的热阻值等，要考虑人体体型产生的影响，因此必须了解人体的体表面积。生理学参数如新陈代谢率、肺活量、心输出量、主动脉和气管横截面积等均与人体的体表面积呈一定的比例关系。目前，测量人体表面积的方法主要有测量法和公式计算法两种。

（一）测量法

测量法可通过纸模或石膏绷带来测量人体表面积，被测者只能穿着薄内衣或紧身衣裤，并用薄塑料袋套头压紧头发，使头发成为与身体表面类似的状态。

1. 纸模法

纸模法测量人体表面积可通过两种方式进行。一是将柔软的非织造棉纤维纸用水润湿后，按照人体曲面大小或形态将纸片贴在皮肤表面上，待干燥后取下来，用剪子剪成小纸片，将剪好的纸片在平面上展开并用面积仪测量。二是将一定面积的非织造棉纤维纸事先测量面积（备用面积），而后裁成宽度1～10cm不等的长条，浸湿后敷于人体皮肤表面，完成之后，再将剩余的纸铺于平板上，计算其面积（剩余面积），用备用面积减剩余面积即可得到人体表面积。纸模法需要将湿纸片直接贴在皮肤表面，测定时间长，易使被测者在精神上和身体上感到疲劳。

2. 石膏绷带法

石膏绷带法是一种在立体状态下测量人体表面积的方法，并且还能得到原形平面图。测量前，先在被测者的身体表面画基准线或基准点，然后抹橄榄油或凡士林，再在上面贴石膏绷带。预先用温水沾湿石膏绷带，然后轻轻拧一下，以人体为轴按对角线方向贴下去。贴三层以上，然后用化妆棉吸收石膏绷带表面的余水，最后用吹风机吹干。没有贴石膏绷带部分的皮肤可以用毛巾保护。等石膏绷带凝固到一定程度时，从被测者的身体表面取下，然后在通风好的地方干燥。干燥的石膏绷带内侧贴非织造棉纤维纸，按测定线描画出内表面形状，然后展开进行测量。

（二）公式计算法

采用纸模法和石膏绷带法测量人体表面积的方法比较烦琐，为了方便应用，有学者通过测量一定数量的人体表面积、身高和体重，利用数理统计学方法，分析人体表面积与人的身高、体重之间的关系，得出了人体表面积的近似计算公式。最早采用的是1937年提出的斯蒂文森（Stevenson）公式，这一公式基于100名中国人的人体表面积、身高、体重测量值。公式如下：

$$A_s = 0.0061H + 0.0128W - 0.1529$$

其中：A_s——人体表面积，m^2；

　　　H——身高，cm；

　　　W——体重，kg。

之后的几十年间中国人的生活水平发生了巨大变化，表现在体型的变化也很大，为了获得更适合当前中国人体型的人体表面积计算公式，中国学者又选了100名受试者进行人体表面积测量，男女各50名，同时测得身高体重值，统计得出适用于中国人的通用公式及分别适用于中国男性、女性的公式。公式如下：

通用公式：$A_s = 0.0061H + 0.0124W - 0.0099$

男性公式：$A_s = 0.0057H + 0.0121W - 0.0882$

女性公式：$A_s = 0.0073H + 0.0127W - 0.2106$

四、心率

心率是指单位时间内心脏跳动的次数。最简单的测量心率方法是在颈动脉或桡动脉记数心跳的次数。测量受试者心率，也可以用ECG电极，通过遥测仪或记录仪直接将ECG的信号传给数字记录仪，并且通过计算机可以连续描绘出被测者的心率曲线。市场上的一些运动商品，也提供了测量心率的功能，如跑步机、健身车等，被测者只需双手紧握传感器，或将测头夹在耳朵上，就可以测量自己的心率。此外，一些可穿戴设备也具备测量心率的功能，使用非常方便。

思考题

1. 简述人体测量的方法、工具及内容。

2. 比较各种人体测量法的优缺点。

3. 简述人体测量的统计指标及数据特点。

4. 简述服装人体工效学研究的人体测量内容。

5. 举例说明服装的静态人体测量项目及方法。

6. 简述服装号型与服装规格的定义。

7. 比较分析特定服装种类的号型与规格。

8. 简述服装人体工效学人体测量的主要生理学指标。

第三章　环境与服装气候

服装人体工效学的研究目标就是设计出令人舒适的服装，而热舒适是非常核心的问题，也是非常复杂的问题。服装的热学性能首先与环境有着密不可分的联系。本章将分别从大环境和小环境的角度探讨环境对服装舒适的影响，其中大环境指自然环境，小环境指人体与服装之间的环境。

第一节　自然环境

一、气温

气温是评价环境气候条件的主要因素之一，对人体着装有着直接的影响。尽管夏季时在街道上常常看到穿着西服打着领带的职场男性，冬季时室外也常常出现穿着超短裙和丝袜的女性，但并不能说明气温与着装没有关系。这样的着装方式与室内环境的温度变化有关。据统计，日本人的适宜温度从1949年开始不断上升，1949年的最适宜温度为16~18℃，1960年为20~22℃，1973年为21.5~25℃。除气候因素外，环境温度还受各种冷、热源的影响，如高炉、加热的原材料、供暖设备、制冷设备等。现代家庭冷暖双置空调已经普及，中国的北方在冬季统一供暖，室内环境的温度可以四季恒定，生活方式的变化极大地影响了人们的着装方式。人体感受到的温度，除受气温影响外，还受环境的湿度、风速和辐射热的影响。

（一）温标及温标之间的换算

1. 摄氏温标

摄氏温标是目前世界使用比较广泛的一种温标，单位符号用"℃"表示，物理量符号为t，是18世纪瑞典天文学家安德斯·摄尔修斯提出来的。规定在标准大气压下，冰水混合物的温度为0℃，水的沸点为100℃，中间划分为100等份，每等份为1℃。

2. 华氏温标

华氏温标单位符号用"℉"表示。规定在标准大气压下，冰的熔点为32℉，水的沸点为212℉，中间有180等份，每等份为华氏1度。摄氏温度和华氏温度的关系式为$t℉=1.8t℃+32$。

3. 绝对温标

绝对温标又称为开氏温标，是一种标定、量化温度的方法。它对应的物理量是热力学温度，或称开氏度，为国际单位制中的基本物理量之一；对应的单位是开尔文，简称开，符号为K。绝对温标规定水的三相点（水的固、液、汽三相平衡的状态点）的温度为273.16K。绝对温标与摄氏温标的每刻度的大小是相等的，但绝对温标的0K，则是摄氏温标的–273.15℃，绝对温标用K作为单位符号，用T作为物理量符号。摄氏温标与绝对温标的关系式为$t = T$–273.15℃。

图3-1　干球温度计

（二）气温的测量方法

1. 干球温度计

干球温度计是测量空气实际温度的仪器。测量时温度计自由地被暴露在空气中，同时避免辐射和湿气的干扰，4～5min后读数，是真实的热力学温度。不同于湿球温度计，干球温度计的温度与当前空气中的湿度值无关。测试时，应在实验室中央位置放一个支架，将温度计挂在支架上。同时，也应考虑到空气热膨胀时温度上升、冷却时温度下降的特点，测试时固定高度，测定高度一般定在1.2～1.5m为宜，如图3-1所示。

2. 最高最低温度计

最高最低温度计能指出在测量时间内所达到的最高温度和最低温度，但不能指出确切的时间。管内分别装入水银和无色酒精，由于酒精与水银膨胀系数悬殊，当温度上升时，酒精膨胀，于是迫使水银挤向毛细管内而上升，上指针亦随之而上升，指示到达最高温度；当温度下降，则水银回流至另一管，将下指针推至最低温度处。

3. 电子温度计

电子温度计是一种数字式温度计，通过LCD显示，以热敏电阻作为感温元件。读数直观，反映被测温度时间短，测量温度范围大，精度高，可同时预设高、低报警温度。电子温度计还可以按照设定的时间间隔进行连续测量，并将测量结果储存起来，供以后分析讨论，使用十分方便。

（三）气温对人的影响

气温对人体的散热起主导作用，气温的高低可影响人体代谢和散热方式，从而引起体温调节的变化。

1. 气温与人体代谢水平

如表3-1所示，当环境温度小于15℃时，人体代谢增加，产热量也增加；当环境温度为15～25℃时，人体代谢保持基本水平；当环境温度为25～35℃时，人体代谢稍有增加；当环境温度高于35℃时，人体代谢随气温上升而增加。由此可见，人体的代谢随气温的改变会产生明显的变化。

表 3-1 气温与人体代谢水平的关系

环境气温 t （℃）	人体代谢情况
$t<15$	人体代谢增加，同时产热量增加
$15<t<25$	人体代谢保持基本水平
$25<t<35$	人体代谢略有增加
$t>35$	人体代谢随气温上升而增加

2. 气温与人体散热途径

人体散热途径主要有四种：传导、对流、辐射和蒸发。从表3-2可以看出，在不同的环境气温条件下，人体的散热途径有很大差异。当环境气温小于20℃时，人体散热途径主要是传导、对流和辐射；当环境气温达到26℃时，蒸发散热显著增加；当环境气温达到32℃时，人体以蒸发为主要散热途径；当环境气温高于38℃时，蒸发成为唯一的散热途径。

表 3-2 气温与人体散热途径的关系

环境气温 t （℃）	人体散热途径
$t<20$	主要以传导、对流、辐射的形式
$t=26$	以传导、对流、辐射的形式，蒸发散热显著增加
$t=32$	主要以蒸发散热的形式
$t\geq38$	以蒸发散热为唯一形式

由此可见，人体散热途径所发生的作用与环境气温的关系非常密切。

3. 气温对人体的影响

（1）高温对人体的影响：

①影响循环系统：人在高温环境下，为了实现体温调节，必须增加心脏血液的输出量，使心脏负担过重，心率加快，血压升高。

②影响消化系统：人在高温环境下，体内血液将重新分配，使消化系统相对贫血。由于出汗排出大量氯化物以及大量饮水，使得胃液酸度下降。在热环境中消化液分泌量减少，消化吸收能力受到不同程度的抑制，因而导致食欲不振，消化不良。

③抑制神经系统：湿热环境对中枢神经系统具有抑制作用，主要表现在大脑皮层兴奋过程减弱，条件反射的潜伏期延长，注意力不易集中。严重时会头晕、头痛、恶心甚至虚脱。

④降低工作效率：人在27～32℃下工作，其肌肉用力的工作效率下降，并且使用力工

作的疲劳加速。当温度高达32℃以上时，需要比较集中注意力的工作以及精密工作的效率也开始受到影响。

（2）低温对人体的影响：当人体处于低温环境时，皮肤表面的血管收缩，体表温度降低，辐射散热和对流散热降到最低程度。暴露在温度很低的环境中，皮肤血管将处于持续的、极度的收缩状态，流至体表的血流量显著下降甚至完全停滞。当人体皮肤局部的温度降至组织冰点（−5℃）以下时，组织发生冻结，引起局部冻伤。最常见的是肢体麻木，影响手的精细运动灵巧度和双手的协调动作，操作效率降低。手的触觉敏感性的临界皮肤温度大约是10℃，操作灵巧度的临界皮肤温度是12～16℃。如果手长时间暴露于10℃以下，其操作效率就会明显降低。

4. 人体舒适的温度范围

一般认为，温度在（21±3）℃是舒适的温度，但是季节、劳动条件、服装、地域、性别和年龄等会影响舒适温度。

舒适温度在夏季偏高，冬季偏低。女性的舒适温度比男性高0.5℃左右，40岁以上的人的舒适温度比青年人高0.5℃左右。服装的厚薄会改变人体对环境舒适温度的要求。不同地区的冷、热环境不同，如海口和哈尔滨，导致人们生活习惯的差异，两地的人们对舒适温度的要求也不相同。表3-3是不同劳动类型下的舒适温度。

表 3-3　不同劳动类型下的舒适温度范围

劳动类型	舒适温度（℃）
坐姿，从事脑力劳动（办公室、调度室）	18～24
坐姿，从事轻型体力劳动（操纵、小零件分类）	18～23
站姿，从事轻型体力劳动（车工）	17～22
站姿，从事重型体力劳动（沉重零件安装）	15～21
从事很重的体力劳动	14～20

二、湿度

湿度是指空气中水蒸气含量的高低程度。湿度是服装人体工效学研究的一个比较重要的环境指标，它直接影响着人体的蒸发散热。尤其在气温较高的环境中，湿度的高低就显得更加重要。

（一）描述湿度的指标

1. 水汽压

水汽压是指空气中水蒸气所产生的分压。单位常用毫米汞柱（mmHg）或帕斯卡（Pa）表示。空气中水汽含量多，则水汽压高，反之则水汽压低。空气中饱和水汽压的高低，只取决于气温，与其他气候因素无直接关系。

2. 绝对湿度

绝对湿度是指单位容积空气中所含有的水汽量。单位用g/m³或g/kg表示。在一定气压和一定温度的条件下，单位体积的空气中能够含有的水蒸气是有极限的，若该体积空气中所含水蒸气超过这个限度，则水蒸气会凝结而产生降水，而该体积空气中实际含有水蒸气的数值，用绝对湿度来表示。水蒸气含量越多，则空气的绝对湿度越高。

3. 相对湿度

相对湿度是比较常用的，它反映湿空气中水蒸气含量接近饱和的程度。在某一气温条件下，一定体积空气中能够容纳的水汽分子数量是有一定限度的。如果水汽含量未达到这个限度，这时的空气为未饱和空气；当水汽含量达到容纳限度时，空气为饱和空气，如果水汽进一步增加，则凝结为水滴。

相对湿度是指空气中实际存在的水汽压或水汽密度与同一温度下饱和水汽压或水汽密度之比，用百分数表示。饱和空气的相对湿度是100%。

4. 露点温度

当空气中水汽含量不变而气温不断降低时，空气中所包含的水汽将逐渐达到饱和状态，水汽凝结成露，此时的气温称为露点温度。形象地说，就是空气中的水蒸气变为露珠时候的温度称为露点温度。当空气中水汽已达到饱和时，气温与露点温度相同；当水汽未达到饱和时，气温一定高于露点温度。气温降到露点以下是水汽凝结的必要条件。露点温度只与空气中的水汽含量有关，水汽含量高露点温度就高，水汽含量低则露点温度就低。

（二）测量湿度的仪器

目前，测量湿度的仪器有干湿球温度计、毛发湿度计、电子湿度计等。

1. 干湿球温度计

干湿球温度计是一种测定气温、湿度的一种仪器，如图3-2所示。它由两支相同的普通温度计组成，一支用于测定气温，称干球温度计；另一支在球部用蒸馏水浸湿的纱布包住，纱布下端浸入蒸馏水中，称湿球温度计。湿球温度受环境湿度和风速的影响。湿球温度计外包的湿润纱布蒸发吸热，所以通常情况下，湿球温度计的读数要低于干球温度计的读数。两球温度差越大，说明蒸发散热越多，环境越干燥，湿度越低；反之，则湿度越高。当两球温度相等时，说明环境湿度达到饱和。

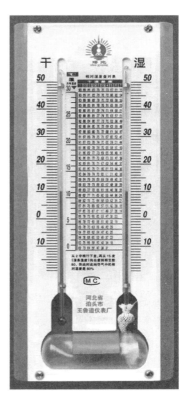

图3-2 干湿球温度计

2. 毛发湿度计

人的头发吸收空气中水汽的多少随相对湿度的增大而增加，而毛发的长短又与它所含有的水分多少有关。毛发湿度计就是利用人的头发的这一特性而设计的。毛发湿度计的优点是构造简单，使用方便；缺点是不够准确，且不能表示湿度的瞬间值，多少要推迟一些时间，尤其是温度低的时候容易推迟。

3. 电子湿度计

金属盐（如氯化锂、氯化钙等）在空气中有很强的吸湿性，吸湿后使盐中的水分增加，直到盐中的水分与空气中的水分达到平衡为止。盐的平衡含水量与空气相对湿度一一对应。空气相对湿度越大，盐中的平衡含水量越大，盐的电阻越小；反之，空气相对湿度越小，盐的电阻越大。利用这个原理，以氯化锂作为发信器，制成电子湿度计。

（三）湿度与人体的关系

相对湿度可随温度的升降而发生变化，它是最重要的环境因素之一，决定空气的蒸发力及人体排汗的散热效率，尤其对衣服所吸附的水分和皮肤上汗液的蒸发作用尤为明显。

在气温适宜时，人体散热受空气湿度的影响较小。当气温上升时，人体所穿着的服装阻碍了温暖的空气通过对流而离开皮肤表面，造成水蒸气以比蒸发慢的速度透过服装气候带而向外界环境逸出，当服装微气候带内的空气湿度逐渐增加并接近饱和时，服装气候带内的空气会变得又热又湿，此时，人体就会产生极不舒适的闷热感。

在极高的气温下，空气湿度水平限制总蒸发力，决定着人体的耐久极限。在酷热条件下，湿度微小的变化对人体的排汗率、脉搏、直肠温度及耐受时间都会产生很大的影响。如果长期处于高湿环境，会造成人体对疾病抵抗力的下降，易患风湿痛、神经痛等疾病。

三、气流

气流指各地区的地理特点和气压不同而产生的空气流动。

（一）气流的表示方法

1. 风速

风速指空气在单位时间内所流动的水平距离，通常用m/s或km/h来表示。风力等级与风力估计如表3-4所示。

2. 风向

风向指风的来向。常用的表示方法有360°表示法和方位表示法。360°表示法将正北方向定为0°，按顺时针方向旋转，最终360°与0°重合。方位表示法通常以8个或16个方位表示。

表3-4　风力等级与风速估计

风级	名称	风速（m/s）	陆地地面物象
0	无风	0 ~ 0.2	静，烟笔直向上
1	软风	0.3 ~ 1.5	烟随风起伏，可判明风向
2	轻风	1.6 ~ 3.3	脸部感觉有风，树叶摇动
3	微风	3.4 ~ 5.4	树叶与细小树枝不停摇动，旌旗展开
4	和风	5.5 ~ 7.9	沙尘飞扬，纸片被吹起，小树枝摇动
5	劲风	8.0 ~ 10.7	有叶的灌木开始摇动，池沼水面产生浪花
6	强风	10.8 ~ 13.8	大树枝摇动，电线鸣叫，不易撑伞
7	疾风	13.9 ~ 17.1	全棵树被摇动，迎风很难走路
8	大风	17.2 ~ 20.7	小树枝被折断，迎风不能走路
9	烈风	20.8 ~ 24.4	对房屋引起轻微破坏
10	狂风	24.5 ~ 28.4	树木会被拔掉，房屋引起严重破坏
11	暴风	28.5 ~ 32.6	带有大范围破坏，几乎很少发生
12	飓风	> 32.6	摧毁极大，陆上极少

（二）气流的测量方法

气流的测量仪器有热金属丝风速计、风车式风速计、卡他温度计。

1. 热金属丝风速计

热金属丝风速计是指将一根通电加热的细金属丝置于气流中时，热金属丝被冷却，电阻值变化，根据电阻值的变化测量气流的速度。热金属丝风速计对1m/s以下的微风也很敏感，反应快，使用方便。

2. 风车风速计

风车风速计是由8片叶片组合成的风车，其轴由齿轮连接在风速计上，如图3-3所示。可用于1 ~ 15m/s的气流测量，测定时间为1min。

3. 卡他温度计

卡他温度计是一种酒精温度计，用来测量微弱气流，尤其对方向不定的气流比较方便。温度计背面刻有固定值常数。测定时，先将卡他温度计的整个球部浸泡在50 ~ 60℃的温水浴中，使酒精球温度上升到38℃以上，再从温水浴中取出，迅速擦干水，将其固定在架子上。球内的酒精被外界空气冷却而逐渐下降，最终测量酒精从38℃刻度下降到35℃所需的时间，同时准确测量此时的气温。

图3-3　风车风速计

（三）气流与人体的关系

气流速度影响对流散热和空气的蒸发力，从而影响排汗的散热效率。平均风速为5m/s（相当于3级风力）时，可促进人体皮肤表面的散热及新陈代谢，有益于人体的健康。

实验表明，当环境气温低于人体皮肤温度时，人体的散热量与气流速度成正比。当环境气温高于人体皮肤温度时，气流可促进人体汗液蒸发，有助于散热，同时也会从环境中获得热量。

关于舒适的风速，在工作人数不多的房间里，空气流动的最佳速度是0.3m/s；而在拥挤的房间里为0.4m/s。室内温度和湿度很高时，空气流速最好是1~2m/s。

四、辐射

辐射指太阳的辐射热或其他热源的热辐射。

（一）辐射热

太阳光主要包括红外线、可见光、紫外线等，太阳辐射热的最大强度位于可见光范围内，但半数以上的热能来自红外线。当阳光照射到服装后，一部分被反射，另一部分被吸收或透过。被服装吸收或透过的光线可以使身体感到温暖。影响环境气候变化并直接与服装人体工效学有关的就是这种太阳辐射的热效应。

人在室内时，一般被比体表温度低的天花板、墙壁、地板等包围，这时人体向这些低温表面辐射出辐射能。在室外有太阳或其他高温物体存在的情况下，人体会吸收其辐射能。辐射散失或吸收的辐射能量随着物体表面温度和表面性质的不同而不同。对于高热环境中或在日光直射下工作的人员，辐射热的问题更为突出。

（二）辐射热的测量方法

辐射热是服装环境学中的重要因素之一。测量辐射热的仪器主要有黑球温度计、WBGT指数仪、辐射热温度计等。

1. 黑球温度计

在直径为150mm、壁厚为0.5mm铜质空心球外表面涂成没有反射作用的黑色，球中插入棒型温度计，温度计的水银球位于空球中心，就是黑球温度计。它可以测定工作场所的辐射热，通常将其置于待测环境中15~20min后即可读数。黑球温度包括了周围的气温、辐射热等综合因素，其温度的高低，间接地表示了人体对周围环境所感受辐射热的状况，如图3-4所示。

图3-4　黑球温度计

2. WBGT 指数仪

WBGT指数仪由黑球、湿球和干球三个温度计构成。它综合考虑了气温、风速、空气湿度和辐射热四个因素，主要用来评价高温车间气象条件环境。

3. 辐射热温度计

辐射热温度计的原理是将多个热电偶直交排列并接合起来，把接合点指向辐射热源时，接合点的温度会因吸收辐射热而上升。通过测量不同接合点间的电压和电流，可计算出辐射热。

（三）辐射与人体的关系

较强红外线作用于皮肤，能使皮肤温度升高到40～49℃，引起轻度烧伤。波长600～1000nm的红外线可穿过颅骨，引起日射病。红外线作用于眼睛，可引起多种损害，影响视力；长期接触短波红外线还可引起白内障。

长波紫外线作用于皮肤，可使皮肤中黑色素原通过氧化作用转变为黑色素。中波紫外线有较强的红斑作用和抗佝偻作用。短波紫外线对机体细胞有强烈的作用，也有较强的杀菌能力。

第二节　环境气候综合指标

影响人体着装的环境气候主要包括气温、湿度、气流、辐射等因素，而描述人体对于环境气候的感受，如感觉到的冷、热、愉快、不快等是从生物学角度的表示方式。这种表示被称为生物学温度感或体感气候，可以用感觉温度、作用温度、不快指数等表示。

一、感觉温度（ET）

感觉温度又称为实感温度、有效温度、等感温度、实效温度。

感觉温度是将气温、湿度、气流的各个测定值，用一个数值表示的冷热感觉。在一定气温下，以湿度100%（饱和）、无风的情况作为参照，产生与之相同温度感觉的气温、湿度、气流的组合状态作为感觉温度。夏季感到舒适的感觉温度是19.3～23.9℃，冬季为17.3～21.7℃。

感觉温度的优点是综合了3种环境因素；缺点是受人的感觉、精神状态等因素的影响，且不适用于太阳下与室内有辐射源的情况。

感觉温度适宜于安静地坐在椅子上或者轻劳动的人，对强度较大的劳动者不适宜。

二、作用温度（OT）

作用温度不仅综合环境条件，还考虑体热的产生状况，它是比感觉温度更符合生理学的温度指标。

作用温度是考虑气温、气流、辐射热3个物理因素，将此3个因素与人体表面温度，即与皮肤温度的关系中用实验方法算出来的数值，是用生理学、物理学的温度刻度表示的。其计算公式如下：

$$T_0=(K_rT_w+K_cT_a)/(K_r+K_c)$$

式中：T_0——作用温度，℃；

K_r——因辐射热的放热系数（辐射常数）；

K_c——因热传导、对流的放热系数（对流常数）；

T_w——周围物体的表面温度，℃；

T_a——平均温度（干球温度），℃。

三、等温指数（EWI）

等温指数是表示辐射热、气温、湿度和气流对坐着劳动的人或做轻劳动的人的舒适感的影响。

等温指数是以湿度100%、无风时，将周围物体表面温度与气温相同时的舒适感作为基准，让人感到与之相同温度感觉的周围条件结合起来表示的。

四、温湿指数（THI）

温湿指数又称为不快指数（DI）。温湿指数用来表示随着气温与湿度不同而使人产生到不快感的程度。

研究表明，影响人体舒适程度的气象因素，首先是气温，其次是湿度，最后就是风向、风速等。能反映气温、湿度、风速等综合作用的生物气象指标，人体感受各不相同。人体舒适度指数就是建立在气象要素预报的基础上，较好地反映多数人群的身体感受综合气象指标或参数。人体舒适度指数预报，一般分为10个等级对外发布。10级，稍冷；9级，偏冷，舒适；8级，凉爽，舒适；7级，舒适；6级，较舒适；5级，较热；4级，早晚舒适，中午闷热；3级，中午炎热，夜间闷热；2级，闷热，谨防中暑；1级，非常闷热，严防中暑。

不快指数的计算公式有如下三种。

$$DI=(T_w+T_d)\times 0.72+40.6$$

式中：DI——不快指数；

T_w——湿球温度，℃；

T_d——干球温度，℃。

$$DI=(T_w+T_d)\times 0.4+15$$

式中：DI——不快指数；

T_w——湿球温度，℉；

T_d——干球温度，℉。

$$DI=T_d-(0.55-0.55 \times RH) \times (T_d-58)$$

式中：DI——不快指数；

RH——相对湿度，%；

T_d——干球温度，℉。

当不快指数低于70时，人感到舒适；70～74时，一部分人感到不舒服；达到75以上，人会感到难以忍受的炎热和烦闷。人体舒适度分级及人体感觉如表3-5所示。

表 3-5　人体舒适度分级及人体感觉

不快指数	人体舒适度分级	人体感觉
86～88	4 级	人体感觉很热，极不适应，注意防暑降温，以防中暑
80～85	3 级	人体感觉炎热，很不舒适，注意防暑降温
76～79	2 级	人体感觉偏热，不舒适，可适当降温
71～75	1 级	人体感觉偏暖，较为舒适
59～70	0 级	人体感觉最为舒适，最可接受
51～58	-1 级	人体感觉略偏凉，较为舒适
39～50	-2 级	人体感觉较冷（清凉），不舒适，请注意保暖
26～38	-3 级	人体感觉很冷，很不舒适，注意保暖防寒
＜25	-4 级	人体感觉寒冷，极不适应，注意保暖防寒，防止冻伤

如果不快感加重，会使学习或工作能力明显下降，行车事故及暴力事件等攻击性行为也会增多。

人类机体对外界气象环境的主观感觉有别于大气探测仪器获取的各种气象要素结果。人体舒适度指数是为了从气象角度来评价在不同气候条件下人的舒适感，根据人类机体与大气环境之间的热交换而制定的生物气象指标。人体的热平衡机能、体温调节、内分泌系统、消化器官等人体的生理功能受到多种气象要素的综合影响。例如大气温度、湿度、气压、光照、风等。

实验表明：气温适中时，湿度对人体的影响并不显著。由于湿度主要影响人体的热代谢和水盐代谢。当气温较高或较低时，其波动对人体的热平衡和温热感就变得非常重要。例如，气温在15.5℃时，即使相对湿度波动达50%，对人体的影响也仅为气温变化1℃的作用。而当温度在21～27℃时，若相对湿度改变为50%时，人体的散热量就有明显差异，相对湿度在30%时，人体的散热量比相对湿度在80%时为多。而当相对湿度超过80%时，由于高温、高湿影响人体汗液的蒸发，机体的热平衡受到破坏，因而人体会感到闷热不适。随着温度的升高，这种情况将更趋明显。当冬季的天气阴冷潮湿时，由于空气中相对湿度较高，身体的热辐射被空气中的水汽所吸收。加上衣服在潮湿的空气中吸收水分，导热性增大，加速了机体的散热，使人感到寒冷不适。当气温低于皮肤温度时，风能使机体散热加快。风速每增加1m/s，会使人感到气温下降了2~3℃，风越大散热越快，人就越感到寒冷不适。一般而言，气温、气压、相对湿度、风速四个气象要素对人体感觉影响最大。

五、热应力指数（HSI）

在高温环境下，为维持体热平衡所需要的代谢量与在其环境中蒸发的最大代谢量的比，热应力指数表示由于高温而产生的应力程度。

热应力指数是衡量热环境对人体处于不同活动量时的热作用的指标。热应力指标HSI用需要的蒸发散热量与容许最大蒸发散热量的比值乘以100%表示。其理论计算是假定人体受到热应力时：①皮肤保持恒定温度35℃；②所需要的蒸发散热量等于人体新陈代谢产热加上或减去辐射换热和对流换热；③8小时期间人的最大排汗能力接近于1L/h。当HIS＝0时人体无热应变，HIS＞100时体温开始上升。此指标对新陈代谢率的影响估计偏低而对风的散热作用估计偏高。

六、风冷指数（WI）

风冷指数指由于大气的干燥状态和对流情况而产生的冷却程度，即起因于风和气温的冷却效果。

七、最适温度（CT）

最适温度指人感觉最舒适时的温度。在最适温度条件下人的劳动效果最佳。不同工作条件下的最适温度如表3-6所示。

表 3-6 不同工作条件下的最适温度 单位：℃

作业种类	脑力劳动	轻体力劳动	体力劳动
温热条件（感觉温度）	15.3 ~ 18.3	12.8 ~ 18.3	10.0 ~ 16.0

最适温度的影响因素有内因和外因两方面。内因包括产热量、被服量、性别、年龄、季节变化、种族等；外因包括气温、湿度、风速、辐射热等。

第三节　人体的产热与散热

一、人体的体温

人体的体温在服装人体工效学中是一项重要的生理指标。人体各部位的温度并不相同，体内产生的热量主要是通过体表散发到人所处的环境中。一般来说，人体深部的温度较高，也比较稳定，各部位之间的差异比较小；人体表层的温度比较低，由于体表易受环境温度变化的影响，体表各部位之间的差异较大。因此，一般用体核温度和皮肤温度来表示人体的体温，而通常说的体温指的是体核温度。

（一）体温的调节

人体体温调节的途径有自主性体温调节和行为性体温调节两种。在体温调节机构的控制下，通过增减皮肤的血流量、发汗、战栗等生理调节反应，在正常情况下使体温维持在一个相对稳定的水平，称为自主性体温调节。即在下丘脑体温调节中枢的控制下，由神经和体液共同调节以维持恒温动物体温相对恒定的生理现象，对生物的正常新陈代谢具有重要意义。行为性体温调节是指人体有意识地通过改变行为活动而调节产热和散热的方式，如根据环境温度增减服装、人工改善气候条件等。通过服装所进行的行为性体温调节是服装人体工效学的一个重要研究内容。

人的体温恒定为37℃左右，是下丘脑体温调节中枢定点控制的结果，生理学上称之为调定点。调定点学说认为视前区—下丘脑前部（PO/AH）的温度敏感神经元可能在体温调节中起着与恒温调节器相类似的调定点作用，调定点温度的高低决定着体温恒定的水平，由于该部位的热敏神经元对温热刺激的感受有一定的阈值，正常一般为37℃，这个阈值就是体温恒定的调定点。当体温（中枢温度）超过37℃时，热敏神经元发放冲动频率增加，引起散热增多，表现为皮肤血管舒张、出汗；产热减少，使体温回降到37℃。当中枢温度低于37℃时，冷敏神经元发放冲动频率增加，热敏神经元活动减弱，引起产热增多，如甲状腺激素分泌增多以提高器官代谢水平，肌紧张增强，出现寒战；散热减少，皮肤血管收缩，汗腺分泌停止，使体温回升到37℃。

体温调节实质上是产热和散热及人体内外热交换的调节过程。是通过温度感受器、体温调节中枢和效应器来实现的。

温度感受器分为冷觉感受器和温觉感受器。人体皮肤冷敏感点比温敏感点多4~10倍，而且不同部位的皮肤，冷敏感点的数目也不等，位于脸和手的冷敏感点数目远比脑和胸部多。温度感受器根据分布的部位可分为外周和中枢两类感受器：①外周温度感受器主要分布于全身皮肤、某些黏膜和内脏器官。这些温度感受器属于对温度敏感的游离神经末梢，包括冷感受器和热感受器两种，其中冷感受器的数量比热感受器多，因此外周温度感受器主要感受寒冷刺激。②中枢温度感受器分布于脊髓、延髓、脑干网状结构及下丘脑，这些温度感受器是对温度变化敏感的神经元。其中一部分在温度上升时冲动发放频率增加，称为热敏神经元；另一部分在温度下降时冲动发放频率增高，称为冷敏神经元。这两种神经元主要分布在视前区—下丘脑前部，其中热敏神经元明显多于冷敏神经元，说明中枢温度感受器主要感受温热刺激。视前区—下丘脑前部的热敏神经元在体温调节中起重要作用。

人体内最重要的体温调节中枢在下丘脑。前部是散热中枢，后部是产热中枢。散热中枢兴奋时，皮肤血管扩张出汗，以增加散热；产热中枢兴奋时，皮肤血管收缩以减少散热，骨骼肌收缩产生寒战，以增加产热。在下丘脑及其以下的几个部位（脊髓、延髓、脑干网状结构）的中枢温度敏感神经元，既能感受所在局部组织温度变化的信息，又具有对传入温度信息进行不同程度的整合处理功能。所以，应该从整合机构这个角度去认识参与体温调节的各级中枢的功能。然而，无论是来自皮肤的、内脏器官的还是来自中枢部位（如脑干网状结构、延髓）的温度信息最终都将会聚于PO/AH区。可见体温调节的中枢整合机构是分层次的，而下丘脑的PO/AH是体温调节中枢整合机构的重要部位。通过PO/AH的整合作用，经传出神经调节皮肤血管舒缩、汗腺分泌、骨骼肌的活动以及内分泌系统参与的器官代谢水平，使产热和散热过程保持动态平衡，以维持体温相对恒定。

体温调节效应器的主要作用是减少身体内部重要器官的温度变化，即维持体内环境温度稳定，保证体温调节中枢正常。

人类在实际生活中，当皮肤温度低于30℃时产生冷觉，当皮肤温度为35℃左右时则产生温觉。皮肤温度在13～33℃内波动时，由冷感觉器做出反应；皮肤温度在33～45℃范围内变化时，热感觉器兴奋。冷热感觉器的刺激阈值是不同的。冷感觉器的刺激阈值是以0.004℃/s的温度降低；热感觉器的刺激阈值是以0.001℃/s的温度升高。皮肤温度低于13℃和高于45℃时，冷、热感觉被疼痛感觉所取代。

（二）体温的生理性波动

人体体温的恒定是总体趋势，在正常情况下，体温也受到昼夜、性别、年龄、骨骼肌和精神活动、环境温度等因素影响而发生生理性波动。

1. 昼夜周期性波动

体温在一天之中呈现明显的周期性波动，称为日节律。人是昼行夜伏的生物，睡眠和苏醒以日为周期交替进行。以直肠温度为体核温度的情况下，凌晨为最低值，之后徐徐上升，到傍晚迎来最高值，夜间和凌晨又开始低下。体温在一天中的变动幅度为0.7～1.3℃。由于体温调节反应会产生日节律的差异，因此实验时最好选择一天中的同一时刻。

2. 性别差异

成年女性体温平均比男性高0.3℃，这可能与女性皮下脂肪较多导致散热较少有关。对于成熟女性来说，在月经周期中也伴随着体温的变动。起床后的体温称为基础体温，基础体温随月经周期的变动如图3-5所示，分为低温相和高温相。从月经到排卵期间，基础体温位于低温相，到排卵期时有0.2～0.3℃的瞬间低下，之后升高0.5℃左右进入高温相。这一状态持续约14天左右，到月经来的时候再进入低温相。

3. 年龄差异

众所周知，体温因年龄差异而不同。新生儿的体温调节中枢尚未发育成熟，体温易受环境温度的影响。出生6个月后，体温调节功能趋于稳定，2岁后体温出现明显的昼夜节律性波动。从人的一生来看，儿童和青少年时期体温较高，随着年龄的增长，体温有所降低，到老年达到最低。各年龄段的腋窝温度如表3-7所示。初生的婴儿腋窝温度最高，

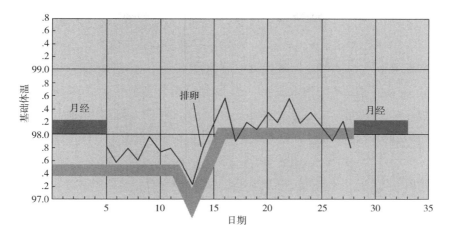

图3-5 月经周期体温变动

之后逐渐降低，10岁左右开始趋于稳定。65岁以上再度降低，比10～50岁的年龄段要低0.23℃。

表 3-7 不同年龄段的腋窝温度   单位：℃

年龄（岁）	腋窝温度	年龄（岁）	腋窝温度
0～1	37.09	10 以上	37.01
2～3	37.08	10～50	36.89 ± 0.34
4～5	37.12	65 以上	36.66 ± 0.42
6～9	37.06		

4.运动状态差异

体温随骨骼肌活动和精神活动增强而升高。运动时，骨骼肌活动增强，人体产热量增加，体温升高。在激烈的肌肉运动时，体温可上升1℃左右，甚至更高。情绪激动或精神紧张时，骨骼肌张力升高，甲状腺、肾上腺髓质等分泌激素增加，机体代谢活动增强，人体产热量增加，体温升高。

5.环境因素

环境温度高，体温也相对高一些，如夏季体温通常比冬季体温高。进食也可使体温升高，因为食物能增加产热量，影响能量代谢。

二、产热与散热

（一）产热

由于在体温调节机制的作用下，机体热含量处于动态平衡状态。机体热含量的平衡取决于机体的产热和散热过程的平衡。人只有在热平衡的条件下，才有可能感觉舒适，才有可能有效的工作。研究热平衡，首先要研究人的产热过程，了解人体的能量代谢。人体从外界摄取营养物质，主要有三大类，分别是糖、脂肪和蛋白质。营养物质经过体内消化吸收，将其中蕴藏的化学能释放出来转化为组织和细胞可以利用的能量，这些能量可用于维持体温、运动等生命活动。在这一过程中所伴随的能量释放、转移、储存和利用称为能量代谢。能量的20%左右转化为肌肉收缩、组织增殖等所需的机械能或化学能，余下的80%左右用于热量交换，释放到体外。能量代谢包含基础代谢、运动代谢、食物诱导性代谢等。

1. 基础代谢

能量代谢受到食物的消化、吸收，环境温度，身体及精神状况等因素的影响。排除掉上述影响，将清醒时维持生命必需的能量最低限值称为基础代谢。一般在早晨空腹时，人体清醒而又极端安静的舒适状态下测定。同一个人的基础代谢量通常是一定的。

表3-8是不同年龄、不同性别的日本人的基础代谢标准值。单位体重的基础代谢量在幼儿期最大，20岁左右显著降低，以后缓慢下降。与男性相比，女性的基础代谢量较小，因为男性肌肉通常多于女性。这种性别差异在成人时期表现得更明显，幼儿期和老年期差异不大。曾有过基础代谢量与季节关系的报道，冬季基础代谢高，夏季基础代谢低。睡眠时能量代谢大约是基础代谢的0.7~0.8倍，安静坐着时的能量代谢大约是基础代谢的1.2倍。

表 3-8　不同年龄、不同性别的日本人的基础代谢标准值

项目	男性		女性（妊娠期、哺乳期女性除外）	
年龄（岁）	基础代谢标准值（kcal/kg/日）	标准体重下的基础代谢量（kcal/日）	基础代谢标准值（kcal/kg/日）	标准体重下的基础代谢量（kcal/日）
1 ~ 2	61.0	710	59.7	660
3 ~ 5	54.8	890	52.2	850
6 ~ 7	44.3	980	41.9	920
8 ~ 9	40.8	1120	38.3	1040
10 ~ 11	37.4	1330	34.8	1200
12 ~ 14	31.0	1490	29.6	1360
15 ~ 17	27.0	1580	25.3	1280
18 ~ 29	24.0	1510	22.1	1120
30 ~ 49	22.3	1530	21.7	1150
50 ~ 69	21.5	1400	20.7	1110
70 以上	21.5	1280	20.7	1010

2. 运动代谢

运动时伴随着骨骼肌肉收缩，氧气摄取量比安静状态时多得多，代谢量也随之增加。

运动代谢通常用相对能量代谢率（RMR）表示。RMR的计算公式如下：

$$RMR = \frac{运动时代谢量 - 安静时代谢量}{基础代谢量}$$

即使是同种运动，运动代谢量也随人体体质不同而不同，如果将个体差异消除，就可以用简单的数字表示运动的强度。假设标准男性安静时的能量代谢量为1MET（1MET=50kcal/m² · h=58.2W/m²），运动时代谢量可以表达为几倍的METS。各种运动时的代谢量与代谢率如表3-9所示。

表 3-9 各种运动时的代谢量与代谢率（＊：标准人体表面积为 1.7m² 的情况）

活动		代谢＊（W）	METS	RMR
安静	睡眠	70	0.7	−0.4
休息	坐姿	75	0.8	−0.2
	立姿	120	1.2	0.2
办公室	坐姿阅读	95	1	0
	坐姿打字	110	1.1	0.1
	坐姿整理文件	120	1.2	0.2
	立姿整理文件	135	1.4	0.5
	来回踱步	170	1.7	0.8
	包装	205	2.1	1.3
平地步行	3.2km/h	195	2	1.2
	4.8km/h	255	2.6	1.9
	6.4km/h	375	3.8	3.4
驾驶	乘用车	100 ~ 195	1.0 ~ 2.0	0.0 ~ 1.2
	重机	315	3.2	2.6
家庭	做饭	160 ~ 195	1.6 ~ 2.0	0.7 ~ 1.2
	扫除	195 ~ 340	2.0 ~ 3.4	1.2 ~ 2.9
工厂	缝纫	180	1.8	1
	轻体力	195 ~ 240	2.0 ~ 2.4	1.2 ~ 1.7
	重体力	400	4	3.6
洋镐	铁锹作业	400 ~ 475	4.0 ~ 4.8	3.6 ~ 4.6
休闲	交谊舞	240 ~ 435	2.4 ~ 4.4	1.7 ~ 4.1
	美容体操	300 ~ 400	3.0 ~ 4.0	2.4 ~ 3.6
网球	单打	360 ~ 460	3.6 ~ 4.7	3.1 ~ 4.4
篮球		490 ~ 750	5.0 ~ 7.6	4.8 ~ 7.9
竞技	摔跤	700 ~ 860	7.0 ~ 8.7	7.2 ~ 9.2

METS计算公式如下：

$$METS=运动时代谢量/安静时代谢量$$

RMR与METS的公式换算如下：

$$RMR=1.2 \times (METS-1)$$

$$METS=0.833 \times RMR+1$$

3. 食物诱导性代谢

人体摄取食物时能量代谢增加，被称为食物诱导性代谢。代谢量随所摄取食物中的糖分、脂肪、蛋白质中营养素的比率变化。

影响能量代谢的因素包括肌肉活动、精神活动、食物的特殊动力作用和环境温度等。人在运动或劳动时耗能显著增加，因为肌肉活动需要补给能量，而能量来自大量营养物质的氧化，导致机体耗氧量的增加，肌肉活动时耗氧量最多可达安静时的10～20倍。脑组织的代谢水平很高，据测定，安静状态下，100g脑组织的耗氧量为3.5mL/min，此值接近于安静时肌肉组织耗氧量的20倍。人在安静地思考问题时，能量代谢受到的影响不大，但在精神紧张如烦恼、恐惧、情绪激动时，随之出现无意识的肌肉紧张及刺激代谢的激素释放增多，产热量显著增加。但人们发现，在安静状态下摄入食物后，人体释放的热量比摄入的食物本身氧化后所产生的热量要多，食物能使机体产生"额外"热量的现象称为食物的特殊动力作用。食物特殊动力作用的机制尚未完全了解，这种现象在进食后1h左右开始，延续7～8h。实验证明，当环境温度低于20℃时，代谢率开始有所增加；在10℃以下，代谢率会显著增加。分析认为，环境温度低时代谢率增加，主要是由于寒冷刺激反射，引起寒战以及肌肉紧张所致；在20～30℃时，代谢稳定，肌肉松弛；在30～45℃时代谢又逐渐增加，可能时因为体内化学过程的反应速度有所增加，发汗功能旺盛，呼吸、循环功能增强等。

（二）散热

体内的热量通过呼吸及人体表面散发到体外的过程称为散热。呼吸时吸进空气，在人体内得到加温加湿然后呼出体外，同时也将体内的热量带出。与由人体表面散出的热量相比，量非常少，一般忽略不计。体内的热量通过血液循环传送到身体各个部位，最后经由人体表面通过传导、对流、辐射、蒸发的方式散发到体外。

（三）热平衡

人是恒温动物，体温必须保持恒定。人体核心部位，包括心脏、腹腔器官和脑部，必须保持在37℃左右，这是身体的产热量与散热量达到平衡的结果。如图3-6所示，产热与散热就像天平一样保持平衡状态。散热量大时，天平向左倾斜，体温下降，于是产热机制运作，天平指针归位，这些作用都与生理、形态和行为密切关联。为了达到热平衡，可以通过以下方式使散热和产热相等。

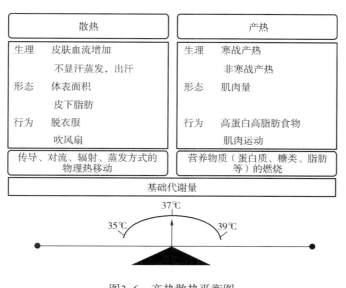

图3-6　产热散热平衡图

（1）血管收缩或舒张导致皮肤温度产生非自主性变化；

（2）如果产热高于散热，出汗率非自主增加；

（3）如果散热高于产热，通过寒战使能量代谢和产热量非自主增加；

（4）为适应环境和活动水平而选择相应的服装。

这个平衡式可以写成：

储存量=产热量-散热量=(能量代谢-外部消耗)-(热传导+热辐射+热对流+蒸发+呼吸)

如果能量代谢的产热量高于所有散热量的总和，储存量为正，意味着体热增加，体温升高。如果储存量为负，失去的热量比产生的热量多，身体体温就会下降。热量以两种方向流动：从人体到环境，从环境到人体。但在人体—服装—环境热平衡体系中，由于能量代谢产热，最终的热量流向总是从人体到环境。在热平衡状态下，从环境获得的热量以及能量代谢产热必须等于散失的热量。

对于未着装人体，热量的获得依赖于环境因素（温度、辐射等），产热依赖于活动程度。热量散失也依赖于环境因素，通过生理反应调控使之等于获得的热量和产热量。生理反应包括两方面：通过血管舒张或收缩引起的皮肤温度变化以及蒸发散热引起的皮肤温度变化，后者是最为有效的反应。

服装会阻挡从环境获得的热量，同时也减少辐射、对流以及传导的干热散热量。如果人体产热等于未着装时的人体产热，仅通过增加蒸发散热就能保持热平衡。服装的导热导湿性能对于建立人体与环境之间的热平衡具有重要作用。除了垂直穿过纺织材料的热流，在衣下还有大量竖直沿着织物层的对流热散失。因此服装材料以及服装造型、规格等都对服装的整体性能有影响。

第四节　服装气候与服装舒适调节

一、服装气候

　　服装与建筑、空调房等调节环境的方法不同，服装不仅仅与气候相适应，而且还表现了穿着者的性别、年龄、社会背景、生活方式、个人喜好等身份符号。现代社会的服装穿用目的是多方面的，生理卫生角度有防寒、防暑、防雨等功能，生活活动角度有工作、休闲、运动之分，标识类别角度表示职业、职责等，社交礼仪角度有传达礼节、尊重、品位等以获得良好的人际关系，装饰审美角度表现了个人喜好、与众不同的个性，甚至还有COSPLAY这样的扮演虚拟角色的类型。随着技术的飞速发展，人们的生活越来越注重便利性和舒适性，无论是家居环境还是工作环境，都成为高效的舒适的人工环境。服装的气候适应性退居其次，时尚性、社会性、标识性、装饰性跃居首位。服装设计不再是满足单一的保暖功能或其他功能，而应是既能适应28℃室内，又能适应38℃室外的夏季套装搭配，或既能适应20℃室内，又能适应-10℃室外的冬季套装搭配。为了适应变化多端的外界环境气候，人们通过及时增减服装来实现人与环境之间的和谐关系，即如何在人体体表与衣服最外层之间形成标准微气候以满足人体着装后的舒适感。

　　服装气候是指人穿衣后人体表面与衣服最外层之间的微小气候。由衣服层及其间的空气层组成，通常指人体与最内层服装之间的气候。舒适的服装气候一般是指服装最内层温度（32±1）℃，相对湿度50%±10%，风速（0.25±0.15）m/s的状态。服装气候由人体、服装、环境三要素综合形成。人穿上服装，在身体周围形成干燥的亚热带气候，保持舒适的同时应对环境的变化。其中的温度不仅受外部环境气温的影响，也受人体生理活动的影响，而且不同的身体部位受影响程度不同，表现为温度差异很大。人体在不同季节穿着相应服装后身体各部位的温度差异可从表3-10看出。

表 3-10　服装气候带内不同部位的空气层温度

穿着服装	环境气温（℃）	测定部位（℃）											
		躯干部					上肢部			下肢部			
		胸部	腋窝	背部	侧腹	腰部	肩头	前膊前侧	前膊后侧	大腿前侧	大腿后侧	小腿前侧	小腿后侧
a	31±2	34.9	35.5	34.2	35.2	34.4	34	34.1	34.1	33.9	34.1	33.4	33.2
b+c+d	25±2	33.9	35.7	32.8	33.9	33.2	32.1	32.6	32.1	31.4	31.7	28.7	29.1
b+c+d+e	20±2	33.2	35.7	32.4	33.3	32.3	31.6	30.6	29.9	29.5	29	25.9	26.8
b+c+d+e+f	13±2	33	36.1	31.8	33.5	32.2	31	28.6	27.8	27.3	29.2	21.6	25.3
b+c+d+g+f	9±2	33.2	36.5	31.8	33.1	32.6	31.6	26.3	25	26.7	29.7	22.8	23.7

　　注　a—连衣裙，b—内衣，c—衬衫，d—对襟毛衣，e—裙子，f—大衣，g—裤子。

一般情况下，人体穿着服装以后就会对辐射、传导、对流、蒸发起到阻挡作用，由于服装气候带内相对静止的空气层热传导率比较低，能够有效平衡人体体热的散失速度，有利于维持相对温暖干燥的服装气候，达到舒适卫生的目的。

二、寒冷环境的服装调节

（一）人体的寒冷反应

1. 保持体温

气温降低时，皮肤血管收缩，皮肤血流量减少，皮肤温度下降。外部环境气温与皮肤温度的差异减小，人体散热机制受到抑制。气温进一步下降，达到临界温度下限，皮肤起鸡皮，身体开始打寒战，产热量增大。此时，皮肤表面汗毛竖立，形成空气层，自发产生保持体温的反应。鸟类有丰富的羽毛，雏鸟常蜷缩成球状以保持体温。人类体毛残留很少，也丧失了这样的功能。于是就依赖肌肉收缩增大产热量，承担保持体温的责任。

气温升高时，皮肤表面血管扩张，皮肤血流量增加，皮肤温度升高。随之一系列机体反应发生，散热量增加。这种通过血管调节的体温调节方式，仅在狭窄的温度范围内有效。当气温进一步上升，人体开始出汗。此时达到临界温度上限，由于体表出汗，皮肤表面的水分逐渐蒸发，带走人体的热量，使皮肤温度下降。

在寒冷环境中人体要保持体温，通常通过两种方式达到。一种是抑制体外散热，另一种是促进体内产热。

抑制体外散热主要通过收缩血管和构建血管对向流的方式。当人体感觉到冷时，首先自律神经系统活动，血管收缩，皮肤血流量减少，抑制了血液从身体深处流向皮肤表层，皮肤温度下降，皮肤表面与环境间的温度差减小，有效抑制了体外散热。末梢血管收缩障碍的患者，寒冷时皮肤温度不会降低，持续向体外散热，就可能导致体温低下。人体有一种抑制散热的机构叫"对向流热交换系统"。血液从神经末梢流到心脏，人体表层有表在静脉，人体深处有接近动脉的伴行静脉。温暖时表在静脉血流增加促进散热，寒冷时表在静脉血流减少而伴行静脉血流增加。导致动脉的热量向末梢传递时先移到静脉血，有效防止了体内的热损失。

促进体内产热主要通过肌肉紧张、寒战和非寒战性产热方式。通过血管调节抑制散热，使得向寒冷环境散热增加得到了控制，但是仅依赖身体的基础代谢产生的热量是不够的，要维持体温正常必须增加产热量。这时出现肌肉紧张、打寒战的现象，促使体内产热增加。身体处于寒冷环境时，交感神经兴奋，手足上的竖毛肌收缩，皮肤上斜向的汗毛直立起来，与此同时，压迫皮脂腺，使之分泌，在皮肤表面上出现粟粒大小的隆起，俗称鸡皮疙瘩，可以调节体温。对于鸟类而言，羽毛直立起来，使身体周围包裹的空气层厚度增加，可以保护身体免受寒冷的刺激。但人类体毛稀少，不能期望达到鸟类的保温效果。打寒战时，从肌电图可以看出1s内大约可振动10次左右。参与运动的骨骼肌自发地持续收缩，收缩的大部分能量转化成热。寒战时的产热量最大可达安静时的4~5倍。除此之外还有一种产热方式叫"非寒战性产热"，由于脂肪代谢而产热，与去甲肾上腺素、甲状腺荷尔蒙、胰高血糖素等因素有关。主要的调节因子是去甲肾上腺素，在寒冷环境中去甲肾上腺素的分泌增加，从脂肪组织中向血液释放脂肪酸，脂肪酸的氧化可促进产热。

2. 影响循环功能和体温

寒冷环境对循环功能影响很大。感觉到冷时肌肉紧张并出现寒战，产热增加，心率降低（剧烈寒战时增加），血压升高（体温低下显著时降低）。长时间暴露在寒冷环境或冷水中将会出现低体温（深处体温低于35℃）情况。深处体温大约在35℃时产热量达到最大，体温进一步降低时寒战减少，33℃以下时出现意识混乱，甚至瞳孔变大，28℃以下则进入昏睡状态。

3. 寒冷适应

人类有三种适应寒冷的情况，分别是代谢型适应、隔热型适应和冬眠型适应。

如果人每天都有一定的时间暴露在寒冷环境中，寒战将逐渐减少，非寒战性产热得到促进。与夏季相比，冬季由寒冷刺激产生的寒战比较迟缓，非寒战性产热现象较多。常年居住在寒冷地区的爱斯基摩人的基础代谢，比白人高14%~17%，暴露在寒冷环境中则增加更多。这就是应对寒冷的代谢型适应。

海边的渔家女经常要潜入低温的海水捕鱼或贝类，但并没有特别厚的皮下脂肪层，不属于上述代谢型适应的促进产热机理，而是通过加强血管收缩、增大身体表层的隔热性来达到适应寒冷的目的，这种寒冷适应为隔热型适应。据研究报道，隔热性与皮下脂肪厚度有很高的相关性，一般情况下男性与女性呈现同等程度的趋势，但渔家女不同，渔家女是通过皮肤血流调节来达到隔热目的的。

有研究调查过不同人种在寒冷时的产热量与平均皮肤温度的关系，发现爱斯基摩人、白人、日本人在平均皮肤温度下降时伴随着产热量的增加，但南美的印第安和澳大利亚原住民几乎没有增加。他们在寒冷环境中并没有促进产热增加的方式，但体温也不下降。并非他们的体温调节能力低下，而是习惯了，这种情况称为冬眠型适应。

4. 性别差异

一般来说，女性由于体型的特征，比男性脂肪含量高，隔热性好，不用大量增加代谢也能防止体温低下。但是神经末梢耐寒能力弱，冬季手脚冰冷的常见于女性。

近年来，年轻女性的畏寒怕冷越来越受到重视。在温度28℃、湿度50%环境下，用温度计测量皮肤温度，发现怕冷的女性在神经末梢，尤其是从小腿到足尖的温度明显低得多。躯干部皮肤温度与末梢部皮肤温度差异很大。在中等温暖环境下躯干部的最高值与四肢部的最低值相差8℃以上的畏寒怕冷者居多。可能是因为畏寒怕冷者的局部冷感受器特别敏锐，对于这类人群，需要防止末梢部体温低下，应考虑使用手套和袜子。

人类原本是从热带进化而来的，应对炎热的气候有出汗这样有效的方式，但是没有特别的应对严寒的功能。因此，在寒冷环境中服装承担着重要的任务。100年前奔赴南极科考的人员所穿的服装用双层毛皮缝制，非常注重保暖性能。现代的南极科考队的服装不仅注重保温性，而且使用了具有透气、透湿、防水、防静电等优越功能的纤维材料，兼具功能性、美观性与舒适性。

（二）服装调节

在寒冷环境中生活，防寒服是生活必需品。要达到防寒的目的，必须从穿衣方式和服装造型两方面考虑，要覆盖身体的大部分，达到舒适的状态。

1.覆盖面积与部位

服装覆盖人体的面积与服装的保暖性有很高的相关性，覆盖面积增加，人体周围的空气层受到影响，使服装保暖性得到提高。各季节中人们的着装会根据气候调整覆盖面积，通常春季、秋季、冬季的服装覆盖面积大，尤其在冬季，除了眼睛之外全身覆盖的情况也是有的。寒冷环境的着装，必须增加覆盖面积。在覆盖面积相同的情况下，四肢部的覆盖比躯干部更具保暖效果，上肢覆盖比下肢覆盖更具保暖效果。因此严寒环境中的着装，在确保躯干部的覆盖前提下，更要注重四肢部的覆盖，才能获得很好的保暖性。日本学者田中照子（Tamura Teriko）根据不同季节服装的覆盖情况将人体分为五大部分，并对各部位所占全身体表面积的比率进行测定计算，如表3-11所示。常用服装款式一般的覆盖面积如表3-12所示。

表 3-11　服装覆盖部位所占全身体表面积百分比（日本人）

部位		该部位占比（%）	
头颈部	头部	4.5	8.4
	面部	2.9	
	颈部	1.0	
躯干上部	胸上部	7.2	37.4
	胸部	7.6	
	胸下部	5.1	
躯干下部	腰腹部	11.2	
	臀下部	6.3	
上肢部	上臂	7.9	18.5
	前臂	5.9	
	手部	4.7	
下肢部	大腿	15.8	35.7
	小腿	13.4	
	脚部	6.5	

表 3-12　常用着装的覆盖面积百分比

各种服装	覆盖面积（%）	各种服装	覆盖面积（%）
比基尼泳装	13.9	长袖连衣裙 + 短袜	86.9
连衣裙泳装	32.0	大衣 + 靴子	86.9
T 恤 + 短裤	41.35	露眼帽 + 滑雪服	99.5
短袖衬衫 + 长裤	70.55		

2. 着装件数与套穿方式

多件服装重叠套穿方式可以获得很好的保暖效果。因为这样可以在人体与服装之间、服装与服装之间形成空气层，热传导系数低的空气可以滞留其中。这种重叠套穿的方式要获得有效的保暖性，必须使每一件外层服装比内层服装的尺寸稍大一点，确保在每两层服装之间形成一定厚度的空气层。如果层数太多，服装之间的空气层则被破坏，保暖效果降低。

服装表面积不能过大。有研究者做过这样的实验，在圆筒上套上内衣，再逐层套穿起绒织物，到第四层时保暖性最好，第五层以后保暖性下降（图3-7）。推测认为是服装表面积的影响，到一定的层数，服装表面积过大，此时散热面积也增大，导致热量流失加快。

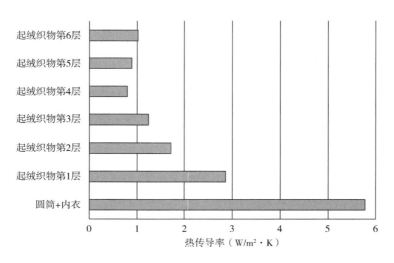

图3-7　圆筒保温性实验

因此在特别寒冷的环境，不仅要选择能形成良好空气层的服装尺寸及件数，也要控制服装表面积，抑制散热，尽可能在身体周围形成高保温性的空气层。

3. 静止空气层

服装的保暖性与空气层的保持状况有关。具有静止空气层的服装具有很好的保暖性，相反，没有空气层的服装或者服装结构易于形成空气交换，保暖性都不好。

　　人体与服装之间的空气，可以从服装的开口处或服装材料的空隙间流出，与外部的新鲜空气形成交换。这种空气交换频繁进行，将促进对流散热，增加热量流失。因此，服装开口有良好的闭合设计，或透气性不好的服装，都能够形成静止空气层，热量流失少，保暖性好。有实验表明，领口、袖口、下摆较大的开口型服装，空气层厚度达到10mm以上时，热量流失很快，保暖性很差。这是因为人体与服装间的空气层过厚，空气则不能维持静止状态，易于形成对流，促进散热，导致大量热量流失。在寒冷环境中，应使人体与服装之间的空气层厚度控制在5mm左右，采用闭合型开口设计，确保形成静止空气层，以达到好的保暖效果。

4.服装材料性能

　　（1）热传导性：服装的主体材料是织物，先由纤维纺成纱线，再将纱线织成织物。大量微小的纤维集合形成的布，可以看成纤维与空气的集合体。常用服装材料中所含纤维的体积百分数及相应的热传导率如表3-13所示。鸭绒和羽毛的体积百分数为1%～2%，一般的织物大约为10%～20%，薄且致密的织物30%以下，由此可见，织物中含有大量的空气。

表3-13　常用服装材料的纤维体积百分数及热传导性能

服装材料	体积百分数（%）	有效热传导率（W/m·K）	热抵抗率（W/m²·K）
毛皮	5.10	0.122	10.98
人造毛皮	1.67	0.112	10.36
鸭绒	1.36	0.149	5.40
新型防寒材料	7.69	0.034	7.80
天然皮革	27.0	0.052	39.13
合成皮革	19.4	0.057	56.92
精纺毛织物	18.2	0.041	40.78
粗纺毛织物	11.9	0.037	17.02
棉织物	17.8	0.045	87.22
化纤织物	23.9	0.035	112.80
毛针织物	15.9	0.044	29.78
棉针织物	12.6	0.059	58.81
化纤针织物	18.2	0.044	68.02
混纺织物	15.2	0.041	70.80
丝织物	27.2	0.028	189.95

　　空气的热传导率大约是纤维的10倍，织物的热传导率大约是纤维的1/5～1/4。织物富含空气，内部存在复杂的辐射、对流等热量传递机制。因此对织物而言，热传导性不再是纤维原料的简单情况，所以将织物的热传导性能用"有效热传导率"表示。服装所用的织物厚度各不相同，因此用织物的有效热传导率与织物厚度之比表示热抵抗性。

（2）水分特性（含水率、吸湿性、吸水性、透湿性）：即便在寒冷的环境中，人体也常常有不感知蒸发的水分散发，有时因为劳动伴随着大量出汗，织物吸收了汗液，大量含水。当织物含水后，有效热传导性大大增加，因为水的热传导率大约是空气的25倍。在寒冷环境中人们通常穿得厚，多层服装重叠套穿，加上透气透湿性差的外衣，人体散发的水分易于滞留在服装内。

纤维的吸湿性是指纤维可以吸收大气中水分以及人体表面的水蒸气的性质，与纤维分子的亲水基团及结晶度有关。纤维的吸湿性能常用回潮率或含水率表示，表3-14是我国常见纤维的公定回潮率。通常纤维吸收水分的同时伴随发热，水分量与发热量呈正比关系。在常用纤维中，羊毛的发热量最大，棉是羊毛的1/2程度。疏水性的合成纤维发热量除锦纶外都很小。

表 3-14　我国常见纤维的公定回潮率

纤维	公定回潮率（%）	纤维	公定回潮率（%）
棉花	8.5	黏胶纤维	13.0
棉纱线	8.5	聚酯纤维	0.4
羊毛	15.0	锦纶 6，66，11	4.5
分梳山羊绒	17.0	聚丙烯腈系纤维	2.0
兔毛	15.0	聚乙烯醇系纤维	5.0
桑蚕丝	11.0	氯纶	0
柞蚕丝	11.0	聚丙烯纤维	0
亚麻	12.0	醋酯纤维	7.0
苎麻	12.0	铜氨纤维	13.0

与人体出汗（液态水）直接关联的是吸水性。纤维吸水是类似毛细管现象的水分扩散方式，与纤维表面的接触角、纱线结构、线密度、织物组织、织物厚度等有关。吸水性越好，出汗或淋雨后织物润湿的面积就越大，潜热传递越容易。吸水性好的纤维材料，可以快速夺走身体的热量，因此在寒冷环境中的着装一定要特别注意。

透湿性是指水蒸气透过织物的性能。透湿性不好的织物如雨衣，服装内的水蒸气难以排出，容易凝结成液态水。里层服装吸收液态水，成为含水织物，有效热传导率大大增加，影响保暖性。

综上所述，服装材料的水分特性大大影响到人体散热，是非常重要的材料性能，对人体健康很重要。因此，不仅在炎热气候中要考虑纤维的水分特性，在寒冷环境中也要特别注意。

（3）防风性：寒冷环境下服装要防止强迫对流导致的散热，因此服装材料应具备良好的防风性，也就是透气性很差的材料。同时也要防止雨水等的浸入，要求服装材料具有拨水性和防水性。拨水性是指织物表面水分接触角大，水分呈水滴状由织物表面滚落的性能。防水性是指即使在暴风雨的强烈冲击下水分也很难透过的性能。具有这些性能的服装材料通常很难排出水蒸气，而服装的舒适和健康要求必须排出一定量的水蒸气，为此研究开发了新型服装材料，如超细纤维织物、多孔性树脂材料等，保留足够小的孔隙仅让水蒸气能够通过。

人体的健康、舒适不仅受到外部环境的直接影响，也受到人体与服装之间的微气候的极大影响。要达到着装舒适，必须很好地控制服装内的温湿度。有人做过一个实验，让受试者在3℃的滑雪场滑雪之后回到有空调设施的25℃的休息室，反复两次，受试者的着装有3层，分别是内衣、棉质滑雪内衣、滑雪外套，最内层的内衣选择不同水分特性的3种材料，分别是棉、羊毛、腈纶。结果表明，服装内的湿度以棉质内衣最高，羊毛内衣最低。原因是棉的吸水性最高，而羊毛较低。在穿着透湿性差的外衣情况下，水蒸气很难散出到服装外，吸水性好的材料使服装内湿度较高。比较3种情况下服装内的温度，发现棉内衣和腈纶内衣的情况比羊毛内衣的情况低4℃。说明在寒冷环境下选择棉质内衣和合成纤维内衣一样要慎重。

在从室温环境向极低温环境移动的散热实验中发现羊毛内衣的皮肤侧表面温度比其他材质温度下降缓慢，这种缓慢现象在吸湿性好的材料上表现更明显。在20℃的环境下，羊毛内衣与棉质内衣散热量的差大约为12W/m^2，低温环境下，涤纶内衣与棉质内衣散热量的差大约30W/m^2。假设一名具有1.7m^{2}人体表面积的标准体型的男性冬季登山，长时间处于寒冷环境下，7小时即相差357W，若按体重60kg，比热0.8的情况估算，人体体温将相差7.4℃。这样的温度差在极限状态下可以左右人的生死。

5. 服装设计要点

寒冷环境中的着装以保暖为首要目的，重点防护人体肢端末梢。整体设计应合体并尽量覆盖人体体表，减少散热量，在服装开口部位增加绳带、松紧带等封闭紧固件设计。

材料选配应满足保暖性要求。一般采用多层次结构——内衣、保温层和外衣。内衣以纤维素类针织品为佳，柔软、保温和良好的通透性。保温层材料选择羽绒、细旦化纤或蓬松的羊毛。外衣可选经纬密度大的机织物或真皮革满足防风透湿的服用要求，或采用粗纺毛织物。

服装材料的保温性可以根据不同的原理达到，如隔热保温、吸湿发热、热辐射、太阳能发热、电能发热等。隔热保温的服装材料如鸭绒，富含静止空气达到保温的效果。近年来开发了新型超细纤维（0.33~1.11dtex）、超极细纤维（0.33dtex以下）材料，纤维是中空的，形成大量微细气孔，使纤维内部形成静止空气层，虽然薄却很保暖。

吸湿发热的服装材料如亲水性的天然纤维羊毛及再生纤维，吸收水分的同时可以产生热量。后来又开发了合成纤维的吸湿发热材料，如丙烯再加工成丙烯酸酯，吸湿性可达羊毛的3倍，发热量也很大。

　　热辐射的服装材料一般指通过金属反射获得高保温性，如铝、银等金属。有的以金属粒子状态涂覆，有的在涂料中混入金属粉，有的将有孔的金属箔贴到布上，多种整理方式都可以应用到运动服装上。另外还有利用陶瓷粉末的远红外辐射的保温材料正在开发，可用于内衣和运动服等。

　　太阳能发热是利用某些金属化合物能够吸收近红外线并转化成热能的特殊功能。如炭化锆、氧化锆等用于运动服装。丙烯是合成纤维中保温性能很好的材料，可以进行蓄热加工，进一步提高保温性。

　　通过电能发热的称为电热服。带电池组的电热服可供摩托车手和摩托雪橇手穿着，抵御极寒环境。或者像电热毯那样在服装材料内缝入镍铬电热丝，可以给服装整体提供发热功能，为了保证热空气的循环，电热丝在服装上以一定的间隙排列，可用于夹克、马甲、长裤、袜子等。或者用碳纤维或碳粒子充当发热体，温度可以控制，在服装的腰部、腹部、背部、大腿部等处缝制口袋装入发热体（图3-8）。

图3-8　电热服及发热片

三、炎热环境的服装调节

（一）人体的炎热反应

1. 体温调节

　　在热带及沙漠地区，有的地方全年都炎热的。随着地球温暖化的趋势，夏季大量使用空调，室外高温达40℃以上的城市也很多见。在炎热的气候条件下，环境温度高于人体体温，人是恒温动物，要维持正常的37℃的体温，必须增加散热，并阻止外部的热量侵入体内。

　　裸体安静地处于28～32℃的环境温度下，通常感觉不冷也不热。气温高于这个区间时，皮肤温度与环境温度的差逐渐减小，身体表面依赖传导、对流、辐射的散热开始减少，这种状态一直持续直到体温上升。人体应对炎热的体温调节系统开始启动，血管扩张。身体深部的37℃的血液向身体表层温度较低的皮肤大量移动，温度稍低的血液向心脏回流，防止深部体温升高。

在炎热环境下若散热量小，或者由于运动使产热量增加，感觉到体温有上升的趋势，交感神经活动紧张，末梢皮肤血管扩张，末梢血流量随之增加。炎热环境下，不仅皮肤的毛细血管扩张，手足、耳鼻等部位的细动脉和细静脉间连接部分开口，大量血液向皮肤移动。末梢的皮肤温度快速上升，散热量增加，避免了体温进一步上升。

通常感到炎热的时候，脸和手足都会变红，这是因为末梢血流的增加所导致。末梢的皮肤血管较薄，容易扩张，可以储存大量的血液。皮肤血流在寒冷状态下可以减少到接近于零，但在极度炎热环境下，可以增加到几十倍的程度。此时心跳加快，使从心脏流出的血液量增加，炎热环境下可以达到普通时的3倍。

但是，皮肤血管的扩张是有限度的。末梢血液温度不是深部体温，环境温度与皮肤温度相近，不会形成对流、辐射方式的散热，妨碍了体热散出，人体开始感到闷热。如果服装妨碍了对流、辐射形式的散热，即使环境温度没有那么高也会感到闷热。

在炎热环境下，环境温度上升，血管扩张，皮肤温度上升，不能达到热量平衡，此时的传导、对流、辐射的干性散热已经不够，依赖水分蒸发的湿性散热开始增加。

不感知蒸发和出汗引起皮肤表面的水分蒸发。皮肤温度上升时不感知蒸发的量也在增加。在30℃左右的中等温度条件下，皮肤和呼吸道可产生平均23g/m²·h的水分蒸发。1g水分蒸发通常伴随2.43kJ/g的散热量，散热效率很高。

随着环境温度的上升，不仅在皮肤角质层有水分蒸发，汗腺也开始水分蒸发，呼吸道的散热也增加。体温尽管有上升的趋势，但由于体温调节中枢的作用，人体开始出汗。出汗涉及全身皮肤上的汗腺。如图3-9所示，有小汗腺和大汗腺，小汗腺在体表广泛分布，能迅速分泌大量汗液。

2. 出汗反应

出汗是人体特有的体温调节反应。汗液分泌时，迅速在皮肤表面薄薄地扩散开来，蒸发现象发生。蒸发时汗液从皮肤夺走蒸发潜热，皮肤温度降低。达到体内热量平衡之前，出汗持续发生。皮肤表面蒸发的汗液承担了散热功能，周围湿度增加，当蒸发不能持续时，皮肤表面广泛润湿，人会感到不舒服的潮湿或发黏感。剧烈运动大量出汗时，汗液不是通过蒸发方式，而是以汗滴形式直接流

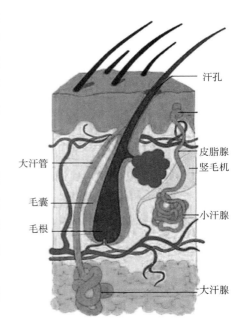

图3-9 皮肤汗腺

出，此时不能散热。这种出汗也称为"无效出汗"。出汗量最多可达1h 2L，此时一定要防止体温上升。人在精神紧张时也会在手心、脚底、腋窝出汗。这种出汗称为"精神性出汗"。

出汗通常同时在全身发生，但出汗量因部位不同有较大差异。人类的汗腺从出生时就有200万～500万个，但据说实际能够主动分泌汗液是在出生后2年半左右。主动性和分泌能力有较大的个人差，与出生后的生长环境及人种相关。出汗量多的部位在身体的躯干部，四肢及水分蒸发困难的部位比较少。卡罗琳·J.史密斯（Caroline J. Smith）等设计了运动诱导出汗实验，让受试男运动员在坡度1%的斜面跑步30min，心率控制在125～135，测定最后5min的出汗情况，根据实验结果绘制了人体各部位的出汗分布图。如图3-10所示，出汗率由小到大分别用由浅到深的灰色表示，可以看出，出汗最多的是背部中线的腰部。

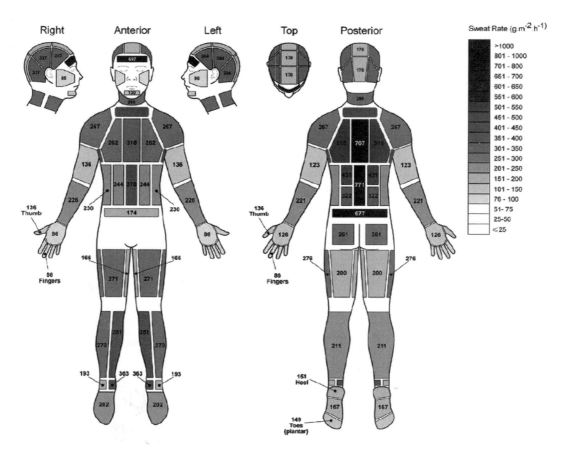

图3-10　人体运动后出汗分布灰度

有一种情况是出汗状态在持续，炎热状态也在持续，尽管如此，出汗的量还是会渐渐减少。汗液中含有人体维持生命不可缺少的水分和盐，长时间出汗时务必要防止脱水。当必要的蒸发散热量持续减少时，因为体内热量平衡，所以体温会上升。出汗减少时，汗液蒸发不再增进，皮肤容易成为润湿状态。身体部分出现出汗减少，汗腺向外打开的皮肤部分已被汗液泡涨，汗腺导管闭合。如果全身出现出汗减少，则可能引起全身脱水，这也是中暑的症状之一。

当压迫身体左侧或右侧，因条件反射而抑制同侧身体出汗，作为补偿另一侧出汗增加。睡觉时若身体左侧向下，左侧的出汗减少，如果胸部两侧同时受压，则上半身出汗减少。以仰卧位睡觉时，上半身的肩胛骨受到压迫，则下半身出汗增加。若用带子勒紧胸部，则面部出汗减少，据说可以抑制妆容被汗液破坏。

3. 炎热适应

人能迅速适应高温环境，大概只需一周左右的时间，很快就会发现出汗，且出汗量在增加，开始适应增加皮肤的蒸发散热。出汗量随运动或暴露在炎热环境中而增加。从小生长在炎热地区的人，很少会因为出汗而过度损失水分和盐分，散热效率高，具备维持体温的炎热适应能力。也就是说，主动汗腺数量多，虽然具备大量排汗的能力，但在炎热刺激下出汗迟缓，且出汗量较少。另外，四肢长，皮下脂肪少，形成了散热效率高的体型，拥有有利于体温调节的体型、身体结构和出汗机构，能够应对炎热的气候。

4. 地球温暖化和中暑

近年来，随着地球温暖化的进展，世界各国气温都有升高的趋势，夏季中暑的情况非常多见。在炎热环境中，人体血管扩张并开始出汗，以维持体温的恒定，但当环境温度非常高的时候，外部的热量不断侵入体内，身体的调节机能跟不上，多余的热量散不出去，不断累积，导致体温上升。大量出汗加剧了脱水现象，心跳加快，引起中暑。如果脱水超过体重的15%，则循环不全，最后可能导致死亡。中暑时应该到阴凉地，进行服装换气，充分补水。

（二）服装调节

在梅雨时节或夏季等炎热环境下，环境与皮肤的温度差较小，此时干性散热减少，通过汗液蒸发的湿性散热是主要方式。最好服装能够促进汗液蒸发，同时具备良好的换气功能。

1. 二氧化碳和水蒸气的移动

皮肤排出有二氧化碳气体和不感知蒸发产生的水蒸气，要达到舒适状态，服装内的良好换气是非常有必要的。二氧化碳气体由浓度高的一侧向浓度低的一侧扩散，在服装与人体之间，通常人体一侧的浓度高，因此扩散方向是由人体向服装外侧。水蒸气也是同样的扩散方向。换气是新鲜空气由服装外侧进入内侧，和扩散是相反的方向。服装中的热空气、水分、二氧化碳气体的换气如图3-11所示。通过计算得出的服装内气流进入和上升气流分布如图3-12所示。

如果服装下摆开放，空气从下摆进入。通常说透气是从人体向外界透出，但是安静时外部空气也向内渗透。二氧化碳和水蒸气并非仅仅扩散，空气移动的同时也伴随着上升气

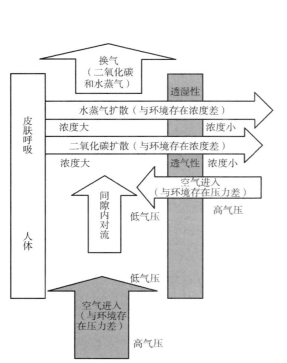

图3-11 服装内换气示意   图3-12 下摆闭合服装内部上升气流示意

流。如果衣服有充足的松量，外部空气从服装材料的空隙和衣服下摆开口处进入，沿着人体上升，成为上升气流，二氧化碳和水蒸气一起从领口等开口处向外排出。

2. 凉爽设计与穿着方式

人体要维持体温恒定，热量一直向外散发。人体周围的空气比附近的空气要轻，在人体周围形成上升气流，即自然对流。当服装的松量较大时，这种对流会影响服装的保暖性。空气是有黏性的，松量较小时，空气就不再流动。在一定限度内，松量越大静止空气的量就越多，保温性就越好。但是，如果服装的领口、袖口、下摆都是开口型的话，空气层厚度超过10mm时，空气的黏性使服装内形成对流，热量将易于散发。在炎热环境下，松量大的服装内部容易形成对流，这种款式也有利于散热。

在沙漠干燥地带过着游牧生活的贝都因人（Bedouin），由于信仰伊斯兰教，夏季也穿着黑色的贯头衣。如图3-13所示。在日光强烈的高辐射环境，反射率大的白色比黑色吸热少，这几乎是公认的常识。但是贝都因人如此着装引起了学者的兴趣，于是设计实施了相关实验，发现这种款式的贯头衣设计成黑色也同样凉爽。正是服装的穿着方式、款式设计等因素赋予服装内部"烟囱效应"，如图3-14所示。

3. 行走与环境气流促进换气散热

即便环境中没有自然风，人们也常常人为地制造风。比如，炎热的夏季里，人们经常用扇子，或有时直接用手在衣服的领口等开口部位附近扇风。步行时，手足活动的同时

图3-13　贝都因人

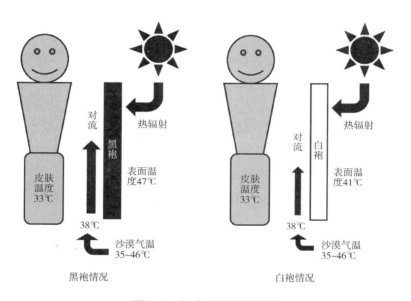

图3-14　间隙内对流的示意

使衣服有节奏地摆动起来。这时，在人体与衣服之间产生强制性气流，提高了服装的散热性。这种现象称为"风箱效应"。

　　如果服装开口部位有两个相对的开口，中央的气流就会停滞，所以开口部只有一个开口的情况散热性能更好。同理，步行时鞋子和脚之间"风箱效应"起了重要作用，防止鞋内过闷。就步行时的轻松感而言，鞋子尺寸要刚好合脚，但是要获得风箱似的换气效果，鞋子尺寸必须要稍大一些，与合脚的要求有所偏离。

　　人体的步行动作和环境气流影响了服装的保温性。气流与步行的交互作用可降低衣服的保温性，步行速度快比气流有更好的降低保温性的效果。对比不同透气性的服装材料，发现气流、步行速度、服装开口状态比材料的透气性更能影响服装的换气量。对于一般服装而言，材料的透气性对换气和散热效果甚微。

4.服装材料的性能

为了适应炎热的气候，必须促进从身体向环境热散发。当皮肤温度与环境温度相等或环境温度高于皮肤温度时，身体向环境的热传递主要通过蒸发的方式。即使有时皮肤温度比环境温度要稍高一些，但温差不大，传导、辐射等方式对热传递的贡献也是很小的。

如果不考虑太阳的辐射，要快速散发体内的热量，服装覆盖面积和穿衣量应该少一些。但是现代社会人们有职场角色，着装有一定要求，一般男性服装克罗值为0.69，女性服装克罗值为0.52。因此减少服装覆盖面积及穿衣量是有限度的，应该考虑凉爽的穿着方式及凉爽服装材料的选择，最好在人体出汗时汗液能迅速从皮肤表面蒸发。适应夏季炎热环境的服装材料应该选择低保温性，高透气性的材料。

一般来说，夏季服装材料棉、麻较多，因为棉和麻具有优良的吸湿性、吸水性、易洗性等服用性能。但是并不能说棉和麻具有低保温性和高透气性，因为这两种性能不是由纤维的化学构成决定的，而是取决于纱线的形态、织物组织结构等物理构成方式。

（1）保暖性：空气含量多的厚实的布和空气含量少的轻薄的布，尽管由相同材料的棉或毛织成，但保温性却大不相同。保暖性随含气率不同而不同，保暖性低的一定是含气率低的织物结构。如前面所述，一般织物中纤维的体积百分数为10%～20%，而薄型且织造紧密的织物中纤维的体积百分数可达30%以下，空气含量很高。空气的热传导率非常小，要获得低保暖性，应选择空气含量尽可能小的薄型材料。

炎热环境中运动使产热进一步增加，防止体温上升几乎不可能。而体温上升正是中暑的直接诱因，因此更应注意服装材料的选择。

（2）凉爽感：触感凉爽的材料，与皮肤接触时夺走皮肤表面的热量，使皮肤感觉凉爽，目前已经被很多运动服装选用。铜氨纤维、乙烯基醇纤维等是接触冷感较强的纤维。硝酸铵和硫酸铵溶于水时吸收热量，可作为便携用冰枕的制冷剂使用。一些糖类醇如山梨醇、木糖醇、赤藓醇，溶解时也产生吸热反应。近年来吸湿发热材料的开发备受瞩目，而将吸湿吸热用于服装的却非常少。在棉纤维上附着木糖醇制得凉爽材料，已经用于运动服装，其原理是利用出汗时木糖醇溶解伴随吸湿吸热反应，使穿着者感觉凉爽。薄荷醇可以刺激人体的冷感受器，产生凉感，辣椒素可刺激热感受器，产生热感，在食品中应用较多。近年来也在纤维制品中发现使用薄荷醇和辣椒素。但是，通过薄荷醇或辣椒素刺激人体感受器，神经信号经大脑传达获得凉感或热感，这仅仅是感觉，并没有使纤维制品的温度降低或升高，因此与保温性无关。

（3）透气性：提高透气性有加强纱线的捻度、降低纱线密度等方法。透气性的好坏与风的有无及风的方向都有关系。也可以通过化学加工改变透气性，里层是锦纶，表层是涤纶，当涤纶分解可改善透气性。在干燥时主要是不感知蒸发，随着风速的增加热量散发也在增加，经透气性改善加工和未经加工的布的热量散发没有什么差别。而在出汗状态下，随着风速的增加经过加工的布的热量散发显著增大。也就是说，在室内安静状态下，服装透气性的差异对体温调节几乎没有影响，但对于夏季室外跑步出汗的人来说有垂直方向的风吹向身体，透气性好的服装材料更能促进散热。

（4）吸湿性：吸湿性是各种服装材料的固有性质，通常用回潮率或含水率表示。我国常用纤维的公定回潮率如表3-13所示，接触角如表3-15所示。棉和黏胶纤维的回潮率高，不感知蒸发时易于吸收水分，如果接触角也小的话，润湿能力也强，总体吸汗能力优良。羊毛的含水率高，易于吸收水分，但接触角较大，润湿能力差，不易吸收汗液。丙纶的公定回潮率低，几乎不吸湿，接触角也大，润湿也很难，几乎不吸汗。由此可见，棉和黏胶纤维非常适合做夏季的服装材料，而羊毛不吸汗就不适合做夏季内衣材料，丙纶无论哪个季节都不适合做内衣材料。

表 3-15　常用纤维的接触角

纤维	接触角（°）	纤维	接触角（°）
棉	59	涤纶	67
羊毛	81	腈纶	53
黏胶	38	丙纶	90
锦纶	64		

曾有学者做过一个研究，选择棉、毛、丝三种材质的服装两件组合穿着，内外两件分别是毛丝、丝毛、棉丝、丝绵。在29℃的人工气候室调整湿度条件，从高温低湿向高温高湿变化，测定受试者的体重减少量。在开始的0～20min相对湿度设定为55%，内衣为丝的组合体重减少更多。在20～60min相对湿度设定为75%，体重减少量分别是24g、20g、27g、22g，棉做内衣的情况体重减少最多。无论低湿还是高湿环境，毛做内衣的情况体重减少都较少。实验说明，在高温高湿环境，尤其是持续出汗的情况，吸湿性和吸水性好的棉质内衣是最佳选择。

（5）吸水性：吸水性在过去也是材料的固有性质，但随着技术的发展，像涤纶这样疏水性纤维经过吸汗加工后也具备了吸水性。亲水性纤维如棉、麻、黏胶等，纤维内部吸水后，有如下情况：干燥时间较长；材料润湿后，热传导率急剧增加，体内热量迅速散发；材料全部湿透后不能再吸水，汗液在皮肤表面扩散，无效出汗量增加，使出汗渐渐减少；材料吸汗后皮肤有张力，活动受到影响，因此在高温高湿环境或高温环境中运动应选择亲水性纤维或经过吸汗加工的疏水性纤维材料。

5. 服装设计要点

服装造型上尽量采用直身式设计，形成自然的通风效应。如果在干热环境中，整体应尽量覆盖人体表面，有效隔绝太阳辐射热，重点保护头部，可戴遮阳帽。如果在湿热环境中，应尽量裸露人体体表，有效增加蒸发散热量。

首选透湿性好的材料，如苎麻、蚕丝、纤维素纤维等，经纬密度小、有直通气孔的轻薄型织物，如真丝乔其纱。湿度大的环境宜采用短款设计思路，如短裙、短裤、短袖。

思考题

1. 简单描述自然环境的物理量及其对人体的影响。

2. 简述环境气候的指标及其含义。

3. 简述人体产热与散热机理及其对服装设计的要求。

4. 简述服装气候的定义。

5. 选定某一地区的某一季节，分析其气候特点，思考此地此时的服装设计方案。

第四章　服装材料性能与热湿舒适性

随着社会的不断发展，人们对服装的要求已不仅仅局限于能遮羞蔽体、体现个人品位以及新潮时尚等，服装舒适性越来越受到人们的关注，同时，科学技术的飞速发展带来了种类繁多的服装材料，也为人类生活提供了更加有趣的丰富多彩的体验。人类的脚步开始进入更加严酷的自然环境，如太空和极地，不断的探索对服装的舒适性提出了更高的要求。

服装的舒适性与材料有着密不可分的联系，必须考虑材料两侧的人体本身与外部环境之间的能量交换，人体与环境之间能量交换的平衡主要体现在热和湿两个方面。为了研究这两方面的特性，就要测量织物的透通性。所谓透通性，就是指热、湿（液相、气相）、空气等通过织物的性能。为了正确评价与判断材料的这方面的性能，就需要测量分析织物的气体特性、水分特性、导热性、保温性等服用性能。除此以外，带电性也会影响服装穿着的舒适性。

第一节　服装材料的相关性能概述

一、织物的气体特性

织物的气体特性可分为含气性和透气性。

（一）织物的含气性

服装材料多为纤维制品，一般含有大量空气。纤维、纱线和织物内部结构有空隙，空隙中含有空气的性质称为含气性。含气性的大小用含气率表示，即一定体积中空气量的百分率。含气性的大小直接影响服装的热传导性和透气性。

含气率受纤维原料的种类、纱线的粗细、织物组织的结构形态、厚度等因素的影响。一般来讲，织物的含气率可占体积的一半以上，为60%～80%，大的甚至可达90%以上，而含气率小于40%的织物很少。常见几种织物的含气率如表4-1所示。含气率大可使服装材料充分发挥保温性和透气性。羊毛织物保温性好，正是因为毛纱容易形成多空隙的织物结构，储存的空气不易流动，形成静止空气层。空气的热传导率低，能有效保存人体产生的热量。

表 4-1　服装材料的含气率

服装材料	含气率（%）	服装材料	含气率（%）
厚麻布	53.4	毛毡	79.2
厚棉布	57.7	棉法兰绒	80.4
冬季呢绒衣料	76.7	厚毛针织物	86.4
毛毯	78.4	兔毛皮	97.0

（二）织物的透气性

织物的透气性是指织物两面存在压力差的情况下，气体分子通过织物的性能，也称为通气性。透气性是织物透通性中最基本的性能。织物的透气性以织物两面在规定的压力差条件下（国标为2000Pa或5mmHg），单位时间内流过织物单位面积的空气体积来表示，其单位为L/（m² · s）。

1. 服装材料的透气性

（1）易透气织物：大部分服装面料属于易透气织物，无论是机织物、针织物还是非织造织物，都是由纤维或纱线以一定的方式发生紧密联系，纤维与纱线之间留有或大或小的孔隙，便于空气通过。

（2）难透气织物：像帆布、皮革制品等，结构密实，空气不容易通过。

（3）不透气织物：像涂层织物、塑料制品、橡胶制品等完全没有孔隙，空气无法通过。

2. 织物透气性的测量原理

（1）在织物两侧保持一定压力差的条件下，测量单位时间、单位面积通过织物的空气量。

（2）在织物两侧保持一定压力差的条件下，测量单位体积的空气通过单位面积的织物所需要的时间。

（3）测量一定速度的空气通过单位面积的织物时，织物两侧所产生的压力差。

测量仪器使用织物中压透气仪。

（三）织物气体特性的影响因素

织物气体特性与织物内的直通气孔及气孔的形态有直接的关系，影响直通气孔的因素均会影响气体特性。织物的气体特性取决于织物中经、纬纱线间以及纤维间空隙的数量与大小，即与织物的经纬纱密度、经纬纱线的线密度、纱线捻度等因素有关。还与纤维因素、纱线因素、织物组织结构因素、后整理因素等有关。

1. 纤维因素

织物的气体特性与纤维的表面形状和截面形态有关系。异形纤维因为截面形态不规则，相互之间容易留下孔隙，因此比圆形截面纤维组成的织物透气性好；天然纤维在纵向形态上也不规则，有不同程度的弯曲，因此也为孔隙提供了条件，透气性也很好。纤维越短刚性就越大，产生毛羽的概率就越大，就会形成阻挡，也会使透气性下降。

织物的气体特性与纤维的回潮率有关。纤维吸水后，由于纤维的膨胀或收缩，使织物内部的孔隙减少，再加上附着水分，孔隙被阻塞，透气性下降。随着回潮率的增加，透气性显著下降。羊毛纤维由于拒水性和弹性较好，织物内部的孔隙不易减少，因此羊毛织物吸湿、吸水后的透气性递减趋势平缓。

2. 纱线因素

结构越致密纱线内通透性越差，纱线越疏松通透性越好。纱线浮长增加，织物的孔隙增大，对气流的阻力减少，从而透气性变好。纱线捻度增加时，纱线的体积重量增加，纱线直径和织物紧度会略有下降，织物透气性也随之变好。紧度相同情况下，纱线线密度越小，含气性越好，透气性越差。

3. 织物组织结构因素

织物组织结构不同其孔隙也不同。相同的纱线采用平纹和缎纹组织织造，平纹组织的纱线交织次数频繁，织物更加紧密，因此透气性差一些。几种织物组织的透气性由弱至强的排序为：平纹组织<斜纹组织<缎纹组织<透孔组织。

4. 后整理因素

一般经过后整理织物紧度会增加，透气性则会降低，有些经过涂层整理后透气性几乎为零。

5. 环境因素

当温度一定时，织物透气性随空气相对湿度的增加而呈现降低的趋势，这是由于纤维吸湿膨胀使织物内部空隙减小，且部分水分会堵塞通道。吸湿性大的织物，相对湿度越大对透气性影响越大。

当相对湿度一定时，织物透气量随环境温度升高而上升，因为当环境温度升高，一方面使气体分子的热运动加剧，导致分子的扩散，使其透通能力增强。另一方面织物整体的热膨胀，使织物的透通性得到改善。

当温度和相对湿度不变时，织物两面气压差的变化也会影响织物的透气率，并且是非线性的。因为气压差越大，通过织物孔隙的空气流速越快，所产生的气阻越大，一方面会引起织物的弯曲变形，产生伸长，增加孔洞，另一方面会压缩纤维集合体的状态和排列，导致孔洞减小、织物密度增加。这两者对透气率的影响相反，因此在实际测量的过程中应确定一个干扰小的气压差，作为恒定的测试条件。

实际服装穿着过程中，由于环境温度过高或处于体力劳动状态下，服装往往被人体的汗水润湿，此时，不仅服装内微气候温度、湿度会发生变化，织物的透气性、热阻、湿阻也会发生明显的变化。有人通过实验研究机织物和针织物的润湿量对织物透气性能的影响，结果发现差异很大。对机织物而言，随着润湿量的增加，织物的透气性明显下降，而且透气性变化曲线因不同原料和结构等因素而不同；对针织物而言，织物的透气性随着润湿量的增加先增大而后减小。由此可知，在润湿状态下，一些常规的机织物和针织物的透气性出现不同的变化规律，主要取决于两者不同的组织结构和表面状况。当然，机织物在一定的空隙条件下，也会出现透气性随润湿量的增加先提高后降低的现象，这主要取决于织物内孔隙大小。绝大多数的机织物透气性随润湿量的升高而降低。

夏季温度高，有的地区气候更是湿热，所以夏季服装所用织物应该具有较好的透气性，这样才能保证穿着者在高温中不受服装闷热的影响；冬季服装织物透气性应稍差一些，但应保证其具有良好的防风性能，也应防止热量大量散失，以免穿着者在低温环境中感受到寒冷。防寒用织物要求含气性好而透气性差。使用时采用紧密的织物制作服装的外套，使其起到防风作用，再用体积重量较低、弹性较好的纤维制成一定厚度的织物制成中层服装，这样的组合服装配套在寒冷环境中将能有效起到隔热保暖的作用。

二、织物的水分特性

织物的水分特性包含吸湿性、放湿性或透湿性、吸水性。织物的吸湿、放湿一般是指在织物两面有相对湿度差的情况下，水蒸气从高湿区透过织物向低湿区发散的过程。即织物的一面吸收了皮肤表面的蒸发水汽后，由纤维将水汽传递到织物的另一面发散。同时，纱线和织物内部的孔隙也产生一定的扩散水蒸气的作用。织物与气态水蒸气吸放关系通常称为吸湿性和放湿性或透湿性；织物对液态的汗水、洗涤水和雨水等的吸收性质称为吸水性。

人体穿着服装时，会有大量的水分蒸发散热。特别是夏季高温高湿的环境中，这种蒸发散热如不及时排出，会在皮肤与衣服之间形成高温区，使人感到闷热不适。当人处于高温环境或从事强体力劳动时，人体会大量出汗，以蒸发的方式帮助人体向外界环境散失热量，以维持人体的热平衡，人体蒸发的水分如果不能及时散发，就会引起不适。如果将湿气透过面料的途径简单化，则可将其分为两种途径：一是吸湿放湿途径，二是孔隙途径。

影响织物水分特性的因素主要和水汽通过织物的传递途径有关，一是水汽通过织物中孔隙的扩散，二是纤维自身吸湿，并在织物水汽压较低的一侧逸出，三是大量的水汽分子会产生凝露，并通过毛细管作用扩展、在水汽压低处发生较多的蒸发。

1. 织物的吸湿性

吸湿性是指纤维在空气中吸收或放出气态水的能力。纤维材料的含湿量随所处的大气条件而变化，在一定的大气条件下，纤维材料会吸收或放出水分，随着时间的推移逐渐达到一种平衡状态。如果大气中的水汽部分压力增大，使进入纤维中的水分子多于放出的水分子，则表现为吸湿，反之则表现为放湿。纤维及其制品吸湿后，含水量的大小可用回潮率或含水率来表示。回潮率W是指纤维材料中所含水分的重量占纤维干重的百分率；含水率M则是纤维材料所含水分的重量占纤维湿重的百分率。纺织材料吸湿性的大小，绝大多数用回潮率表示。设试样的湿重为G（g），干重为G_0（g），则计算公式如下：

$$W = \frac{G - G_0}{G_0} \times 100\%$$

$$M = \frac{G - G_0}{G} \times 100\%$$

当纤维材料在一定大气条件下，吸湿、放湿作用达到平衡时的回潮率称为平衡回潮率。表4-2为常见纤维在空气温度为20℃、相对湿度为65%时的回潮率。

表 4-2　常见纤维在空气温度为 20℃、相对湿度为 65% 时的回潮率　　　　单位：%

纤维	平衡回潮率	纤维	平衡回潮率
原棉	7 ~ 8	锦纶 6	3.5 ~ 5
苎麻（脱胶）	7 ~ 8	锦纶 66	4.2 ~ 4.5
亚麻（打成麻）	8 ~ 11	涤纶	0.4 ~ 0.5
绵羊毛	15 ~ 17	腈纶	1.2 ~ 2
桑蚕丝	8 ~ 9	维纶	4.5 ~ 5
普通黏胶纤维	13 ~ 15	丙纶	0
富强纤维	12 ~ 14	氨纶	0.4 ~ 1.3
醋酯纤维	4 ~ 7	氯纶	0
铜氨纤维	11 ~ 14	玻璃纤维	0

环境的温度和湿度都会影响纤维的吸湿性。一般规律是温度越高，平衡回潮率越低，随着空气和纤维温度的升高，纤维的平衡回潮率会下降。在高温高湿的条件下，纤维会因热膨胀，导致内部孔隙增多，平衡回潮率会略有增加。

2. 织物的透湿性

织物的透湿性是指湿汽透过织物的性能，也是服装热湿舒适性评价的重要内容。人们较为熟悉的评价织物透湿性的测试方法是透湿杯法。透湿杯法可分为吸湿法和蒸发法。吸湿法通过测定吸湿剂的增重量以及试样的面积，计算织物透湿量。蒸发法是根据容器内蒸馏水减少的质量和试样的有效透湿面积，计算织物的透湿量或透湿率。两种方法各有优缺点。蒸发法优点是方法简单，并能在静态条件下定量比较织物的透湿性，缺点是杯中水位的高低影响杯中气态水饱和程度，只有当水位非常接近织物时，可以认为杯中的气态水达到饱和状态，否则杯中的空气层也会引起对湿传递的阻抗，这种静止空气的阻抗导致了透湿量的显著下降。吸湿法优点是测试时间较短，一般2小时内就可得到实验结果。

利用透湿量或透湿率表示织物的透湿性能有一定的局限性，特别是在不同的测试条件下测得的织物的透湿量无法进行正确的比较。利用费克方程可以将织物的透湿阻力以等效空气层厚度来表示。

影响织物透气性的因素都会影响透湿性。影响织物透气性的因素主要是织物中孔隙大小的分布特征；而影响织物透湿性的因素主要和水汽通过织物的传递途径有关，一是水汽通过织物中孔隙的扩散，二是纤维自身吸湿，并在织物水汽压较低的一侧逸出。透湿性好的材料不仅要有好的吸湿性而且要有好的放湿性，如亚麻。羊毛织物虽然具有很好的吸湿性，可以吸收大量水汽，但由于羊毛织物放湿过程缓慢，所以透湿性能不如亚麻和棉纤维制品。经过亲水处理的涤纶和普通涤纶织物相比，在高湿条件下，特别是在织物中出现液态水时，经过亲水处理的涤纶织物的透湿性能明显优于普通涤纶织物，但在低湿条件下，两者差异不明显。

对于服装材料来说，最好有适度的吸湿、放湿性能和适度的水分发散速度。如果放湿速度过快，体温降低也增大，从卫生保健的体温调节作用来讲不太好。外衣要求吸水吸湿性小，而内衣要求吸水吸湿性大。另外，含气率与织物吸水性关系密切，通常含气率大的织物吸水性也好。

三、织物的保暖性和导热性

织物的保暖性不是单一的性能，受服装材料的透气性、导热性、热辐射等性能所支配。人们通常笼统地把热量从高温向低温传递称为导热性，其特征值为导热系数；把对热量传递的阻隔能力称之为保暖性，其特征值为热阻。保暖性和导热性是一对相反意义的性能。

1. 织物的导热系数

导热系数是指在传热方向上，纤维材料厚度为1m、面积为1m^2，两个平行表面之间的温差为1℃，1s内通过材料传导的热量焦耳数。简单而言，即1m厚的物体两侧温差1℃情况下，单位时间单位面积通过的热流量。计算公式如下：

$$\lambda = \frac{Q \cdot D}{\Delta T \cdot t \cdot A}$$

式中：λ——导热系数，J/（m·s·℃）或W/（m·℃）；

Q——传导的热量，J；

D——材料的厚度，m；

ΔT——温差，℃；

t——传导热量的时间，s；

A——材料的截面积，m^2。

导热系数λ值越小，表示材料的导热性越低，保暖性越好。导热系数与材料的组成结构、密度、回潮率、温度等因素有关。非晶体结构、密度较低的材料，其导热系数较小；材料回潮率、温度较低时，导热系数也较小。表4-3是在环境温度为20℃、相对湿度为65%的条件下测得的常用纤维材料集合体的导热系数。

表 4-3　常用纤维材料集合体及空气和水的导热系数　　　　单位：W/（m·℃）

材料	λ	材料	λ
棉	0.071 ~ 0.073	涤纶	0.084
绵羊毛	0.052 ~ 0.055	腈纶	0.051
蚕丝	0.05 ~ 0.055	丙纶	0.221 ~ 0.302
黏胶纤维	0.055 ~ 0.071	氯纶	0.042
醋酯纤维	0.05	锦纶	0.244 ~ 0.337
静止空气	0.026	水	0.697

从表4-3可以看出，水的导热系数最大，静止空气的导热系数最小，所以空气是最好的热绝缘体。纤维制品的保暖性主要取决于纤维间保持的静止空气和水分的数量，即静止空气越多，保暖性越好；水分越多，保暖性越差。空气的流动使保暖性下降，下降的程度取决于纤维间静止空气在风压影响下流动的速度。冬天常晒被褥，使被褥蓬松干燥，静止空气含量增加，水分减少，保暖性得到显著提高。孔洞明显的针织毛衫作为外套穿，纤维间的空气易于流动，保暖性随风压上升显著下降，如果在毛衫外面加穿风衣、大衣等挡风外套时，其保暖性就不会因风压影响而下降。

2. 织物的保暖性

织物的保暖性受多种因素的影响，使基础热学指标测量和应用都比较困难，因此，人们为了方便，定义了几种综合性的实用指标：绝热率、保暖率、热阻。绝热率表示纤维集合体隔绝热量传递保持体温的性能。通常采用降温法测量，将被测试样包覆在一热体外面，再用另一个相同的热体作为参照物（不包覆试样），同时测量经过相同时间后的散热量或温度下降量。绝热率数值越大，说明该材料的保暖性越好。

保暖率是描述织物保暖性能的直接指标，是指在保持热体恒温的条件下无试样包覆时消耗的电功率和有试样包覆时消耗的电功率之差占无试样包覆时消耗的电功率的百分数。保暖率的测量方法根据原理可分为恒温法和冷却法两种。

恒温法测量是在气温20℃、相对湿度65%的标准状态环境中，将发热体以裸露和包覆织物试样（尺寸为30cm×30cm）两种状态放置一定时间（通常实验时间为2h），记录此期间使发热体温度恒定在（36±0.5）℃时的两种状态下的耗电量，依此来计算被测织物的保暖率。保暖率的计算公式如下：

$$保暖率 = \frac{E_0 - E_1}{E_0} \times 100\%$$

式中：E_0——裸露状态时发热体的耗电量，W；

　　　E_1——包覆织物试样时发热体的耗电量，W。

冷却法测量是在气温20℃、相对湿度65%的标准状态环境中，将作为热源体的高温体预先加热到36℃以上，以裸露和包覆织物试样（尺寸为18cm×18cm）两种状态通过上方

3m/s的气流使其慢慢冷却，记录高温体从36℃冷却到35℃所需的时间，或者在一定时间内下降的温度，依此计算保暖率。

由时间来计算的公式如下：

$$保暖率 = \frac{T_1 - T_0}{T_1} \times 100\%$$

式中：T_0——裸露状态时高温体温度下降1℃所需的时间，s；

T_1——包覆织物试样时高温体温度下降1℃所需的时间，s。

由温差来计算的公式如下：

$$保暖率 = \frac{t_1 - t_0}{t_1} \times 100\%$$

式中：t_0——裸露状态时高温体冷却一定时间后下降的温度，℃；

t_1——包覆织物试样时高温体冷却一定时间后下降的温度，℃。

织物平板式保温仪可以直接测定织物的保暖率，数值越大，说明该织物的保暖能力越强。织物平板式保温仪由实验板、保护板、铜板、加热装置、温度传感器、恒温控制器等构成。实验板由和人体肤色黑度接近的薄皮革制成，实验散热面为25cm×25cm。测量时用织物将实验板盖住，保持铜板的温度恒定在某一特定温度，记录并计算单位时间内通过实验板的热量，即可得到织物的保暖率。保持铜板温度恒定所需的加热功率越大，说明织物的保暖性越差。如YG606L型平板式保温仪，主要以人体体温（36℃）为标准，可测定普通织物、针织物、起毛织物、绗缝制品坐垫及各种保温材料的保暖性能。

织物平板式保温仪还可以测量织物的导热系数和热阻等指标，导热系数与热阻互为倒数。除平板式保温仪之外，还可用圆筒式保温仪测定热阻。圆筒式保温仪由紫铜板制作圆筒，里面装有电阻丝，维持圆筒壁的温度恒定。圆筒的尺寸可以根据需要而设计，有干式和"出汗"式两种，用来模拟人体的上肢、下肢甚至全身。通过围绕中心轴旋转，圆筒能够模拟人体活动时相对风速对服装保暖性的影响。测量时，将织物不松不紧地"穿"在圆筒上，然后开启仪器，记录保持圆筒表面温度恒定所消耗的功率。

3. 织物保暖性和导热性的影响因素

织物保暖性和导热性受多种因素影响，包括环境温湿度、体积质量、纤维的排列状态、纤维的形态、织物的厚度、织物的表面状况等。

随着环境温度的提高，纤维内部大分子的运动能力提高，因分子运动传递的热能也会增加。纤维内部的水分随相对湿度的变化而变化，相对湿度越高，纤维内部的水分越多，纤维导热系数越大，而且湿度的影响比温度大得多。随回潮率的增加，材料保暖性能下降，冰凉感增加。纺织材料在吸湿和放湿过程中还有明显的热效应，即吸湿放热，放湿吸热。在吸湿放热或放湿吸热发生时，纤维的导热系数是波动的。

纤维集合体的导热系数与体积质量的关系如图4-1所示，选取合理的体积质量是获得良好保暖性的保证。当纤维集合体的体积质量小于δ_k时，虽然纤维集合体中保有较多的空气，但在风压的作用下对流传导较大，保暖性变差；当纤维集合体的体积质量大于 δ_k 时，纤维间良好的接触使热传导能力提高，保暖性变差，在没有气压差的情况下，纤维集合体的体积质量达到 δ_k 时，导热系数最小，保暖性能最好。

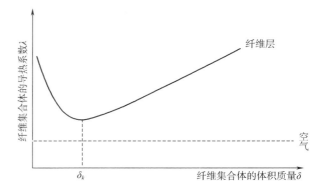

图4-1　纤维导热系数与体积质量的关系

纤维的排列状态影响着纤维间的接触面积的大小，接触面积大，热传导能力强。纤维的粗细、横截面形状、卷曲、中空等状态都会影响纤维集合体的导热系数。它们主要从三个方面产生影响，一是形态导致纤维集合体中维持静止空气而使导热系数下降；二是形态导致纤维间接触面积减小而使导热系数下降；三是形态导致纤维集合体中直通孔隙的减少而使导热系数下降。异形截面的纤维随着轮廓凹凸状况的变化，尤其是多沟槽化会使纤维集合体的导热系数下降；卷曲丰富的纤维有利于长时间维持纤维集合体的蓬松；在相同体积和密度条件下，细的纤维可以形成更少直通性的空间，维持更多的静止空气；中空纤维的空腔非常有利于保持静止空气。

要想提高服装材料的保暖性能，最重要的就是要提高织物中的空气含量，而织物的含气量又取决于纱线细度、纱线捻度、织物组织、织物紧度等。一般来说，厚的织物保暖性好，织物厚度与纱线细度、织物组织、织物密度等因素有关。表面粗糙、毛羽丰富或起毛织物，其边界层空气的厚度要比表面光洁的织物厚，织物整体的保暖性能也会好。织物的保暖性会随着穿着次数、洗涤次数的增加而下降。

由于纤维在吸湿后会发生膨胀，特别是在直径方向膨胀较多，纤维的吸湿膨胀会使织物变厚，而织物厚度是影响织物热阻的一个重要因素，通常织物的厚度与热阻成良好的线性关系，因此有学者研究了织物润湿状态下的保暖性。结果表明，棉和黏胶织物吸湿后热阻会随润湿量的增加而增大，进一步增加后呈下降趋势；涤纶等热阻随润湿量的增加而单调递减；毛和毛涤的热阻随润湿量的增加单调递减。

第二节　服装的干热传递与热阻

人体着装感觉舒适的必要条件之一就是热平衡，即人体的代谢产热量应等于人体向周围环境的散热量，从而使人体体温保持恒定。人体核心部位，包括心脏、腹腔器官和脑部，必须保持在37℃左右，这是身体的产热量和散热量平衡的结果，但人体四肢等却能忍受较大的温度变化。由于环境因素和活动程度不同，皮肤温度会有较大变化。身体热量的散失有多种方式，分为两大类。一类称为显热，是由人体表面与环境之间的温度差引起的热量交换，如辐射、对流和传导。另一类称为潜热，是由人体表面与环境之间的水蒸气压差引起的热量交换，如蒸发。

本节主要介绍由于温度差所引起的热量传递过程，即服装的干热传递。干热传递主要包括辐射、对流、传导三种散热方式。

一、辐射散热

（一）辐射散热的概念

辐射散热是一种以电磁波形式传递能量的非接触的散热方式。作为热交换的基本形式之一，辐射不依赖于任何介质且持续不断进行。物体在向外发射辐射能的同时也会不断吸收周围物体发射的辐射能，并将其重新转变为热能。物体间相互发射辐射能和吸收辐射能的传热过程称为辐射传热。辐射传热的结果是高温物体向低温物体传递了能量。

物体发出的电磁波，理论上是在整个波谱范围内分布。在服装人体工效学研究中，辐射传热涉及的电磁波波长为 $0.1 \sim 100 \, \mu m$，包括了红外线、可见光及部分紫外线，其中红外线所占份额较大，对热辐射起决定作用。

所有的物体都与周围环境进行辐射热交换，其辐射热交换量的大小决定于物体的表面温度和黑度以及与周围环境平均辐射温度。人体皮肤表面和服装表面比周围物体温度高，因此向外辐射散热，如果周围有温度更高的物体，则人体或服装表面也吸收外来的辐射热。一般认为，洁净的空气既没有辐射能力，也没有吸收能力。人体辐射热与人体周围空气的物理特性无关。

人体皮肤辐射散热本领的大小，并不取决于色素的多少，而主要取决于皮肤表面的形状和血流情况。实验证明，人的手和实验性黑体在相同的温度条件下黑度变化曲线几乎是一致的，因此人类皮肤的黑度接近于黑体，通常不需考虑皮肤的颜色，都可以按照 0.99 计算。在裸体情况下，人体辐射散热占总散热量的 50% 左右。

（二）辐射散热的计算

着装人体与周围环境的辐射热交换量取决于环境各表面的温度以及人与各表面间的相对位置关系。实际情况是，周围环境各表面的温度不一定相同或均匀，人体与环境的辐射散热量可以通过人体与周围环境各温度不同的表面的辐射热交换量来计算，但方法较麻烦。为了方便计算，引入了平均辐射温度的概念。在某环境条件下，一定姿态、穿着一定服装的人与环境之间的辐射热交换量与处于一个温度均匀的黑体环境下的辐射热交换量相等时，则黑体环境的温度就是该环境的平均辐射温度。在绝大多数情况下，周围环境的黑度近似为1，因此人体在着装条件下，与周围环境之间的辐射热交换量计算公式如下：

$$Q_R = \alpha \cdot \varepsilon A_{eff} \cdot [(t_{cl} + 273)^4 - (t_{mrt} + 273)^4]$$

式中：Q_R——辐射散热量，W；

$\quad\quad\alpha$——斯蒂芬—玻耳兹曼常量，取值为5.6697×10^{-8}W/（$m^2 \cdot K^4$）；

$\quad\quad\varepsilon$——服装外表面黑度；

$\quad\quad A_{eff}$——着装人体有效辐射面积，m^2；

$\quad\quad t_{cl}$——服装外表面温度，℃；

$\quad\quad t_{mrt}$——环境的平均辐射温度，℃。

　　由上式可知，着装人体的辐射散热量取决于服装外表面黑度、服装外表面温度、环境的平均辐射温度及着装人体有效辐射面积。人体皮肤的黑度接近于1，除了黑色服装外，其他颜色服装的黑度均小于皮肤黑度，一般取值0.98，精确取值可以通过仪器测量。服装外表面温度可以参考平均皮肤温度的计算方法。环境的平均辐射温度是指环境四周表面对人体辐射作用的平均温度。环境平均辐射温度可以通过黑球温度、风速、环境气温计算得出，黑球温度、风速和环境气温可直接从室内悬挂的黑球温度计上读数，公式如下：

$$t_{mrt} = t_g + 40.5v \cdot (t_g - t_a)$$

式中：t_{mrt}——环境的平均辐射温度，℃；

$\quad\quad t_g$——黑球温度，℃；

$\quad\quad t_a$——环境气温，℃；

$\quad\quad v$——风速，m/s。

　　着装人体有效辐射面积随人体的着装情况及姿势变化而变化，一般来说，小于着装人体的外表面积。着装人体有效辐射面积与服装外表面积、人体的姿势及活动状态有关。人体着装条件下的有效辐射面积的计算公式如下：

$$A_{eff} = A_s \cdot f_{cl} \cdot f_{eff}$$

式中：A_{eff}——着装人体有效辐射面积，m^2；

$\quad\quad A_s$——人体表面积，m^2；

$\quad\quad f_{cl}$——着装面积系数，即着装人体表面积与裸体表面积之比；

$\quad\quad f_{eff}$——有效辐射面积系数，即着装人体有效辐射面积与着装人体表面积之比。

　　人体表面积A_s的计算方法在第二章已经介绍过。

（三）辐射散热的影响因素

1.人体及服装材料的黑度

　　人体皮肤的黑度接近于1，这主要取决于皮肤表面的形状和血流情况，与人皮肤的颜色没有关系。服装面料的黑度决定着面料在光线照射情况下，其对入射光线的吸收量以及远红外的形式向外界环境发射的情况。服装面料的颜色多种多样，在可见光范围内具有不同的反射率和吸收率，但绝大多数服装材料的黑度都为0.98。

2.服装外表面温度

　　由于服装在人体和环境之间起隔热的作用，所以服装外表温度与环境温度及服装的保温性有关。当环境温度比人体温度低的时候，服装外表面温度比皮肤温度低，而比环境温度高；当环境温度比人体皮肤高时，服装外表面温度可能高于人体皮肤温度。

3. 着装条件下的有效辐射面积

服装的外表面积比人体皮肤面积大，其大小取决于服装的款式。服装的外表面积大，则以辐射方式与环境的热交换量就会增大。此外，着装人体在不同的姿态下，服装外表面与环境之间以辐射形式进行热交换的有效辐射面积是不同的。一般来说，人在站姿情况下的有效辐射面积比坐姿及卧姿大，从而和环境之间的辐射热交换量也会相应地增大。

4. 环境平均辐射温度

环境平均辐射温度与环境各表面的温度及人与各表面间的相对位置关系有关。实际环境中围护结构的内表面温度各不相同也不均匀，如冬季窗玻璃的内表面温度比内墙壁表面低得多。人与窗的距离及相互之间的方向直接影响人体的热损失。

就人体而言，裸露皮肤面积和皮肤与外环境温差是影响辐射散热的主要因素。温差为正值，人体对外界进行辐射散热；温差为负值，人体吸收环境辐射热。

二、对流散热

（一）对流散热的概念

对流散热与传导散热的主要区别在于传热物质发生了位移。对流散热是一种接触性传热方式，指流体与所接触物体表面产生的热移动现象。人体静止时，皮肤和服装表面的空气就存在这种对流。对流散热是服装散热的主要方式，是维持人—服装—外环境组成的微气候稳定的途径。对流发生在皮肤表面及服装外层表面。对流传热的媒介是空气，空气的流动方式和速度决定传热量的大小，体温与环境温度的高低对比决定热量的走向。

对流传热同时包括传导和对流两个过程，没有单纯的对流传热。对流分为自然对流和强迫对流。自然对流是指在没有外力作用情况下，由于流体的温度不均而造成流体移动，从而传递热量的方式。强迫对流是指由于外力作用造成流体移动进行热量传递。人体处于运动或在有风的环境中时，这种作用会加剧。不仅衣服层次之间存着大量空气，而且任何服装材料的含气率都很高，服装材料处在大量空气的包裹之中。因此服装的传导散热和对流散热很难截然分开。

（二）对流散热的计算

根据传热学定律，着装人体对流散热量可以利用以下公式计算：

$$Q_{cv} = h_c \cdot A_s \cdot f_{cl} \cdot (t_{cl} - t_a)$$

式中：Q_{cv}——对流散热量，W；

　　　h_c——对流散热系数，W/（$m^2 \cdot$ ℃）；

　　　A_s——人体表面积，m^2；

f_{cl}——着装面积系数，即着装人体表面积与裸体表面积之比；

t_{cl}——服装外表面温度，℃；

t_a——环境温度，℃。

对流散热系数的取值，取决于对流类型。在低风速的自由对流情况下，对流散热系数是温差 $(t_{cl} - t_a)$ 的函数，计算公式如下：

$$h_c = 2.38 \cdot (t_{cl} - t_a)^{0.25}$$

在高风速的强迫对流情况下，对流散热系数是风速的函数，计算公式如下：

$$h_c = 12.1 \cdot \sqrt{v}$$

式中：v——环境风速，m/s。

（三）对流散热的影响因素

1.服装材料的性能

常规状况下，服装面料纤维间、纱线间孔洞很小，服装面料与皮肤间空气层非常稀薄，又基本处于静止状态，因此对流作用非常微弱。服装材料的透气性会直接影响着装人体的对流散热量，当面料的透气性大时，尤其是在有风的情况下，风在一定程度上可以吹透服装，一部分的风力可以直接作用人体表面，使人体的对流散热增加，这方面在自然对流的情况下影响不明显。服装的保暖性也会影响对流散热量。在低温环境中，服装的保暖如果较差，服装的外表面温度会比较高，使得它与环境的温度差异增加，从而提高了与环境之间的对流散热。

2.服装的款式

在强迫对流情况下，服装款式的影响会比较大。当人体处于风中或走动时，气流的速度大于自然对流的速度，服装外表面的空气层遭到破坏，着装人体的步行等动作在服装向下的开口处产生类似风箱一样的换气现象，这种现象被称为"风箱效应"（图4-2）。宽松的款式和下开口较大的款式对流散热量较大。

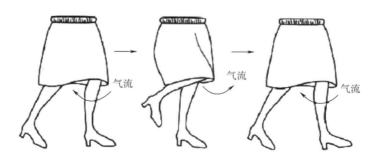

图4-2　服装下摆的"风箱效应"

3.人体的姿态及活动

人体的姿态及活动会影响人体表面积，因而影响到对流散热量。比如在寒冷的环境中，人可以通过蜷缩身体来保暖，这样的姿态会减少人体表面积，从而减少对流散热量。人体的活动会产生相对风速，使对流散热系数增大，因此对流散热量增大。

4. 环境条件

环境温度对于对流散热有一定的影响，低温环境下，服装外表面温度与环境温度的差异增大，因而对流散热量增大。

三、传导散热

1. 传导散热的概念

传导散热是一种接触式散热方式，是指温度不同的两个物体接触时，热量通过中间物质，由高温物体转移到低温物体；或在同一物体内产生温差时，由高温处传热给低温处的过程。只有存在温差，并相互接触的情况下，才有热传导存在。传导散热时物质不发生移动。

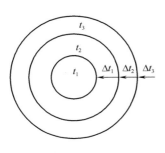

图4-3 等温面

假设人体穿着两层服装，如图4-3所示，t_1、t_2、t_3分别表示人体皮肤温度、里层服装温度、外层服装温度共3个等温面。用等温面集合起来表征物体温度的分布状况就称为温度场。Δt_1、Δt_2、Δt_3分别是相邻等温面之间的温度差，单位距离的温度差称为温度梯度。温度场内各等温面的位置不是一直固定的，会随时间或温度变化而发生波动，此时传热过程也随之发生变化。对于着装人体，当人体姿态相对稳定、体温及环境温度比较稳定时，人体向服装及环境的传导散热基本稳定。不同物体传导散热能力的大小与其本身结构及性状相关，通常用导热系数来描述这种属性。导热系数越小，表示材料的导热性能越差，保暖性越好。

2. 传导散热的计算

服装的传导散热量与服装材料的导热系数、服装材料的厚度、服装内、外两侧的温度差有直接的关系。传导散热量计算公式如下：

$$Q_{cd} = \frac{\lambda \cdot A_{cl} \cdot (t_1 - t_2)}{L}$$

式中：Q_{cd}——服装材料的传导散热量，W；

    λ——服装材料的导热系数，W/（m·℃）；

  t_1，t_2——服装内、外两侧的温度，℃；

    L——服装材料的厚度，m。

通常情况下，人体站立时除足底外基本是与空气接触，而空气的导热系数最小，服装面料的导热系数也很小，所以一般情况人体正常着装通过传导散失的热量很少。要提高服装的保暖性能，可以仿制中空合成纤维，使服装材料尽可能富含空气。水的导热系数最大，为纤维的10倍左右，因此服装受潮湿润时，导致纤维导热系数增大，导致保暖性下降。

四、服装的导热原理与热阻

（一）服装的导热原理

在人体—服装—环境系统复杂的热交换过程中，服装可视作在人体皮肤与环境之间的身体外延，既发挥热量阻抗作用（隔热保暖），又起热量传递作用（导热）。当环境温度低于皮肤温度时，衣服外表面温度则低于内表面的温度，热量便从人体皮肤表面传递给最外层衣服表面，然后再向周围环境辐射、对流散热。当环境温度高于人体皮肤温度时，最外层衣服的表面温度则高于内层衣服的表面温度，周围环境的热量便通过服装传向人体。

从皮肤到服装外表面的传热过程很复杂，包括介于衣下空气层空间的内部对流和各层衣服之间的辐射过程以及通过服装材料层本身的导热。但是，由于服装各层互相贴近，温度梯度小，辐射散热微不足道；衣下空气层中空气在人体处于安静状态时，可视作静止空气，导热量很小，因此，多层服装系统中的传热主要是服装纤维材料本身的导热。

人体被服装所覆盖部分的理想状态的传热模型如图4-4～图4-6所示。

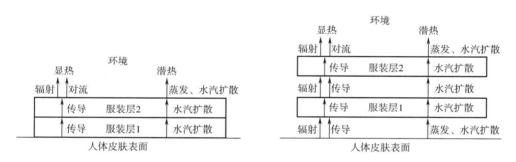

图4-4　服装传热模型1　　　　　　　　图4-5　服装传热模型2

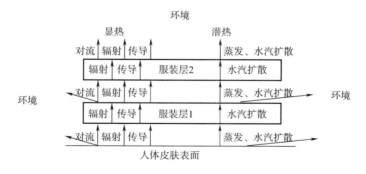

图4-6　服装传热模型3

服装传热模型1建立在服装与人体之间以及各层服装之间紧密贴伏，没有空气层，相当于人体穿着紧身服装的情况。服装传热模型2假设内层服装与人体之间、服装各层之间有空隙但没有空气的流动，只有传导和辐射传热；并且汗液在人体表面蒸发后，水汽以扩散的方式通过各层服装，最后散失到环境中。实际人们穿着服装的散热过程更复杂，如服装传热模型3所示。当人体处于运动状态、环境风速比较快或服装较宽松时，人体与服装内表面之间、服装各层之间除了存在辐射、传导散热外，还存在对流散热。并且人体与服装之间、服装各层之间与周围环境也存在对流散热现象。当服装材料比较蓬松时，服装材料内部也存在相当比例的辐射传热现象。在潜热方面，当服装较宽松时，同样也存在蒸发及水汽的扩散。由此可见，通过服装从人体皮肤表面到服装外表面及周围环境的热湿传递相当复杂，为了反映服装的综合传热特性，方便对服装的热湿性能进行科学的评价与研究，学者们提出了热阻的概念。

（二）服装的热阻

1.热阻的定义

热阻是传热学中的一个重要参数，是表示阻止热量传递能力的综合指标。服装热阻是指服装层中因温度梯度而产生的热流阻力，其物理意义是指服装层两面的温差与垂直通过服装单位面积的热流量之比。热阻反映了服装及其材料的隔热保暖能力，也称为隔热值或保暖量。热阻越大，保暖性能越好。1822年，法国科学家傅立叶（Fourier）提出热力学定律，该定律指出，在导热过程中，单位时间内通过给定截面的导热量，与垂直于该截面方向上的温度变化率和截面面积成正比，而热量传递的方向则与温度升高的方向相反。按照傅立叶定律，对服装或服装材料而言，在单位时间内，通过服装或服装材料的传导散热量与服装或服装材料两侧的温度差、传导散热面积成正比，而与服装或服装材料的厚度成反比。服装或服装材料的传导散热量计算公式如下：

$$Q = \frac{\lambda \cdot A \cdot (t_1 - t_2)}{L}$$

式中：Q——通过服装或服装材料的传导散热量，W；

λ——服装或服装材料的导热系数，W/（m·℃）；

A——传导散热面积，m^2；

t_1、t_2——分别为服装或服装材料两侧的温度，℃；

L——服装或服装材料的厚度，m。

实际应用中，传导散热量往往以单位时间、单位面积通过的热流量形式表示，用g表示，则上式可以变化如下：

$$g = \frac{Q}{A} = \frac{\lambda \cdot (t_1 - t_2)}{L} = \frac{t_1 - t_2}{\frac{L}{\lambda}}$$

上式可以类比于电学中的欧姆定律，热流量g相当于欧姆定律中的电流I，$t_1 - t_2$相当于电压U，$\frac{L}{\lambda}$则相当于电阻R。因此$\frac{L}{\lambda}$被称为服装或服装材料的热阻，用R_{cl}表示，单位是℃·m^2/W。服装或服装材料热阻的计算公式如下：

$$R_{cl} = \frac{t_1 - t_2}{g}$$

式中：R_{cl}——服装或服装材料的热阻，℃·m²/W；

$\quad\quad g$——单位面积通过服装或服装材料的导热量，W/m²；

$\quad\quad t_1$、t_2——分别为服装或服装材料两侧的温度，℃。

2. 多层服装的热阻

在实际生活中，大部分情况下人们的着装是多层的，多层服装的传热过程也很复杂。假设多层服装彼此相互紧贴，内层服装紧贴人体，那么服装的导热主要表现为服装材料之间的导热。如图4-7所示为三层服装之间的导热示意图。

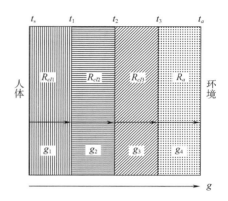

图中R_{cl1}、R_{cl2}、R_{cl3}、R_a分别代表第一、第二、第三层服装的热阻以及边界层空气的热阻；t_s、t_1、t_2、t_3、t_a分别代表人体平均皮肤温度、各层服装外表面的温度以及环境空气的温度；g_1、g_2、g_3、g_4分别代表通过各层服装及边界层空气的热流量；g代表从人体皮肤表面通过各层服装向环境散失的干热量。通过各层服装的热流量计算公式如下：

图4-7　多层服装导热示意

$$g_1 = \frac{t_s - t_1}{R_{cl1}}, \quad g_2 = \frac{t_1 - t_2}{R_{cl2}}, \quad g_3 = \frac{t_2 - t_3}{R_{cl3}}, \quad g_4 = \frac{t_3 - t_a}{R_a}$$

则有：

$$g_1 \cdot R_{cl1} = t_s - t_1, \quad g_2 \cdot R_{cl2} = t_1 - t_2, \quad g_3 \cdot R_{cl3} = t_2 - t_3, \quad g_4 \cdot R_a = t_3 - t_a$$

根据传热学原理，在稳定传热状态下，通过各层服装的热流量相等，并等于人体皮肤表面通过各层服装向环境散失的干热量，即$g_1 = g_2 = g_3 = g_4 = g$。

将上述各式相加，可得

$$g_1 \cdot R_{cl1} + g_2 \cdot R_{cl2} + g_3 \cdot R_{cl3} + g_4 \cdot R_a = t_s - t_1 + t_1 - t_2 + t_2 - t_3 + t_3 - t_a = t_s - t_a$$

即

$$g \cdot (R_{cl1} + R_{cl2} + R_{cl3} + R_a) = t_s - t_a$$

$$g = \frac{t_s - t_a}{R_{cl1} + R_{cl2} + R_{cl3} + R_a}$$

式中$R_{cl1} + R_{cl2} + R_{cl3}$为各层服装热阻之和，用$R_{cl}$表示，则有：

$$g = \frac{t_s - t_a}{R_{cl} + R_a}, \quad R_{cl} = \frac{t_s - t_a}{g} - R_a$$

式中：g——从皮肤表面通过服装向环境散失的单位面积的干热量，W/m²；

$\quad\quad t_s$——人体的平均皮肤温度，℃；

$\quad\quad t_a$——环境气温，℃；

R_{cl}——服装的总热阻，℃·m²/W；

R_a——边界层空气的热阻，℃·m²/W。

为了方便应用与计算，通常将人体皮肤表面至服装外表面作为一个整体来考虑。从皮肤表面通过服装向环境散失的单位面积的干热量就是通过服装的干热量Q与人体表面积A_s之比，那么服装的总热阻计算公式可以转换为：

$$R_{cl} = \frac{A_S(t_S - t_a)}{Q} - R_a$$

式中：R_{cl}——服装的总热阻，℃·m²/W；

A_S——人体表面积，m²；

t_S——人体的平均皮肤温度，℃；

t_a——环境气温，℃；

Q——通过服装的干热量，W；

R_a——边界层空气的热阻，℃·m²/W。

如果已知服装外表面的平均温度为t_{cl}，则

$$R_a = \frac{A_S(t_{cl} - t_a)}{Q}$$

那么，服装总热阻R_{cl}的计算公式可转换如下：

$$R_{cl} = \frac{A_S(t_S - t_{cl})}{Q}$$

式中：R_{cl}——服装的总热阻，℃·m²/W；

A_S——人体表面积，m²；

t_S——人体的平均皮肤温度，℃；

t_{cl}——服装外表面的平均温度，℃；

Q——通过服装的干热量，W。

3. 服装热阻的表示

由以上服装热阻的推导可知，服装热阻的单位为℃·m²/W，它是国际上对度量单位规划调整后确定的统一采用的单位。此前，大量文献资料使用clo（克罗）作为服装及服装材料热阻的单位，也是国际上的一个通用指标，于1941年由美国耶鲁大学约翰·皮尔斯（John Pierce）实验室的A.P.加格（A. P. Gagge）等学者提出，取"clothing"一词的前三个字母而得名。根据A.P.加格和A.G.波顿（A. G. Burton）等的定义，一个健康、安静坐着的成年男子，他的代谢产热量为58.15W/m²（50kcal/m²·h），在室温21℃，室内相对湿度小于50%，风速不超过0.1m/s的环境中，感觉舒适、能将皮肤平均温度维持在33℃左右时，他所穿服装的热阻值为1col。两种单位的换算关系为：1clo=0.155℃·m²/W。

日常生活中，人们常常根据天气情况选择多种服装搭配穿着。比如，夏季室外温度比有空调设备的室内温度高出10℃以上，冬季室外温度比有取暖设施的室内温度低20℃

左右，如此大的温差需要通过服装的搭配来调节热舒适性。常用服装的热阻参考值如表
4-4~表4-5所示。

表4-4　常用服装（男装）的热阻参考值

男装	热阻值（℃·m²/W）	热阻值（clo）
短裤	0.00775	0.05
汗衫	0.0093	0.06
短袖衬衫（薄）	0.0217	0.14
短袖衬衫（厚）	0.03875	0.25
长袖衬衫（薄）	0.0341	0.22
长袖衬衫（厚）	0.04495	0.29
短袖运动衫（薄）	0.0279	0.18
短袖运动衫（厚）	0.05115	0.33
长袖运动衫（薄）	0.031	0.2
长袖运动衫（厚）	0.05735	0.37
毛线背心（薄）	0.02325	0.15
毛线背心（厚）	0.04495	0.29
夹克（薄）	0.0341	0.22
夹克（厚）	0.07595	0.49
长裤（薄）	0.0403	0.26
长裤（厚）	0.0496	0.32
短袜	0.0062	0.04
凉鞋	0.0031	0.02
单鞋	0.0062	0.04

表4-5　常用服装（女装）的热阻参考值

女装	热阻值（℃·m²/W）	热阻值（clo）
文胸和短裤	0.00775	0.05
连衣裙	0.02945	0.19
半身裙	0.02015	0.13
短袖衬衫（薄）	0.0155	0.1
短袖衬衫（厚）	0.0341	0.22
短袖运动衫（薄）	0.02325	0.15
短袖运动衫（厚）	0.05115	0.33
长袖运动衫（薄）	0.02635	0.17
长袖运动衫（厚）	0.05735	0.37
短袖毛衣（薄）	0.031	0.2
短袖毛衣（厚）	0.09765	0.63
长袖毛衣（薄）	0.0341	0.22
长袖毛衣（厚）	0.10695	0.69
短罩衫（薄）	0.031	0.2
短罩衫（厚）	0.04495	0.29
夹克（薄）	0.02635	0.17
夹克（厚）	0.05735	0.37
长裤（薄）	0.0403	0.26
长裤（厚）	0.0682	0.44
短袜	0.00155	0.01
长袜	0.0031	0.02
凉鞋	0.0031	0.02
单鞋	0.0062	0.04

（三）服装热阻的影响因素

1. 服装材料

织物的保温性与导热性直接影响服装的热阻。一般而言，相同款式结构的服装所用的织物保温性好，则服装的热阻大；织物保温性差，则服装的热阻小；织物的导热性好，则服装的热阻小；织物的导热性差，则服装的热阻大。

2. 服装款式与结构

（1）服装覆盖面积：指着装人体被服装所覆盖的体表面积，通常用其占总体面积的百分比表示。被服装覆盖部分身体表面的空气层成为静止空气层，会阻碍热与水分的散失。日常服装的覆盖面积如表4-6所示，通常为65%~97%。服装热阻随着被覆盖面积的增加而增大，两者存在正相关关系。当覆盖面积相同但覆盖部位不同时，热阻值也会不同，如对下肢的覆盖效果要好于上肢。

表 4-6　日常服装的覆盖面积

穿用场合	着装	覆盖面积（%）
严冬	长袖外套、裤子、长靴、手套、围巾、帽子	97.1
冬/春/秋	长袖套装、衬衫、长袜	86.9
初夏	长袖衬衫、裙装、短袜	73.5
夏季	短袖连衣裙、短袜	63.6
盛夏	无袖衬衫、裙装	53.2
跑步	运动衫、运动裤、短袜	40.3
游泳	泳衣	33.8

（2）衣下空气层厚度：衣下静止空气层越厚，对服装表面热流的阻碍作用越明显，服装的热阻越大。有学者研究过衣下空气层对保暖率的影响，实验模拟了两种情况，一种是衣下空气层四周没有封闭，另一种是衣下空气层四周封闭。在衣下空气层四周没有封闭的情况下，随着空气层厚度的增加，织物保暖率随之升高；当厚度增加到一定程度时，织物保暖率呈现下降的趋势。由此可知，只有空气层厚度达到一定量时织物保暖率达到最大，这个量就是织物保暖效果最佳的空气层厚度，称为最佳空气层厚度值。说明空气层厚度并非越大越好，当衣下空气层过厚时，将引起对流，促进散热，导致保暖率下降。不同种类织物最佳空气层厚度不一样，根据实验所选取的织物种类可以看出，织物透气性越差，最佳空气层厚度越大。透气性好的织物，衣下空气层厚度很小时就会产生对流。在衣下空气层四周封闭的情况下，当空气层厚度达到一定量以后，织物保暖率持续保持最大值。说明衣下空气层四周封闭时，难以形成对流，其保暖效果得以保持。由此可知，在冬季外衣的设计中，可以采用增大服装的宽松度、封闭衣下空气层的方法提高服装保暖效

果，使服装开口部位关闭，如采用可闭合领口、袖口、下摆、裤脚口等方式，服装内不易产生对流，保持热量。

（3）服装的开口：服装在领口、袖口、下摆、门襟等处都有开口，开口的大小、方向及形状决定了服装内热、湿、空气的移动。服装的开口大体上可分为向上开口、向下开口和水平开口等形式。因体热而变暖的体表空气密度减小，沿体表形成上升气流，成为自然对流。通常，同时具有向上与向下开口的服装，易于形成自然对流，散热效果更为显著。当向上开口封闭时，热气流向上行进时受到服装材料的阻碍，热阻增大，保暖效果好。裙子等服装有较大的向下开口，人体步行活动会促进气体对流，使散热量增加，同时裙子的长度、开口方式等因素也影响到散热量的多少。

在不同季节，服装的热阻要求不同，可以通过开口的工效学设计来控制和调节对流散热，满足人们的热舒适性的要求。

（4）服装层数：一般来说，在总厚度相同的情况下，多层服装比单层服装具有更大的热阻值。因为多层服装的各层之间容纳了大量静止空气，但层数过多，则会导致各层服装之间形成压缩，空气层变薄，热阻减小。在第三章第四节中提到，有学者的研究表明四层时热阻最大。为了有效发挥多层服装的隔热效果，外层服装应比较宽松，不能挤压内层服装的衣下空气层。

多层服装穿着时，不同类别服装的穿着顺序也影响热阻的大小。有实验比较过羊驼毛皮服装毛绒向外和向内穿用的保暖性，结果表明，在无风状态下，毛绒向外穿着保暖性更好，当风速达到2m/s以上时，毛绒向内穿着保暖性更好。这是因为毛绒向外在无风状态下能滞纳更多静止空气，热阻增大，当风速增加时，空气层被破坏，此时应该将透气性小的毛皮侧向外，毛绒向内，在服装内部形成静止空气层，增大热阻。与此类似，冬季的毛衣蓬松透气，只有在外层加穿结构致密的外套，才能发挥它的保暖效果。

3. 人体活动及姿态

人体在活动时，身体与周围的空气之间会产生相对风速，形成对流。比如，人在无风的情况下行走或跑动，会感觉到有风迎面吹过。对流加快了热量散发，从而使服装热阻值降低。人体的运动也会使服装摆动，产生的气流可以挤压空气层，减小服装的有效厚度，静止空气层被破坏，热阻降低。人体在运动过程中容易出汗，汗液被服装材料吸收，服装材料的热阻随含水量的增加而降低，同时，湿润的服装容易黏在皮肤上，挤压了人体与服装之间的静止空气层，使服装热阻降低。

人体姿态的变化使人体与服装之间的空气层也产生变化，一般而言，以蜷缩的姿态比舒展的姿态更易于形成静止空气层，使热阻增加，因此人感觉寒冷的时候会自然蜷缩。

4. 环境条件

环境气温影响空气的密度，气温升高，空气密度减小，气温降低，空气密度增加。空气的密度影响导热性能，密度大，导热性能变好。因此环境温度越低，服装的热阻值越低，不同的温度条件下测量面料及服装的热阻值会得到不同的结果。

环境湿度影响服装的热阻。湿度大，服装材料从空气中吸收的水分多，材料的含水量大，导热性提高，热阻降低。反之，服装材料干燥，导热性差，热阻大。

环境风速对热阻影响显著。当风速增加时，首先破坏服装外侧的边界空气层，使之变薄，热阻减小。另外风会穿透服装或由服装开口部位进入人体与服装之间，形成对流，热阻降低。

环境大气压影响空气密度，气压降低，密度减小，边界层空气的热阻值增加。在同一地区，不同的海拔高度下相同服装的热阻值也不同，随着海拔高度的增加，气压降低，边界层空气的热阻增大。

（四）服装隔热性能的评价

服装热舒适的研究方法可分为三类：物理学方法、生理学方法和心理学方法。物理学方法将人体视为一个不断产生热量的热源，基于热平衡物理规律进行研究，但不考虑人体对冷热刺激的反应。生理学方法主要研究人体的热调节机制，如血管舒张收缩、寒战、出汗等生理反应与冷热刺激等的关系。心理学方法则侧重于研究人的主观感觉，可以通过主观评价法进行推断，目前也有一些客观的测量手段。以上研究方法在实际应用中常常结合分析评价，如心理生理学研究，通过测量心率或皮肤电阻来观察情绪与感觉间的关系；心理物理学研究，通过主观评价用数字表达受试者感觉的强度，定量表示感觉；行为心理学研究，侧重于观察刺激出现后的行为变化。

服装的隔热性能评价包含客观仪器测量和主观感觉评价两方面，客观仪器测量又包含服装材料的隔热保暖性能测试和成品服装的热阻测定两方面。服装材料的隔热保暖性能测试在本章第一节的织物保暖性部分已经介绍过，这里不再赘述。成品服装的热阻不同于服装材料的热阻，受到很多因素的影响。当服装材料缝合制成服装并穿着在人体上时，服装与人体之间往往会形成空气层。如果穿着多件服装，服装与服装之间也会形成空气层，或者重叠压缩，因此每层服装材料的热阻会相互影响。为了精确合理地评价服装的隔热性能，必须测量成品服装的热阻值，需要使用与人体尺寸相当的暖体假人。

用暖体假人测量服装热阻时，需将假人置于某一环境中，以一定的功率加热假人，通过控制系统使假人表面的平均温度稳定在33℃，根据假人表面的平均温度与环境温度的差值以及保持假人表面温度恒定所需要的加热功率来计算服装的热阻值。具体方法可参考GB/T 18398—2001《服装热阻测试方法　暖体假人法》。

如果穿着多件服装，每件服装都均匀覆盖人体表面，那么多件服装的总热阻应近似等于每件服装热阻的总和。但实际情况是每件服装的款式不同，有部分相互重叠压缩，导致服装在人体表面的覆盖并不均匀，因此，多件服装的总热阻一般要小于各单件服装的热阻之和。美国供暖与制冷空调工程师学会（ASHRAE）推荐以下公式计算多件服装的总热阻：

$$R_{cl} = 0.835 \cdot \sum_{i=1}^{n} R_{cli} + 0.161$$

式中：R_{cl}——多件服装的总热阻值，clo；

R_{cli}——单件服装的热阻值，clo。

当服装热阻单位采用℃·m²/W时，上式可转换为下式：

$$R_{cl} = 0.129 \cdot \sum_{i=1}^{n} R_{cli} + 0.025$$

式中：R_{cl}——多件服装的总热阻值，℃·m²/W；

R_{cli}——单件服装的热阻值，℃·m²/W。

第三节 服装的湿热传递与湿阻

蒸发散热是人体散热的一种重要方式，尤其在温度比较高的环境条件下及人体处于剧烈运动时，蒸发散热显得尤为重要。

人体通过不感知蒸发和感知蒸发两种方式排出汗水。一方面，汗水可以通过裸露的皮肤蒸发出去，起到冷却作用；另一方面，汗水也可以通过服装，从服装内表面传递到服装外表面，然后从服装外表面通过蒸发散失到环境中。人体在着装状态下，服装的透湿性能直接影响人体的蒸发散热能力。

一、蒸发散热

（一）蒸发散热的概念

液体的表面产生汽化会带走热量，称为蒸发散热。蒸发现象在任何温度下都可以发生。在运动或比较炎热的环境条件下，汗水在皮肤表面蒸发，使皮肤表面温度逐渐降低，从而起到显著的散热作用。蒸发散热是人在炎热的环境中维持热平衡的重要途径。人体表面的水分蒸发，分为不感知蒸发与感知蒸发两种形式。

1.不感知蒸发

不感知蒸发是指在皮肤表面所有地方进行的水汽持续扩散。当气温较低时，在20℃以下，人处于静止状态下，通过呼吸、皮肤孔隙扩散，每小时都从体内排出汗液，散发热量，这些汗液还没有凝结成汗滴就已经蒸发了，人是感觉不到的，因此称为不感知蒸发，也称为不显性出汗。不感知蒸发通过组织间液体直接透出皮肤和肺泡表面进行汽化而实现，是一种被动的物理弥散现象，不属于受体温调节中枢控制的主动生理调节活动范畴。

人体不感知蒸发的量，30%从内呼吸道蒸发，70%从皮肤表面蒸发。一般而言，在安静状态下，成年人每天的不感知蒸发量为700~1200g，可散热1680~2100kJ，约占人体散热总量的25%。

不感知蒸发量与人体代谢水平、环境温湿度的变化有关。散热量有较大的个体差异，同一个人的不同身体部位也不同。大部分不感知蒸发发生在没有服装覆盖的部位。足底与手掌部位表面水蒸气压最大，面部、颈部、前胸部次之，其他部位较小。其中手、足、头部的不感知蒸发量（不包含呼吸道）占不感知蒸发总量的40%，而这些部位的皮肤面积仅占人体总表面积的18%左右。

2. 感知蒸发

感知蒸发又分为精神性出汗与温热性出汗两种方式。

当环境气温较高时，如30℃时，人体通过辐射、对流、不显汗蒸发三种方式所散失的热量往往低于人体所产生的并需要散失的热量，这时人体通过遍布全身的汗腺排出汗液以提高蒸发散热量。这种汗液以液体状态出现在人体皮肤的表面，人是可以感觉到的，称为感知蒸发，也称为显性出汗。

出汗是调节体温、使人体体温保持在一个相对稳定水平，使人处于较舒适的状态下，从而保持充沛精力和健康的重要机能。从事剧烈运动或在高温环境下的工人，每小时排汗量可达1000~3000mL，这种蒸发为感知蒸发。

感知蒸发可分为精神性出汗和温热性出汗两种方式。伴随精神紧张或兴奋引起的手掌、脚底、腋窝等处的出汗现象称为精神性出汗。温热性出汗是指在炎热环境中，从除手掌、足底以外的全身其他区域汗腺分泌汗液。它是人体在高温环境中一种有效的散热手段。以盛夏时节步行时的出汗量300g/m²·h推算，成人1h出汗的蒸发散热量大致与体温下降11.6℃的散热量相当。

人体各个部位汗腺数量不等，出汗情况也因人而异。一般来说，面部、躯干部出汗较四肢多；成年男性出汗量比成年女性多。高温环境中人体出汗，并非从身体的某一部位率先开始，而是在除手掌、足底以外的全身皮肤汗腺同时进行。即使对身体的某一部位单独进行高温刺激，其他未受刺激部位也会出汗。温热性出汗与精神性出汗都是在各出汗部位同时进行的。

温热性出汗是高温环境下人体体温生理调节的主动形式。一般认为，大多数人皮肤平均温度34.5℃，少数人35℃，是出汗的临界温度。出汗量随皮肤平均温度上升而增加，在相同皮肤温度下，体温越高，出汗量越多；体温越高，出汗量随皮肤平均温度上升而增加的幅度也越大。

人体处于运动状态时，常常会在短时间内集中大量出汗。在气温为25~35℃的环境中进行4h长跑训练，出汗量平均为（4.51±0.30）L；在气温37.7℃，相对湿度为80%~100%时，进行70min的足球训练，出汗量可高达6.4L。可见，人体在高温、高湿或剧烈运动的条件下，出汗量之大足以润湿服装。因此人体的着装情况不容忽略，合适的着装能使人体在大量出汗时保持比较舒适的感觉。

（二）蒸发散热的影响因素

1. 环境条件

环境因素中的环境温度、湿度、风速、大气压力均会影响蒸发散热。当环境温度上升到29℃以上时，安静状态的人也有明显的出汗现象。在一定范围内，出汗量与环境温度呈正比关系，环境温度越高，出汗量越多。当环境湿度很高时，人体的蒸发散热受到阻碍，当体热不能及时散发而蓄积于体内，则可能导致中暑；但在环境湿度较低的地区，如沙漠等干燥地区，汗液蒸发较快。风速较小的环境中汗液不易蒸发，风速大可使水汽扩散速度加快，有利于皮肤表面的汗液蒸发。蒸发散热量增加使皮肤温度降低，人感觉凉爽舒适，因此人在运动或劳动后大量出汗的时候，喜欢扇扇子或到有风的地方吹风。在低气压环境，汗液蒸发速度快，如高原地区比海平面感觉更干爽。

2. 人体

从事体力劳动和体育锻炼时，人体的代谢产热量会成倍增加，血液温度上升，刺激散热中枢，引起皮肤血管扩张，全身汗液分泌量增加。活动强度越大，人体表面温度越高，产热量越高，出汗量也就越大；随着润湿面积的增大，蒸发散热的效率也越来越高。

习服也会影响人体的蒸发散热。习服是指人在一种环境中待一些时间后，产生对环境习惯性的适应。在炎热环境中长期生活工作的人，出汗机能增强，出汗量比未习服的人多，大约可增加50%。

3. 服装

服装是影响人体汗液蒸发的重要影响因素之一，其影响程度决定于服装的透湿性能。影响服装透湿性能的因素都会影响人体的蒸发散热，如水蒸气的扩散阻力、透湿指数、服装的润湿面积。当被服装覆盖的人体部位湿度较高时，皮肤上汗液蒸发阻力增大，蒸发速度减慢；当服装被汗水浸湿后，自由水分占据了面料中的空隙，使面料透气性降低，严重影响舒适性。

二、服装的湿传递与湿阻

1. 服装的湿传递理论

人们在穿着服装时，皮肤上的水汽是影响人舒适感的一个重要因素。在一般舒适环境下，一个静坐的人，每小时每平方米皮肤表面积从皮肤上蒸发的水汽约为15g。如果在炎热条件下，上述的蒸发量将高达100g左右。服装能调节水汽的蒸发。在组成服装的织物中，纱线的结构、织物的几何形态、纤维本身的湿传递特征以及织物表面的屈曲波所形成的空隙等，均对水汽的蒸发有很大的影响。另外，服装的款式、静止空气层的厚度以及周围环境，都会影响服装的透湿性能。

织物中的气态水通过以下四种途径进行扩散：纱线与纱线之间的空隙，纤维，纤维与纤维间的空隙，织物表面屈曲波所形成的空隙。各种途径的透湿阻力都可以通过相应公式进行计算，值的大小与织物结构的几何形态密切相关。结构越致密的织物其透湿阻力越大；空隙较多的织物，因其含有较大的空气比例，不管用什么纤维组成，其透湿阻力很相近；对于疏水性纤维如锦纶、玻璃纤维等，透湿阻力随纤维结构密度增大而快速增加，但对于亲水性纤维如棉纤维，透湿阻力随纤维结构密度增大而增加较慢；织物厚度越大其透湿阻力越大。

2. 服装的湿阻

服装的透湿阻力是影响服装舒适性的重要因素。人在显性出汗之前，以不显汗的方式转移人体所散发的水汽。在舒适条件下，以这种不显汗方式蒸发散热量约占全部散热量的1/4。在剧烈运动状态下，一旦人体的散热量不能与人体的产热量平衡，人体一定以出汗的方式散发热量，其中影响蒸发散热的重要因素是服装的湿阻。皮肤上的汗液在皮肤表面蒸发，并通过服装传递给外环境，这种水汽传递的阻力称为服装的湿阻。湿阻的表达方式有多种，如单位时间、单位面积的透湿量（$g/m^2 \cdot h$），透湿指数，静止空气层厚度等。利用费克（Fick）方程可以将服装的透湿阻力以静止空气层厚度来表示，多层服装的湿阻可以通过相加的方式求得。费克方程如下：

$$R = \frac{D \cdot (\Delta C) \cdot A \cdot t}{Q}$$

式中：R——服装（织物）的透湿阻力，cm；

$\quad D$——水汽传递系数，cm^2/s；

$\quad \Delta C$——服装（织物）两侧的水汽密度差，g/cm^2；

$\quad A$——试样面积，cm^2；

$\quad t$——试样时间，s；

$\quad Q$——水汽传递量，g；

水汽传递系数D与水汽的绝对温度和水汽压有关，当环境温度在$0 \sim 50℃$时，可以通过环境温度t_a计算。公式如下：

$$D = 0.22 + 0.00147t_a$$

服装（织物）两侧的水汽密度差ΔC可由服装（织物）的相对湿度、温度和水汽压求出。公式如下：

$$\Delta C = 2.17 \times 10^{-6} \times \left(\frac{P_1 \varphi_1}{T_1} - \frac{P_2 \varphi_2}{T_2} \right)$$

式中：P_1，P_2——服装（织物）两侧的实际水汽压，Pa；

$\quad \varphi_1$，φ_2——服装（织物）的相对湿度，%；

$\quad T_1$，T_2——服装（织物）的温度，K。

如果服装（织物）的温度相同，$T_1 = T_2 = T$，但湿度不同，则可用下式计算：

$$\Delta C = 2.17 \times 10^{-6} \times \frac{\Delta P}{T}$$

式中：ΔP——服装（织物）两面的水汽压差，Pa。

$$\Delta P = P_1 - P_2$$

用费克方程计算服装（织物）的湿阻，其实验方法有两种，分别是干燥剂法和蒸发法。

（1）干燥剂法：将干燥剂放置在试验杯中，杯口面积已知，用被试验面料和密封环将杯口四周密封，这样水汽只有通过杯口面料由外向内传递到杯中并被干燥剂吸收。试验在标准环境（温度21℃，相对湿度65%）中进行。由于2h以后干燥剂吸湿能力趋向饱和，所以一般在2h以内要更换新的干燥剂，以便干燥剂吸收的水汽量与时间呈线性关系。

（2）蒸发法：杯中放置蒸馏水，面料及杯口的密封方法与干燥剂法相同。为了使杯中的水汽达到饱和状态，要求蒸馏水表面与被测面料内表面之间的距离不大于2cm。随着时间的推移，测量水汽蒸发量，并求出透湿阻力。与干燥剂法不同的是，蒸发法在织物两面的相对湿度差为35%，而干燥剂法为65%。因此干燥剂法在2h内可获得试验结果，而蒸发法需要24h。

三、服装蒸发散热的评价指标

人体以不感知蒸发或感知蒸发的形式排出水分，透过服装向外扩散，这种水分通过性的好坏是服装热湿舒适评价的一个重要方面，可以通过透湿指数、透水指数和蒸发散热效能这三种指标来表示。

（一）透湿指数

1962年，美国服装科学专家A.H.伍德科克（A. H. Woodcock）提出透湿指数这一指标，指穿着服装后实际的蒸发散热量与具有相当于总热阻的湿球的蒸发散热量之比，用以评价面料与服装透湿性能。这是继"克罗"提出后的服装舒适性评价方面的又一重要成果。透湿指数用i_m表示，是无量纲量。

1. 透湿指数的计算

服装的蒸发散热总量包含不感知蒸发和感知蒸发两部分，分别用H_e和H_d表示。根据服装导热原理，可得以下公式：

$$H_e = \frac{P_s - P_a}{R_e}, \quad H_d = \frac{t_s - t_a}{R_t}$$

式中：P_s——皮肤温度下的饱和水汽压，Pa；

P_a——环境的水汽压，Pa；

R_e——服装与边界层空气的总湿阻，Pa·m²/W；

t_s——人体的平均皮肤温度，℃；

t_a——环境气温，℃；

R_t——服装和边界层空气的总热阻，℃·m²/W。

伍德科克将湿球温度计湿球上的纱布表面完全润湿，纱布外没有其他覆盖物。湿纱布上的水将向空气蒸发散热，使水温下降，水与周围空气产生了温度差，导致周围空气向水传递热量。当水蒸发所需要的热量正好等于水从周围空气中所获得的热量时，湿球温度计的读数不再下降而保持一个定值。此时湿球达到热平衡，总散热量为0，即$H_e + H_d = 0$。根据伍德科克的理论，可以得到透湿指数的计算公式如下：

$$i_m = \frac{H_e \cdot R_t}{S \cdot (P_S - P_a)}$$

式中：i_m——服装的透湿指数；

$\quad\quad H_e$——着装人体的蒸发散热量，W/m^2；

$\quad\quad R_t$——服装及边界层空气的总热阻，$℃ \cdot m^2/W$；

$\quad\quad S$——常数，$0.0165℃/Pa$；

$\quad\quad P_S$——皮肤温度下的饱和水汽压，Pa；

$\quad\quad P_a$——环境的水汽压，Pa。

如果服装和边界层的热阻以clo为单位，则透湿指数的公式为：

$$i_m = \frac{H_e \cdot R_t}{6.45 \cdot S \cdot (P_S - P_a)}$$

理论上讲，透湿指数为0~1。由于服装表面静止空气层阻力的存在，一般来说，i_m小于1，即使人处在裸体状态，在风速小于3m/s的环境中，i_m也不可能等于1。i_m为0是可能的，比如人体穿着完全不透气的橡胶防毒服，汗液不能蒸发。当风速大于3m/s时，边界层空气的蒸发阻力已经微不足道，i_m将接近于1。i_m越大，服装的透湿性能越好，越容易在高湿环境下维持人体的热平衡。透湿指数指标的引入，使服装的热湿舒适性的研究更接近于实际情况和要求。

2. 透湿指数的影响因素

（1）服装因素：服装因素中首要考虑的是服装热阻，服装的透湿指数随着服装热阻的增大而减小。热阻增大，服装的蒸发阻力增加，使蒸发散热量显著减少，则透湿指数减小。

服装的透气性能影响透湿指数，一方面是面料结构，另一方面是服装的款式。有些面料在各层经纬纱之间形成了直通气孔，透气性好，有利于水汽散发；有些面料则各层经纬纱交错排列，透气性差，蒸发阻力大，透湿性能不好。在服装厚度相同的情况下，多层服装透气性好，尤其在人体活动时，衣下空气层对流增加，有利于水汽的散发。一般来说，宽松、开口多的服装透气性好，透湿指数大；连体服装及颈部、手腕和脚踝处紧口的服装，透气性差，透湿指数小；密闭性强的特种服装，透气性很差或完全不透气，则透湿指数很小或等于零。

服装的吸湿性能影响透湿指数。吸湿性通常由纺织纤维特性决定，吸湿性强且放湿快的服装，如棉麻服装，吸湿好，蒸发速度快，透湿性好；毛织物吸湿也很好，但放湿缓慢，所以透湿性能不如棉麻。

（2）人体因素：主要是人体活动，也就是服装内外空气流动速度增加影响透湿指数。人体活动时会产生相对风速，不同活动状态的相对风速不同。同时，衣下空气层发生对流作用，将衣内空气层中的水汽散发到环境中，更有利于人体表面的蒸发散热。此外，人体活动时代谢产热量成倍增加，引起全身出汗，又提高了蒸发散热量。因此，人体活动时服装的透湿指数增大。

（3）环境因素：风是加速空气对流、增大蒸发散热的一个重要环境因素。风速与透湿指数密切相关。有关数据表明，风速提高，服装的透湿指数增大。不同风速条件下的透湿指数如表4-7所示。

表 4-7 不同风速条件下的透湿指数

风速（m/s）	0.25	0.35	0.50
透湿指数 i_m	0.63	0.68	0.70

（二）蒸发散热效能

由于透湿指数计算中包含服装与边界层空气的热阻，所以透湿指数对于相同热阻的服装来说才具有可比性，而对于热阻不同的两件服装，即使透湿指数相等，它们所提供的蒸发散热量也不一定相同。因此为了更直观、更方便地评价服装及材料的透湿性能，美国的陆军环境医学研究所著名服装生理学家戈尔德曼（Goldman）博士提出了服装的蒸发散热效能指标。将服装的透湿指数与服装的热阻结合起来，其计算公式如下：

$$蒸发散热效能 = \frac{i_m}{R_t}$$

式中：i_m——服装的透湿指数；

R_t——服装和边界层空气的总热阻。

（三）透水指数

透水指数是指人体着装时的蒸发散热量或失水量与裸体时的蒸发散热量或失水量之比，用 i_w 表示。其计算公式如下：

$$i_w = \frac{E_{cl}}{E_{nu}}$$

式中：i_w——服装的透水指数；

E_{cl}——人体着装时的蒸发散热量，W，或失水量，kg；

E_{nu}——裸体的蒸发散热量，W，或失水量，kg。

与透湿指数类似，透水指数也是无量纲量，在0～1之间。完全不透气的服装，透水指数为0；裸体状态下，透水指数为1。只要着装，都有蒸发阻力，透水指数总是小于1。所有影响透湿指数的因素都会影响服装的透水指数。

思考题

1.简述织物的气体特性及其影响因素。

2.简述织物的水分特性及其影响因素。

3.简述织物的保暖性和导热性的含义、评价指标及其影响因素。

4.简述服装干热传递的方式与机理。

5.简述热阻的定义。

6.简述服装隔热性能的评价指标及方法。

7.简述服装湿热传递的方式与机理。

8.简述湿阻的定义。

9.简述服装透湿性能的评价指标及方法。

第五章 服装结构设计的工效学

第一节 人体形态特征与服装结构设计

俗话说，量体裁衣。服装的设计制作一定要依据人体的特征来完成，才能保证基本的合体性。如果是一个静止的人偶，为它制作一套服装非常容易把握。正是因为人体复杂，而且常常处于运动状态中，所以服装的合体、舒适常常出现问题。要设计制作合体的、令人舒适的服装，必须要充分了解人体的形态特征，以及它们对服装结构设计的影响。

一、运动人体与服装结构设计的关系

运动系统是人体完成各种动作和从事生产劳动的器官系统。由骨、关节和肌肉三部分组成，全身的骨经关节连接构成骨骼。肌肉附着于骨，且跨过关节。由于肌肉的收缩与舒张牵动骨，通过关节的活动而能产生各种运动。所以，在运动过程中，骨是运动的杠杆；关节是运动的枢纽；肌肉是运动的动力。三者在神经系统的支配和调节下协调一致，随着人的意志，共同准确地完成各种动作。

（一）运动系统

1. 骨

骨是体内坚硬而有生命的器官，主要由骨组织构成。每块骨都有一定的形态、结构、功能、位置及其本身的神经和血管。人体共有206块骨，分为颅骨、躯干骨和四肢骨3个大部分。其中，有颅骨29块、躯干骨51块、四肢骨126块。

骨与骨通过关节连接成骨骼，构成人体支架，支持人体的软组织，如肌肉、内脏器官等，支承全身的重量，与肌肉共同维持人体的外形。骨构成体腔的壁，如颅腔、胸腔、腹腔、盆腔等，以保护脑、心、肺、肠等人体重要内脏器官，并协助内脏器官进行活动，如呼吸、排泄等。在骨的髓腔和松质的腔隙中充填着骨髓，这是一种柔软而富有血液的组织，其中的红骨髓具有造血功能；黄骨髓有储藏脂肪的作用。骨还是人体内钙和磷的储备仓库，供人体所需。附着骨的肌肉收缩时，牵动着骨绕关节运动，使人体形成各种活动姿势和操作动作。因此，骨骼是运动的基础。

2. 关节

骨与骨之间连接的地方称为关节，能活动的叫"活动关节"，不能活动的叫"不动关

节"。一般所说的关节是指活动关节，如四肢的肩、肘、指、髋、膝等关节。关节由关节囊、关节面和关节腔构成。关节囊包围在关节外面，关节内的光滑骨被称为关节面，关节内的空腔部分为关节腔。正常时，关节腔内有少量液体，以减少关节运动时的摩擦。关节有病时，可使关节腔内液体增多，形成关节积液和肿大。关节周围有许多肌肉附着，当肌肉收缩时，可作伸、屈、外展、内收以及环转等运动。滑膜关节关节面的形态、运动轴的多少与方向，决定着关节的运动形式和范围，其运动形式基本上沿三个互相垂直的轴作三组拮抗性的运动。

如图5-1所示，关节运动是绕轴的转动，主要包括以下五种运动形式：

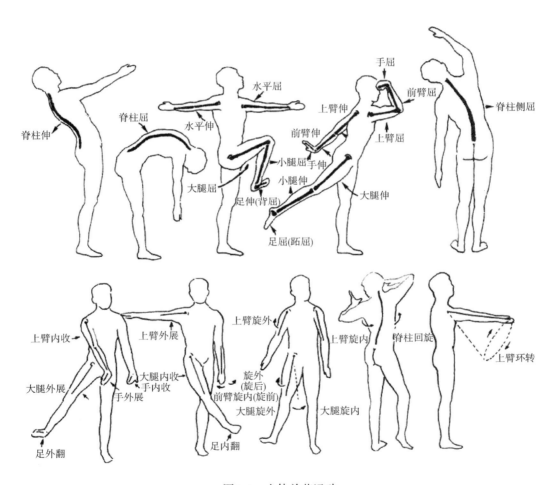

图5-1　人体关节运动

（1）屈伸运动：屈和伸是关节沿冠状轴进行的运动。运动时，两骨之间的角度发生变化，角度变小称为屈；相反，角度增大称为伸。一般来说，关节的屈指的是向腹侧面成角，而膝关节则相反，小腿向后贴近大腿的运动叫作膝关节的屈，反之则称为伸。在足部，足上抬，足背向小腿前面靠拢为踝关节的伸，称为足伸，亦称背屈；足尖下垂为踝关节的屈，称为足屈，亦称跖屈。

（2）收展运动：外展和内收是关节沿矢状轴进行的运动。运动时，骨向正中矢状面靠拢，称收或内收；反之，远离身体正中矢状面，称展或外展。手指的收展是以中指为准的靠拢、散开运动；足趾的收展是以第二趾为准的靠拢、散开运动。

（3）旋转运动：旋内和旋外是关节沿垂直轴进行的运动，统称旋转。骨向前内侧旋转，称旋内；反之，向后外侧旋转，称旋外。在前臂，桡骨是围绕通过桡骨头和尺骨头的轴线旋转。将手背转向前方的运动，称旋前；将手掌恢复到向前而手背转向后方的运动，称旋后。此外，有些关节还可进行环转运动，即关节头在原位转动，骨（肢体）的远侧端做圆周运动，运动时全骨描绘出一圆锥形的轨迹。能沿二轴以上运动的关节均可做环转运动，实际为屈、外展、伸和内收的依次连续运动，如肩、髋、桡腕关节等。

（4）环转运动：关节绕两个以上的基本轴以及它们之间的中间轴作连续的运动。骨的近端在原位转动，远端作圆周运动，整个骨运动的轨迹呈圆锥形。

（5）水平屈伸运动：上肢在肩关节或下肢在髋关节处，外展90°，后再向前运动称水平屈，若向后运动则称为水平伸。

3. 肌肉

肌肉主要由肌肉组织构成。肌细胞的形状细长，呈纤维状，故肌细胞通常称为肌纤维。人体肌肉共639块。约由60亿条肌纤维组成，其中最长的肌纤维达60cm，最短的仅有1mm左右。大块肌肉约有2kg重，小块的肌肉仅有几克。一般人的肌肉占体重的35%～45%。按结构和功能的不同又可分为平滑肌、心肌和骨骼肌三种，按形态又可分为长肌、短肌、阔肌和轮匝肌。平滑肌主要构成内脏和血管，具有收缩缓慢、持久、不易疲劳等特点，心肌构成心壁，两者都不随人的意志收缩，故称不随意肌。骨骼肌分布于头、颈、躯干和四肢，通常附着于骨，骨骼肌收缩迅速、有力、容易疲劳，可随人的意志舒缩，故称随意肌。骨骼肌在显微镜下观察呈横纹状，故又称横纹肌。骨骼肌是运动系统的动力部分，分为白肌纤维、红肌纤维，白肌纤维依靠快速化学反应迅速收缩或者拉伸，红肌纤维则依靠持续供氧运动。在神经系统的支配下，骨骼肌收缩中，牵引骨产生运动。

肌肉的运动特征是收缩和放松。放松时长度增长，横截面减小，收缩时反之。肌肉组织具有伸展性、弹性和黏滞性。伸展性是指肌肉在外力的牵引作用下可以被拉长。弹性是指产生形变的肌肉在外力作用被解除后又复原的特性。肌肉收缩或被拉长时，肌纤维之间、肌肉之间或肌群之间发生摩擦产生的阻力，阻碍着肌肉的快速缩短和拉长，还要额外的消耗一部分能量，这种特性称为肌肉的黏滞性。肌肉的这种特性保证了人体动作的灵活性，避免了肌肉拉伤。

除了骨、肌肉和关节之外，还有一种物质叫韧带。韧带除了有连接两骨、增加关节稳固性的作用之外，还有限制关节运动的作用。因此，人体各关节的活动有一定的限度，超过限度，将会造成损伤。如果人体处于各种舒适姿势时，关节则必然处在一定的舒适调节范围内。表5-1是人体重要活动范围和身体各部舒适姿势的调节范围。

表 5-1　人体重要活动范围和身体各部舒适姿势的调节范围

身体部位	关节	活动	最大角度（°）	最大范围（°）	舒适调节范围（°）
头至躯干	颈关节	1. 低头，仰头	+40，-35	75	+12 ~ 25
		2. 左歪，右歪	+55，-55	110	0
		3. 左转，右转	+55，-55	110	0
躯干	胸关节 腰关节	4. 前弯，后弯	+100，-50	150	0
		5. 左弯，右弯	+50，-50	100	0
		6. 左转，右转	+50，-50	100	0
大腿至髋关节	髋关节	7. 前弯，后弯	+120，-15	135	0
		8. 外拐，内拐	+30，-15	45	0
小腿对大腿	膝关节	9. 前摆，后摆	+0，-135	135	0
脚至小腿	脚关节	10. 上摆，下摆	+110，+55	55	+85 ~ +95
脚至躯干	髋关节 小腿关节 脚关节	11. 外转，内转	+110，-70	180	+0 ~ +15
上臂至躯干	肩关节（锁骨）	12. 外摆，内摆	+180，-30	210	0
		13. 上摆，下摆	+180，-45	225	+15 ~ +35
		14. 前摆，后摆	+140，-40	180	+40 ~ +90
前臂至上臂	肘关节	15. 弯曲，伸展	+145，0	145	+85 ~ +110
手至前臂	腕关节	16. 外摆，内摆	+30，-20	50	0
		17. 弯曲，伸展	+75，-60	135	0
手至躯干	肩关节，前臂	18. 左转，右转	+130，-120	250	-30 ~ -60

（二）人体各部位的运动

由于人体各部位的构成不同，其运动方向、运动强度和运动范围等也不同，这些动作对服装的结构设计都会带来相应的影响。

1. 躯干运动

躯干包括颈部、背部、胸部和脊柱等。

由于颈椎的关节面接近水平，颈部可以内外旋转、多角度、多方向地进行运动。主要有颈部前屈、后伸、侧屈、外旋、内旋等动作，这些动作直接影响衣领的造型和其运动功能性。

日常生活中，人们经常有上肢上举、抱胸等动作和姿势，使背部产生扩张运动。这些动作使背部、上肢、肩部形成连带运动，当上肢运动时，必然引起背部扩张和皮肤移位，表现为背部长度产生变化。服装的衣长设计应考虑到这些运动的影响。

同理，当上肢和肩部运动时，也会引起人体前方即胸部的纵横两个方向的长度变化，相应地，胸部的体表皮肤也会产生移位。

脊柱由颈椎、胸椎、腰椎等组成，可以完成前弯、后弯、左弯、右弯、左转、右转等多种弯曲动作，胸部、腹部、腰部体表皮肤产生形变，导致服装对背部的压迫和对腋部的牵引。

2. 上肢运动

上肢分为上肢带和自由上肢骨两部分。上肢带包括锁骨和肩胛骨两部分，自由上肢骨由肱骨和前臂的尺骨、桡骨、手根骨、指骨组成。

上肢的运动以胸锁关节为支点，肩锁关节也协同肩关节共同运动，从而使上肢在上方、前方运动时，可提高到接近头部的位置。按照动作范围的大小，上肢运动主要包括肩关节、肘关节、腕关节三大支点的运动，每个支点都有一定的活动范围。

肩关节由肱骨头与肩胛骨的关节盂构成，是典型的球窝关节。可完成外摆、内摆、上摆、下摆、前摆、后摆等多方向自由运动。肩峰处前后方向的运动、上下方向的运动直接影响服装肩部的造型。

肘关节由肱骨下端和尺骨、桡骨上端构成，包括三个关节，即肱尺关节、肱桡关节和桡尺近侧关节。肘关节是单轴关节，可以伸展和向前屈曲，但不能向后屈曲，屈曲和伸展影响到袖子的长度。尺骨上端和桡骨上端关节的运动，可以形成前臂的旋内、旋外的扭转运动，直接影响袖子的松紧。

腕关节由近侧列腕骨的远侧面与远侧列腕骨的近侧面构成，是典型的椭圆关节，可以外摆、内摆、弯曲和伸展，但活动范围相对较小。对服装袖口的尺寸和松紧有一定的影响。

3. 下肢运动

下肢骨分为下肢带骨和自由下肢骨。下肢带骨即髋骨，自由下肢骨包括股骨、髌骨、胫骨、腓骨及7块跗骨、5块跖骨和14块趾骨。在下肢运动时，与裤装有密切联系的主要有股关节、膝关节。

股关节是多轴性关节，股骨头是3/4程度的球体。以股骨头为中心，腿部可以形成多轴方向运动，如腿的前后运动、腿部内收和外展运动、腿部内外旋转运动。它的屈伸直接影响裤装对大腿内侧到腰部之间的牵引和压迫。腿部的前后运动、收展运动和旋转运动直接影响裤装对大腿内侧到腰部之间的牵引和压迫。

膝关节由股骨内、外侧髁和胫骨内、外侧髁以及髌骨构成，为单轴性关节，只能做单方向的弯曲运动。这一运动直接影响裤子膝部的牵引和压迫。

人体各部位的运动与服装的关系如表5-2所示。

另外，人体在行走时，动作幅度将影响两足之间的距离，以及腿部、膝部的围长，这一动态直接影响到裙子的裙摆量。女性正常行走时的步态及其影响如表5-3所示。

表 5-2　人体各部位的运动与服装的关系

关节运动	对抗部位	与服装的关系
胸腰部脊柱的弯曲	背部—胸腹部	后面压迫和前面胺部、臀底部的牵引
股关节的屈曲	臀部—下腹部	大腿内侧到腰部之间的牵引和压迫
膝关节的屈曲	膝盖部—膝窝部（后）	裤子膝部的牵引和压迫
肩关节的屈曲	背部—胸部	袖窿后腋部的压迫和前腋部的牵引
肘关节的屈曲	肘头部—肘窝部	袖肘部的压迫
颈椎的前屈	后颈部—前颈部	领的有无、高低、松紧程度

表 5-3　女性正常行走时的动作幅度及其影响　　　　　　单位：cm

动作	距离	两膝围长	影响裙装部位
一般步行	65（两足之间）	80 ~ 109	裙摆量
大步行走	73（两足之间）	90 ~ 112	裙摆量
一般登高	20（足至地面）	98 ~ 114	裙摆量
一步两层台阶登高	40（足至地面）	126 ~ 128	裙摆量

（三）人体运动形成的皮肤伸缩

在人体运动过程中，皮肤具有很强的跟随性。这不仅仅是由于皮肤的伸缩性，还因为皮肤与皮下组织之间在运动时产生了滑移，缓和了人体运动对肢体牵引的力度，从而使皮肤更好地参与人体的运动。

具有弹性的皮肤以某种程度的伸长状态而覆盖于体表之上，各个部位都有大小不同的皱纹。一种是皮肤组织结构自然形成的皱纹，另一种则是日常生活中反复的动作导致的皱纹。由皱纹的状态和大小可以看出服装的形变情况。

服装人体工效学通过皮肤割线和皮野来研究服装的舒适设计。皮肤割线构成皮肤的纤维方向，相当于织物的经向，皮野是皮肤凹凸形成的皮肤整体。皮肤的拉伸一般与皮肤割线方向垂直，正因为有频繁的反复拉伸才沿皮肤割线方向形成了皱纹。组织形成的皱纹与动作积蓄形成的皱纹相互重叠，使皱纹越发明显，也清楚地显示着伸展方向。

人体上半身的后背上，皱纹从后正中线和腰围线交点附近、经过斜上方的后腋部，到三角肌为止，形成了一条后腋伸展线。从腰围线后腋部开始，经过体侧以大弧度直接向上，再经过前腋部，也与后面一样到三角肌形成一条前腋部伸展线。前后面伸展线的差别体现了袖窿和袖山前后的差别。

人体下半身可看到臀沟内侧伸展线，由大臀部到臀沟，至大腿内侧，再到膝盖，这一伸展方向是提高裤子运动功能的主要路线，也是裤子最重要的功能部位裆部。

后正中线与腰围线的交点，是上下半身的基点。该点皮肤不滑移，因此对服装人体测量来说是最好的基点。

　　穿上稍稍贴身的衣服，上肢向上弯曲，织物和皮肤就结合成一体，在前腋部和臀部就有强烈的牵引感。皮肤不仅仅是伸长，还产生了与皮下之间的滑移，起到缓和牵引的作用。也就是说，皮肤滑移也参与到了服装的运动。皮肤和下层之间的滑移是由真皮、肌膜、骨膜等连成的网状组织（包括脂肪）产生的。这一网状组织随人体的部位不同而不同，与皮肤的厚度、皮下脂肪有关。中背部的皮肤厚度最厚，向体侧部、腹部、股底、腋窝越来越薄，且越来越柔软。而皮下脂肪沿这一方向越来越厚，皮肤越薄的地方，脂肪越厚，反之亦然。在关节侧的支持带组织细密，呈有黏性的海绵状连接皮肤和下层，更容易滑移。同时，皮肤滑移的方向和皮肤伸展的方向相同。

　　人体这些运动功能转化到纸样时，最重要的是要知道增加运动量的方向。在服装方面，表示需要一定运动量的同时，还需要考虑服装合理的滑移。

二、人体功能分区与服装设计

　　日本中泽愈教授从服装设计的角度将人体功能分为4种功能区，分别是贴合区、自由区、作用区和设计区，如图5-2所示。人体上半身、上肢、下半身形状虽然不同，但三者的功能分区相同。在制作服装纸样时，把握功能区的分布非常有必要。

（一）贴合区

　　贴合区是服装造型的重要位置，是支持服装的支撑点、支撑带，对于服装的穿着感、合体性、悬垂效果等具有重要意义。

　　上半身贴合区是指以领围线、肩线为基础，前面胸锁关节、锁骨前弯部、上臂骨头部、从后面肩胛骨到棘突起的隆起部分，大致是图中网眼部分的范围。下半身贴合区是以腰围线为支撑，前面下腹部、侧面上前髂骨棘部、后臀部这一范围，也是裤子、裙子在腰部的贴合区，要求合体。上肢贴合区是肩峰点下面一小片网眼区域，大致是袖山贴合肩圆部的区域。下肢贴合区是由裙子、裤子的腰省等所形成的密切贴合区，是研究贴合性的部分。

（二）作用区

　　作用区是体现服装功能性的区域，这一区域若在纸样上处理不好，成品服装穿着中则会出现牵拉和压迫等不舒适的感觉。

　　上半身作用区是在贴合区到腋下自由区之间，包含为适应上肢运动重点考虑的前后腋部，也就是涉及服装的胸宽、背宽、袖窿和袖山深浅的运动功能范围。下半身作用区是在贴合区到臀底自由区之间，包括适应下肢前屈运动的臀沟部。在裤子中就是包覆大腿根部的筒状空隙量和裤后片臀部附近的倾斜程度，上裆弧线形状，调整提高运动适应性的范围。上肢作用区是以腋窝为中心的移动最剧烈的部分，以袖山高低来调节运动功能的区域。下肢作用区包含臀沟和臀底易偏移的部分，是考虑裤子运动功能的中心部分。

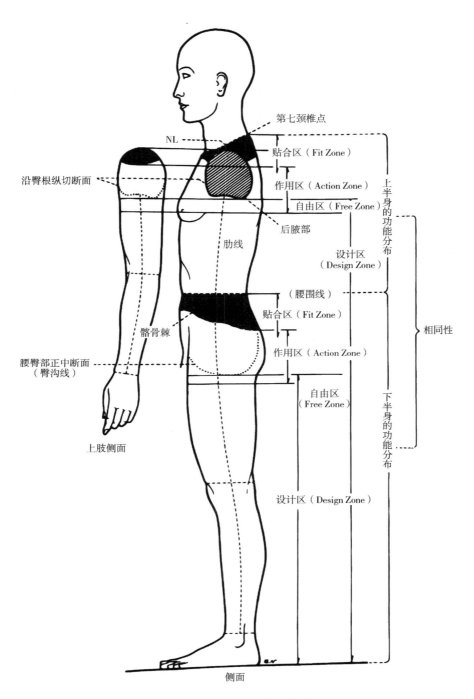

图5-2　服装设计的人体功能分区

（三）自由区

上半身自由区是腋下水平带状的范围（纸样上腋下自由区为5~6cm）。在纸样设计中，基本是与胸围放松量一起来设定袖窿的深度，同时，再从功能性角度作袖窿深度的调整。也就是说，在这个范围内，可以自由地设计和移动袖窿线，不仅促进了袖窿的造型，而且也包含了新式纸样的萌发。下半身自由区是臀沟下面的带状部分（纸样上臀沟下自由区为2~3cm），主要是对臀沟、前后横裆连接、臀底放松量能自由调整的区域。上肢自由区是后腋窝以下的空间，也就是设计袖窿线深浅、形状的区域，同时也是变化前后衣片时袖窿底部的调整区。下肢自由区是对臀底剧烈偏移调整用的空间，也是纸样裆部自由造型的空间。

（四）设计区

设计区是产生设计效果的区域，是主要的表现区，这个区可以设计成各种各样的外形轮廓。上半身设计区是指自由区到地面的范围；下半身设计区是臀沟至地面的范围，是裙子、裤子的长度、宽度等形态美的主要表现区。上肢设计区是从腋窝到手腕之间进行袖子的长度、细度、形状设计的区域，以及手腕周围袖口的设计表现区。下肢设计区是设计裙子、裤子时进行感觉造型的区域。

三、人体体表的动态形变与服装形变

（一）人体体表的动态形变

人体姿势与动作的不同，人体不同部位附近的皮肤所发生的形变也不尽相同。对于设计合体性与运动性相和谐的服装来说，明确了解在不同的形变方向上形变量的大小是至关重要。测量人体动态形变的方法有：未拉伸线法、体表画线法、石膏带法、捺印法。

1.未拉伸线法

用化学纤维纺丝成型后未经拉伸等后处理的纤维所组成的丝，将纤维贴合在待测定人体表面，一般小于0.55tex粗的未拉伸线需3根，大于等于1.1tex粗的未拉伸线需1根。当人体运动时，皮肤伸展会将未拉伸展拉长，且不再回缩。通过纤维拉展前后的长度差便可得到体表的运动变形量。

2.体表画线法

在人体体表画纵横投影线，在人体前、后、侧、屈身、回转、四肢伸展等基本运动状态下，通过测量皮肤上投影线的长度，对相关部位皮肤变化量进行定量研究。一般用静态和动态的等分线长度及其变形率，研究动态人体表面皮肤变形量。动静态长度变形率α的计算公式：

$$\alpha = （动态等分线长度-静态等分线长度）/静态等分线长度 \times 100\%$$

体表画线法需要测量的皮肤变化率的位置包括：腿抬高45°时引起的体表变化量，腿抬高至水平状态时引起的体表变化量，弯腰至水平状态时引起的体表变化量，自然蹲下引起的体表变化量，下体各区域纵横向变化量。

3. 石膏带法

先在体表上作基准线，然后将石膏带浸水软化并贴覆在人体表面，快速干燥后在中缝、侧缝处剪开取下，按复印在石膏带上的基准线形状将石膏带塑成的体表剪开展平，做成人体体表展开图。

4. 捺印法

捺印法是先在局部皮肤上按印，之后用拷贝纸拷贝，可拓下在不同运动状态下的印记，再测量皮肤由于运动而产生变化的方向和程度。通常使用的橡章直径有3cm、5cm两种。

（二）服装的动态形变

由于姿势、运动的变化，会导致服装发生变形，对人体产生一定的拘束。服装拘束程度指数（R值）可由如下公式表示：

$$R = \frac{B - A}{A} \times 100\%$$

式中：A——服装初始的面积；

B——服装穿着在人体时覆盖人体的表面积。

服装的动态形变与面料的物理性能、服装面积因子、人体的姿势与动作、环境条件有关。在服装材料的物理性能中，直接与人体运动功能相匹配的是材料的弹性。只有材料的弹性与人体运动状态达到有机融合，才能得到适合人体运动的最佳服装造型。人体各部位在活动中材料所受拉力的方向、大小不尽相同。经向弹力织物、纬向弹力织物、经纬双向弹力织物的不同伸缩性能和弹性性能可适应不同场合、不同部位的服装需求。

第二节　服装放松量设计

一、服装放松量的类型

放松量是指服装与人体之间的空隙。从服装设计的角度看，服装对人体不离不切的状态称为零放松量，如内衣；切入体表的为负放松量，如游泳衣、紧身服装；离开体表的为正放松量，如宽松的合体服装。图5-3为人体与服装之间宽松量的组成情况。共有7种类型，从①~⑦的放松量由大到小，分别表示合体等形态的放松量，动作等运动结构的放松量，衣服内气候等生理性的放松量，着装印象等感觉性的放松量，材料等物性放松量，空隙量、性质等物理放松量，皮肤伸长、滑移等人体结构的放松量。紧贴人体方向说明放松量很小，目的是紧贴人体，小到可以切入体表；离开人体方向说明放松量较大，目的是表达服装效果。

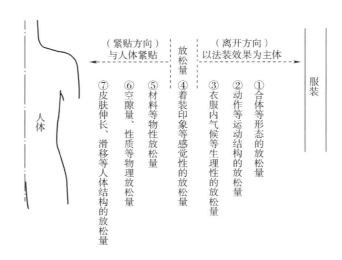

图5-3　人体与服装之间宽松量的组成

根据服装穿着的需求，放松量有下列几种：

（1）生理、卫生需求的放松量：对应于皮肤的放热、出汗、体温调节、呼气、吸气等生理、卫生现象所需求的放松量。

（2）服装穿脱需求的放松量：在前后衣身中心、腋下、袖口等部位做开口，可减少甚至不需放松量。但由于人体的立体构造，在开口部位以外没有放松量将会使穿脱很困难，特别是伸缩性能差的布料更有必要加放松量。

（3）相对于体型变化的放松量：解决生长发育、饮食、妊娠、日常生活动作、体育运动、劳动时形态变化的问题。

（4）服装品种及风格需求的放松量：婴幼儿服、老人服、上学服、工作服、运动服、休闲服、睡衣、礼仪服等，用途不同其放松量要求也不同。同样的服装在不同的时期因流行风格变化也会有不同的放松量。

（5）服装材料的物理性能所需的放松量：服装材料的厚度、密度、重量、刚硬度、伸缩性、悬垂性不同，放松量也应不同。

二、服装放松量的设置及影响因素

1. 服装放松量的设置

为了适应动作的伸展需求，应设置在皮肤伸展性大的部位，通常在围度方向设置放松量。服装的围度方向应加入的放松量要根据皮肤运动偏移部位及方向等情况，以充分发挥效果。如图5-4所示是女上衣外轮廓与上体胸围、腰围间的横截面示意图。考虑到人体运动时背部的运动量大于前胸部运动量，因而后腋部的放松量 c 要占（ $B-B^*$ ）/2的32%左右，前腋部的放松量b要占（$B-B^*$）/2的28%左右，而侧部袖窿宽部位的放松量a要占（$B-B^*$）/2的40%左右。

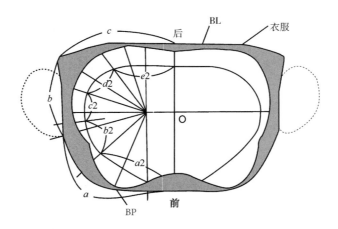

图5-4　女上衣外轮廓与上体胸围、腰围间的横截面

上肢与躯干的接合处是上体运动变形的主要部位，尤其是人体背部的运动变形量最大，分析该部位的变形与服装放松量的处理对提高上衣的运动舒适性至关重要。

人体背部变形量从结构上可以用两种方法来解决：一是将变形量放在袖窿处（图5-5），即在a、b、c、d所对应的袖窿部位处理，一般来说由于袖窿线要画顺，很难完全消化掉各部位的最大变形量；二是在背部将各变形量加以解决。人体背部变形量在服装结构上的处理方法有下列几种：

①在袖窿底部和侧缝处解决一部分量，在后袖山上解决另一部分量。

②背中线处作折裥，折裥量=最大变形量=d部位的变形量。

③后背两侧作折裥，折裥量=最大变形量=d部位的变形量。

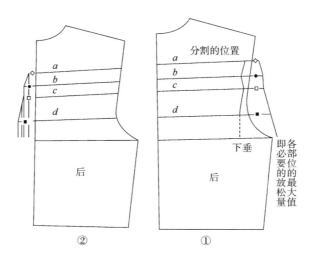

图5-5　背部变形量的结构处理

④在袖窿处放出最大变形量，且将侧缝放出，使侧缝与袖窿成90° 左右，一般用于宽松服装的结构处理。

⑤在后衣身处放出波浪，使波浪量≥最大变形量=d部位的最大变形量（图5-6）。

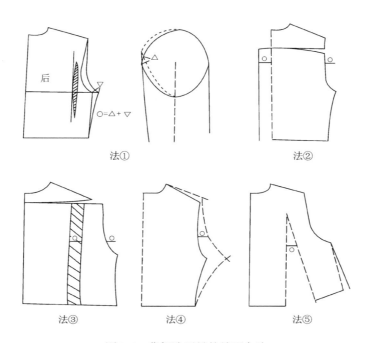

图5-6　背部造型量的处理方法

图5-7是下装轮廓与下体腰围、臀围间的横截面示意图。前后臀围的放松量之差不如上装那么明显，因为臀围的运动不同于上体因手臂运动而使后背、前胸部发生明显的横向扩张，且后臀围的放松量一般大于等于前臀围的放松量。

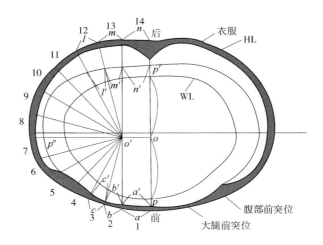

图5-7　下装外轮廓与下体的腰围、臀围的横截面

2.放松量设置的影响因素

放松量设置的影响因素主要有两方面：一是人体，二是服装材料。人体的结构特点和运动动作是放松量考虑的根本。比如衣袖，由于手臂和手宽在结构和尺寸上的差异，要使衣袖能穿脱方便，衣袖必须要加放松量，否则应选择弹性很好的服装材料。

选择设置放松量或选择弹性服装材料，最终要达到合体美观的效果，都应结合皮肤伸展情况考虑。皮肤垂直方向最大伸展率为50%，水平方向最大伸展率为30%～40%。设人体静态尺寸为B，动态尺寸为A，服装材料的尺寸为S，则有：

①皮肤伸展率$K=(A-B)/B$

②衣服的宽松率$X=(S-B)/B$

③布料的必要伸展率$Y=(A-S)/S$

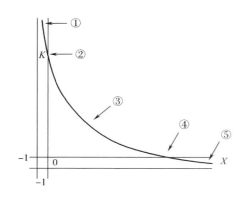

图5-8　皮肤伸展与材料拉伸的关系

如果用关系式$(X+1)(Y+1)=K+1$来衡量各类服装的话，可由图5-8表达，其中：

（1）表示的服装松量率<0，如有收臀作用的绷裤；

（2）$X=0$，$K>0$，表示合体的服装，如贴体风格的牛仔裤；

（3）松量用以补充材料拉伸量的不足，以维持运动机能，如西服裙、西裤的臀部；

（4）$X=K$，$Y=0$，将人体的伸展率作为衣服伸展率加入松量的服装，如西服上衣的背、肩、肘部等部位；

（5）$X=K$，$Y<0$，宽松风格类服装，如大衣、风衣等。

三、服装主要部位的松量设计

目前企业通常设计应用的服装放松量如下：

1.女上衣胸围放松量

贴体风格$B=(B^*+内衣)+<10\text{cm}$，弹性材料$B=B^*-\leqslant8\text{cm}$

较贴体风格$B=(B^*+内衣)+(10\sim15)\text{cm}$

较宽松风格$B=(B^*+内衣)+(15\sim20)\text{cm}$

宽松风格$B=(B^*+内衣)+\geqslant20\text{cm}$

2.男上衣胸围放松量

贴体风格$B=(B^*+内衣)+<12\text{cm}$

较贴体风格$B=(B^*+内衣)+(12\sim18)\text{cm}$

较宽松风格$B=(B^*+内衣)+(18\sim25)\text{cm}$

宽松风格$B=(B^*+内衣)+\geqslant25\text{cm}$

3. 裤子臀、腰部放松量设计

臀部是人体下部明显丰满隆起的部位，其中主要部分是臀大肌。如何表现臀部的美感和适合臀部的运动是下装结构设计的重要内容。

臀部运动主要有直立、坐下、前屈等动作，在这些运动中臀部受影响而使围度增加，因此下装在臀部应考虑这些变化而设置必要的宽松量。臀部在平坐且腿部90°前屈时平均增加的量是4cm，意味着想要在做前屈这个动作时臀部保持舒适最少需要4cm的松量，正常站立时45°前屈臀围增加量是0.6cm，90°前屈的增加量是1.3cm，正坐在椅子上的增加量是2.6cm，坐在椅子上90°前屈的增加量是3.5cm。由数据可见，在做平坐且腿部90°前屈这个动作时臀部的变化量最大，因此裙装、裤装的臀围放松量最少为4cm。

腰部是保持下装固定不移动的部位，对下装的美观性、舒适性起着至关重要的作用，因此下装的腰围应有合适的舒适松量。

人体正常站立时45°前屈腰围增加量是1.1cm，90°前屈的增加量是1.8cm，正坐在椅子上的增加量是1.5cm，坐在椅子上90°前屈的增加量是2.7cm，腰部在平坐且腿部90°前屈时平均增加的量是2.9cm。由数据可见，在做平坐且腿部90°前屈这个动作时腰部的变化量最大，同时考虑到腰围松量过大会影响束腰后腰部的美观性，因此下装的腰围松量一般取2cm。

第三节　服装关键部位的结构工效学

一、颈部与衣领结构

1. 颈部构造与衣领的关系

领子的功能有保暖、防寒、防风、防水、防尘、气密等。与颈部有关的服装造型，主要有领围线、领子和领口。

头部的支柱是颈椎，颈椎由7块椎骨组成。颈椎被沿脊柱、纵向走向的脊肌及其他肌肉深深包围，体表接触不到，只有第7颈椎棘突可以从体表看到，是领围线中心标志BNP的位置。胸骨和锁骨的内侧端连结形成胸锁关节，形成了一个拇指大小的颈窝，掠过颈窝的锁骨上端和正中线的交点就是领围线前中心标志FNP点。锁骨内侧1/2处，形成弧度而向前突出，其突出程度与领口、领围的穿着稳定性有关。

颈部肌肉也影响着服装造型。颈部肌肉除了最外表的颈阔肌外，还有外侧的斜方肌和胸锁乳突肌。其中斜方肌和胸锁乳突肌与领子的构造关系最深，颈阔肌在服装中的作用不大，但是它与颈部表情关系密切。如牙关一咬紧和紧张，一下子会使颈根部的形态如帐篷那样张开，就直接影响到领子和领围线。斜方肌是服装的领子和肩部构造必须注意的肌肉，它的下行部成为领围线、领子的对象，下行部与水平部连接，形成的山脚坡状部分成为领子不安定的原因之一。斜方肌下行部的前缘和领围线的交点，就是颈侧标志SNP点。

　　皮下脂肪的沉积，除了颈部的粗细增加之外，也使从颈侧部到前颈部由胸锁乳突肌、胸骨、锁骨所形成的三角窝得到了填充，颈根周围的凹凸减少。适量的脂肪沉积会使领围线翘曲减少，领子安定度增加。

　　由颈部构造可知，后领围线部分皮肤变动少，安定性高；前领围线部分皮肤变动大，安定性差。因此，不管设计什么造型的领子，都以后部为根基，再考虑前颈部动作的影响就可以了。实际上，前颈部的设计区已为大家所公认，几乎所有领子的形状都在前颈部做变化。

2. 颈部运动与领子的功能

　　如图5-9～图5-11所示，颈部的运动与头一起，有颈部前屈、颈部后伸、颈部侧屈、颈部外旋等6种运动，再加上这些运动的复合，颈部具有相当宽广的运动领域。因此，普通领子对运动是种障碍。领子从装饰或功能上来说是必要的。

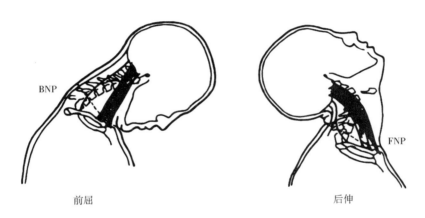

前屈　　　　　　　　　　　　后伸

图5-9　颈部运动1

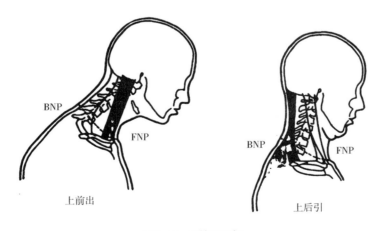

上前出　　　　　　　　　　上后引

图5-10　颈部运动2

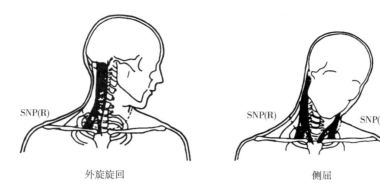

外旋旋回　　　　　　　　　　　　　　侧屈

图5-11　颈部运动3

从骨的变化看，前屈运动和外旋运动中，颈部运动的轴心是颈椎的寰椎，即第1颈椎。颈部运动的主作用肌——胸锁乳突肌的停止点因位于寰椎的后头关节左右轴的后面，所以运动量大的部位是前颈部分。这是颈部运动功能性的基本考虑项目。

从皮肤构造也可看出颈部的基本运动。人体的皮肤，从背侧到腹侧逐渐变薄；除手足以外的四肢，内侧部分要比外侧部分薄；在手、腿根部，尾侧也比头侧（直立时，从上方到下方腋下或者臀下）薄。手臂根部、大腿根部的可动部位，与皮下结缔组织相连接，形成柔软而薄的构造。颈部的皮肤也有这个倾向，后颈部厚、从斜方肌到胸锁乳突肌逐渐变薄，到咽头部最薄、最柔软。从皮肤构造可知，颈部前屈方向适应性为最高。

挡住咽头部的领子如高立领最不适当，但它适合于限制颈部的运动，抑制身体摇动，提高全身紧绷感的服装和军服等。常用的领子为前面平坦的领子，无论从颈部前屈的运动特性看，还是从不妨碍颈部主作用肌的前面动作的角度看，既美观又实用。驳折领类前面为平坦的领子，是装饰性与运动功能性良好的领型。衬衫领的前面并不是平面的构造，但穿着时，由于前面的开放，能够减轻颈部的接触。

颈部运动时，颈部周围服装的稳定性十分重要。服装的肩和人体的肩的配合影响领窝的稳定性。为避开肩端部运动的影响，领窝的合适位置在变动少的BNP～SNP和避开锁骨上的三角肌、斜方肌附着部分的位置范围内。

二、人体的肩部与服装的肩部

1.人体肩部构造与服装

人体的肩部既能支撑服装，又能增加人体和服装美的效果。肩部的活动很频繁，运动范围很广，即使在静态，也是复杂的。因此服装的肩部既要满足静态，又要适应动态。服装肩部的设计，就是如何合理地处理这一矛盾的两个方面。

构成人体肩部的骨骼，一部分与颈部的骨骼重复，另一部分是胸廓上部和肩关节。与肩部成形、服装标志有关的骨骼和关节有颈椎、锁骨、肩胛骨、肱骨头、胸廓上部、胸锁关节、肩关节。第7颈椎的棘突起是领围线、后颈点的标志。锁骨的胸骨端凸出部分与肩前面的贴合有关，但与肩端侧凹面部分关系更为密切。因为位于肩端的肱骨头向前突出，更显得凹陷，即使有肌肉附着，在体表上也形成凹面，使肩部难以贴合。它与肩部的特征和肩线有关。锁骨的胸骨端是胸锁关节，形成了颈窝，是前颈点的标志。肩峰是服装肩端的标志，内侧缘和肩胛棘形成背部最突出的部位，与肩省、肩归拢、背缝线弧度等有关。肱骨头前部与服装前肩曲面化、肩线位置、形状、袖窿前部的跟随性等有关。胸廓上部与上肢区关系很大，影响着肩部形态，与肩线的位置、走向有关。

从形态和功能两方面看，与服装肩部最密切的肌肉是斜方肌和三角肌。根据斜方肌和颈部肌群的连接方式或皮下脂肪的沉积，产生了各种肩形。从颈侧点到肩端点中间位置的肌腹厚，其厚薄是最容易体现性别差、个体差的地方。三角肌前侧部由于锁骨和肱骨头形成的凹坑不可能填满，服装前片的肩部必须进行肩部的复曲面化处理或相应的其他措施。三角肌外侧部是服装肩端造型的设计基础部位。后侧部比前侧部平缓，在服装的处理上无须像前片一样的工艺，但需要做一些相应的考虑，以使前衣片形成前肩状的贴合，使肩线稳定并防止肩部下塌的现象。

在肩部范围内，皮下脂肪沉积多的部位是大锁骨上窝。这是夹在胸锁乳突肌的后缘和斜方肌前缘、锁骨上边的凹坑地，有下凹形和平面形两类。平面形的领围线较稳定，前肩突出也不明显，肩棱前后面平缓，容易做成合体的肩部。下凹形在锁骨内侧突出明显，肩棱呈马鞍形，领围线下陷，成为难以绱领的领围线。这样的肩型穿平面形服装则不会伏贴，特别是硬挺的套装，更会失去穿着舒适感。在第7颈椎棘突起的周围是由于皮下脂肪集积而成的局部沉积，这里的脂肪随着年龄的增长而增加，而且显示出性别差异。脂肪的增厚对衣服后领围的幅度、形状、后中心的缝合线的弧度都有影响，而且会引起肩部和领围四周面料的变形，产生突出的皱纹和斜向皱纹。

肩部周围的皮肤，从整体来讲是容易滑动的，在肩端部的皮肤滑动最大。肩峰或者上肢运动时衣服在肩端处吊起，集中了服装的压力。服装肩部运动功能的目标之一是分散服装的压力，皮肤的滑动功能可以成为解决压力集中的一种启示。受压的肩端皮肤，受服装的牵引向颈侧滑动，起到了减少服装压力的作用。

要使服装肩部完全适应于人体肩部的运动，使肩部运动自如，是十分困难的。解决方法有两个：一是把衣服做成完全宽松的，包括整个肩部；二是选择适当的材料、设计纸样结构，研究加工方法，经过综合处理，减轻肩端的阻力，以提高服装穿着的功能性。

2. 人体肩部类型与服装纸样

男女肩部形态大致可以归纳成以下3种类型。

（1）肩宽中部向上隆起，肌肉发达经过锻炼的男性较多，纸样最难做。在纸样中，前片的肩线，在人体肩部隆起处作曲线化处理。后片的肩线，为对应前片，对人体后面的隆起作曲面化处理（归拢、归拔），但要注意不要太弯曲。

（2）肩宽中部平坦的中性肩型，是男女常见的类型。这种肩型的纸样肩线，前后片都是直线。前片的肩因人体平坦而不作变动，仅把后片加以轻度的归拢，以符合肩胛棘突出。

（3）肩宽中部下凹，是女性中多见的类型。在纸样上，前后片的肩线中，稍靠颈侧边，稍向下挖一点，进行曲线化，再在纸样上作曲面化处理，以覆盖人体肩端前面突出。背部的处理，在后片肩线处作较多的归拢，并把前肩线向前推出。

3. 服装肩部的运动功能

从服装的适合性来看，人体肩部运动有两个运动方向与服装的肩部有关系。一个是肩峰处前后方向的运动，一个是肩峰处上下方向的运动。前后方向和上下方向的运动移动量很大，不引起压迫和牵引而能跟从的只有皮肤。通常的服装是在人体静态时设置适应性的基准。这种对于上下方向肩端的运动是不能完全跟从的，最后会导致服装大幅度吊上去。即使使用伸缩性很大的材料，与皮肤功能还是有本质的区别。肩部运动越大，由于物理上的作用和反作用原理，服装的压迫感越大。要使服装能跟从肩部运动，可以采取将服装的结构、材料性能巧妙组合的对策。例如，在肩端带有空隙量，以使衣服肩端浮起，随着上肢带的运动，虽然衣服肩端向上吊，但朝颈侧方向避开，减小了牵引引起的压力。衣服大身也必须要有空隙量，随着上肢带的运动，衣身的空隙量在运动方向上的补充，缓和了肩端处的牵引感和压迫感。衣服紧身，肩部就难以活动；衣服宽松就具有跟从性而舒服，就是这个道理。这种对策并不适合连衣裙、大衣类等上下连成一体的服装。

肩线造型影响服装的运动功能。肩线有三种不同的造型。第一种肩线的形状是颈侧点浮起而肩点压紧的直线型。它将受力点集中在肩部，容易使肩部受力过大，使肩头感到压迫感。第二种肩线的形状则反之，是颈侧点压紧而肩点浮起的直线型。将受力点集中在领口部位，容易造成领口的压力过大。第三种肩线是曲线型造型，曲线形状按人体肩颈形设计，适合人体的肩颈部特征，整条肩线均匀受力，是最佳的造型。

当肩宽变小，肩斜增大，袖窿深变浅，袖山高增加，着装合体性好时，运动性差；反之，当肩宽变大，肩斜减小，袖窿深变深，袖山高减小，衣服比较宽松时，运动性好。

三、人体的胸、背与服装的胸宽、背宽

1. 人体胸、背构造与服装

手臂朝前运动，从背部到后肋部产生牵引而引起不适，是因为关节运动使背部扩张，但衣服背宽不足。衣服宽松的情况下，这种牵引会减少或者消失，如果衣服紧身，这种不适必然会发生。也就是说，人体胸部一缩小，就会引起背部的对抗性扩张，因为臂根部有了移动。臂根部的移动与袖窿位置朝向及形状有关，也是缔袖的根本。通常，在制作衣服时，仅表示胸宽线和背宽线，上限为前衣片的肩部范围，下限为前腋底和后腋底的水平线。胸宽线大致为第三肋骨和胸骨连接的部位，背宽线大致为第五胸椎的部位。

背宽的扩张是由胸锁关节及肩关节运动引起的，大致有以下三种情况：

（1）仅以胸锁关节为支点运动而不伴随肩关节运动，上肢下垂，肩位置向前移动，产生背部扩张；

（2）仅肩关节运动，下垂的上肢朝前水平方向上提，产生以后腋部分为中心的背部扩张；

（3）胸锁关节、肩关节都运动，上肢合拢，朝前上方上举，产生最大的背部扩张。

前两种是较轻度的偏移，第三种可达最大的偏移。

背部扩张是与上肢运动连成一体的，在考虑衣服的运动功能时，必须综合考虑袖子和背宽两方面。

2. 胸、背部肌肉与服装

与衣服背部有关的肌肉有斜方肌中部、背阔肌停止部、大菱形肌的一部分、棘下肌、大圆肌、肩胛部、后腋部等。肩胛部的厚度形成了背部的突出。后腋部是衣服背宽的下限位置，是袖窿理论形态的一个基准点，是设置乳高线的基点，也是臂部运动偏移的标志。

与衣服胸部有关的是胸肌、乳房和前腋部。与复杂而呈复曲面的背部肌肉不同，胸部比较平坦。除了上肢上举而前腋部偏移外，在衣服的设计上没有什么特别。女性胸部的凸出十分明显，但比起背部要好处理。男子服装的背部难以贴合，缺点容易暴露，因此重点在背部的合体性；女装的重点在胸部的合体性，主要考虑的是女性乳房的形状、位置。形状可以用高度、宽度、朝向来描述，但求得精确困难。乳房大致位于沿着胸大肌后部靠前腋的下缘位置，基底部在第2、3肋骨到第6、7肋骨之间，乳头在第4肋骨到第5肋骨之间。由于皮肤的特性及内部支持体，乳房跟随上肢的上举程度向上方移动较容易，向下较难。在考虑文胸等的设计、覆盖面积、省道大小、由结构线形成曲面等时，必须把握乳房的形状。前腋部位于衣服胸幅的下限，在服装设计中，是与后腋部相对应的部位。前腋部和前腋点都是袖窿理论形成的重要位置。

3. 胸、背部形态与服装

人体在自然状态下，胸部突出称为鸡胸，背部突出称为凸背，是局部的对抗性形态。鸡胸体型随着胸部的隆起，背部有扁平的倾向，同时头颈部有几分直起，女子因为乳房的关系，视觉上这个隆起更明显。凸背体型随着背部的隆起，胸部也有扁平趋向，头颈部有前屈倾向。男子运动员肌肉发达，胸肌也发达，背部发达呈隆起的形态，也可作为凸背的类型。

反身、弓身体型则以脊柱的曲势及头颈部的位置为基础，伴随胸、背部的变化，表现出全身性的对抗性形态。同样是胸部、背部隆起，但关系到颈根、手臂根的移动，对衣服影响很大。反身体型前面伸长，后面缩短，胸部隆起，手臂根后退，使得胸幅变宽，背幅变窄。纵横两个方向都要变化，需要综合的宽度。弓身体型与反身体型具有完全相反的变化倾向。脊柱曲势增加、头颈部前屈，后面伸长，前面缩短，背部隆起，手臂根前移，使背幅拓宽。

鸡胸和凸背体型具有与反身、弓身体型相同的地方，为使衣服合身，在纸样上既要考虑反身和弓身的状况，又要以突出部分为中心，增加长度、面积、曲面，才会更加合体。反身和弓身体型在衣服的领窝处都要进行斜度的变化和前后的移动。胸围线上的袖窿也要进行前后移动。在纸样上，领窝、袖窿要定在适当的位置。

四、上肢带、上肢和袖子

（一）上肢带、上肢和袖子

上肢带是上肢自由运动的基础，直接相关的服装部分就是袖子。最常见的袖子有装袖、插肩袖等。袖子的共同问题是袖山、袖窿、袖子整体形态、运动功能等。与袖子设计有关的骨骼有肩胛骨、锁骨、肱骨、前腕骨；有关的关节是肩关节和肘关节；有关的肌肉有上肢肌群、上臂肌群、前臂肌群。

肩胛骨和锁骨的组合决定了肩部的形状。前面锁骨外侧弯曲形成的肩凹面和后面肩胛骨棘突起部分形成的凸面是肩部的形状特征，插肩袖就是在这一基础上设计了结构线。从肱骨骨头到内、外上髁的长度为袖子肘线的基准。肱骨部分由肌肉包围，肱骨头前面的部分接近于表皮，对袖山有重要影响。前腕骨由尺骨和桡骨组成。尺骨在肘侧粗，靠近手腕变细，桡骨则相反，手腕侧粗。两根骨头大致呈交叉状态。与造型有关的是尺骨的鹰嘴和尺侧、桡侧的茎突。鹰嘴在上肢下垂状态时，与肱骨内上髁、外上髁一样，对袖长的肘线设定有用。在屈曲状态时，它的位置变化大，在合身袖口固定时，就成为引起袖子牵引和压迫的缘由。手腕侧的尺骨、桡骨的茎突，形成手腕处的凸起，特别是尺骨侧更为明显，成为袖长的计测点。另外手的第3指即中指的端点，是衣服的测量点。用于量取中指两端的长度。在设计棒球和拳击手套、把手时，必须了解手指关节结构。

肩关节是肱骨头与肩胛骨关节窝相连接的多轴性球关节，运动范围非常宽。另外，肩胛骨沿着胸廓背面朝前，肱骨头所在的关节窝面稍稍朝前，由此可知，上肢的运动范围是以前方为主要方向。为提高服装的穿着舒适性，装袖的面也必须向前一点。

肘关节是由肱骨下端和尺骨、桡骨上端之间的两个关节，以及尺骨上端与桡骨上端之间的关节，共三个关节组合成的复杂的关节。上肢在自然下垂状态时，可朝前内侧上方屈曲运动。由于屈曲，鹰嘴位置有大的移动，上肢后方距离拉长，形成了袖子牵引。在服装设计时，必须考虑袖子的松紧和袖口的收口方式。

在上肢的肌肉群中，上臂部中间由三角肌附着形成的体表上的凹陷处，相当于上肢前上举时产生的袖子牵引压迫的终点。从凹陷处到肘关节之间为一般衣服设计中半袖的长度。袖窿和袖山与臂根的形状、运动状态密切相关。

（二）袖子的运动功能及设计

在袖子的运动功能设计中，基本而必要的是上肢的运动方向和运动量两个因素。手臂的运动范围，除了后背中心只稍微触及之外，涉及前方、侧方、上方整个领域。特别是前方，可超越中心触及另一侧的肩部。在服装方面，要使袖子的功能都具有上述活动范围比较困难。即便能达到这个范围，上肢回复到静体位的下垂状态时，也会出现不必要的皱纹，有损外观。要获得舒适的运动功能，必须要把握生活中频度高、衣服牵引最多、最易产生压迫的姿势，找出最有效的运动方向，保持大身和袖窿的平衡。

袖窿——袖山结构是上装结构设计的重点，关系到衣身的外观平稳性及袖身的运动舒适性。作为日常生活服装穿着时外观要优美，对正常生活的运动动作亦能满足的袖窿——袖山结构是袖山取AH/3左右的高、袖窿深度取B/4+（1～2）cm的组合形式。作为动作适合性强的工作衣，其袖窿——袖山结构应取AH/4左右的低袖山、袖窿深度取B/4+（0～2）cm的组合形式。

在肩部的袖子部分宜与衣身相连成一片，宜作装袖，也宜装在肩部受运动量影响较小的部位。前后身的袖子部分宜作成插肩袖形式，保证手臂运动变化所需要的量。袖子的底部宜作成上下活动量大的装袖形式。

（三）衣袖结构优化和运动舒适性

1. 加大后背松量

在上肢运动时，后腋窝部位对服装的动态舒适性有着非常重要的影响。为了改变衣袖和肩部的运动舒适性能，可以在服装的后袖窿处打褶或者加更多的放松量。后袖窿的形状会直接影响袖山的弧线形状和外观，同时也会影响衣袖的运动性和舒适性。

2. 加大后背宽和袖肥

人体躯干前部产生的变化，在手臂运动时，要少于后背产生的变化，因此服装的前部相比后衣身来说需要更少的放松量。在分配放松量时给后衣身足够的放松量是合理的。通过在衣身和衣袖的后部加入大部分的放松量，服装就可以在穿着舒适的同时保持外观的美观。这种方法适用于男装，因为胸部的合体裁剪，对男装而言非常重要，否则就会失去其款式的风格特点。如果为了达到美观的效果而减少服装的放松量，但是又要保持运动的舒适性，那么就应该在胸部分配少许的放松量，后背和后袖窿处等大部分部位的放松量再加大。这样就可以在保持服装款式合体美观的同时，也可以让身体运动自如。

3. 隐形褶裥

加入褶裥可以改变服装的运动舒适性，也可以成为服装的一种造型。但它常会让服装的线条变得不顺畅。隐形褶裥是在后袖窿处加入一个松量褶裥。当手臂运动时，因为上肢的运动基本集中在上肢根部，褶裥的面料就会随着手臂运动的程度放松出来。从而可以在保持服装静态的合体性和舒适性的同时让身体运动自如。

4. 利用款式、比例及结构提供放松量

在将袖窿形状修改合适后，上肢运动时服装面料的牵扯现象会减轻，手臂将会自如的运动。若将袖肥改窄，袖山增高（袖山高由13～14cm增加到17～18cm），衣袖看上去将会更细长，更美观，同时也可以改进服装的动态舒适性。

5. 保持手臂运动自如时注意上装整体平衡

手臂运动时，衣袖形状会发生改变，后衣身和腋下部位的长度也会随着它一起改变。

为了将服装各部位连接起来并且在手臂抬起时保证款式和衣身的平衡及适体性，可以在布的底边处加入一定的放松量。

6.设置前后分割线，改进动态运动自由性

适当的设置前后衣身结合的分割线，可以改善动态舒适性。当服装部件在人体运动时，随着人体皮肤的伸展方向伸展，大多数的服装就会表现出更好的运动适体性。在衣身和衣袖部位使用分割线，可使上身更加自如的移动和转动。这种方法尤其适用于运动服、工作服和防护服的设计。

7.在运动中，可分离服装部件，有助于人体伸展

手臂运动是上身运动中最重要的运动。覆盖手臂的衣袖是在考虑运动功能性和动态舒适性时最关键的服装部件。衣袖的款式和结构则影响了一件服装的整体外观。通过松量的不同分配来适应在手臂运动时，后背比前躯干有更多的伸展。运动的功能性可以通过分割衣片适应人体的各个部位来得以加强。一般女性比男性更希望服装合体，所以在女装设计中，这点显得尤为重要。

五、下肢带、下肢和裤子

下肢带、下肢是支撑人体站立时的重要部位。不仅具有连系上半身的运动功能，而且本身也具有宽广的运动范围。与下半身服装的腰臀部构造、形态、腰围线位置、裤子下裆等有密切关系。

从大的来说，下半身的骨骼由骨盆、股骨、小腿骨、足骨组成，它们的长度和高度是下半身服装重要位置（股上、股下、臀部、膝部）的基础。与服装有关的重点是关节，有股关节、膝关节和足关节。股关节由骨盆和股骨构成；膝关节由股骨和小腿骨构成；足关节由小腿骨和足骨构成。运动时各关节的变化是裤子等的重点考虑的部位。

对下半身服装而言，骨骼中大部分是体干与下肢的关联。对下肢而言，不仅仅是支持体干，更重要的是关联。骨盆是上下两方的基盆，不能忽略它的形状和位置，裤子合体性的根本就是把握骨盆。

裤子牵引和压迫的产生是因为裤子的构造跟随不了巧妙的股关节和膝关节的变化。要合理地设计好裤子，必须知道股关节、膝关节的构造和动作。

股骨头是3/4程度球体，是嵌入髋骨臼窝的球连结。从股骨头的中点可以看出三根轴的运动，分别是前后轴——开脚运动、左右轴——脚的前后运动、上下轴——脚的内外转动。各轴可以各自运动，也可组合作多轴化运动，因此被称为自由下肢带。但与自由上肢带相比，运动范围没有自由上肢带那样宽广。膝关节是一轴性的，只能做前后方向弯曲运动。

对于裤子设计来说，并不是把所有运动范围都予以考虑。只要根据穿着目的，选择适当活动范围，运用材料、形态、放松量来覆盖动作的活动范围，才是合理的设计对策。

上肢的动作轻快、频繁，而下肢的动作有力、沉重，运动功能并没有必要像上肢的那样高。但是既要求腿部有苗条、潇洒的感觉，也要求动作中不出现皱纹。

一般裤子的运动功能设计可采取三种方法。一是剪开增量，这也是最标准的方法。把臀围线处切开，求出有效的空间。二是增大分散的省道量。在侧缝处取两个省道，就能得到在腰部有效的空间。三是在省道、切换线中增加省道量。第三种方法可同时获得运动功能和合体性。除去膝窝处多余部分，为了有效地做成膝部弯曲的形状，设置后缝接线、在臀部处做成大弧度，并在侧缝处为适应足部后伸动作取一省道，以省道来获得有效的空间。

对于功能性要求很高的裤子，可以用两种方法满足功能需求。一是在4个方位分割纸样，把功能分担。股关节、膝关节屈曲的姿势是诱发裤子牵吊的典型姿势，也是下肢运动功能最能表现的姿势。二是增加股关节、膝关节的屈曲度。把纸样内侧空间和外侧空间切开，并分别缝合，制成内侧片和外侧片，把股关节、膝关节最需要运动量的地方切开，并增量，形成屈曲的形状。

第四节　服装部件的结构工效学

一、口袋

口袋根据所在位置分为胸袋、腰袋，腰袋包括上衣的腰袋、下装的侧袋和后袋。服装的口袋有装饰性和功能性，但以功能性为主，因此口袋的设计必须考虑方便和舒适。

1. 胸袋

位于上衣的前胸部，有单个和两个之分，以单个为主。单个胸袋一般位于左衣身。胸袋设计区域的确定与人的动作和手臂尺寸有关。以肩点SP为中心，手臂呈45°自然弯曲，当手臂向前转动时形成以SP为圆心，以大拇指和食指至SP的长度为直径的弧，此弧与人体前胸的胸围线相交，形成一个自然舒适的胸袋设计区域，拇指与食指的位置应处于胸袋的中央。无论是开袋还是贴袋，胸袋的袋口与胸围线、前胸宽线、前中线都形成了具有相应功能造型的配伍关系。目前，胸袋主要是插花、手绢等礼仪性作用，装物的功能已经基本衰退。

胸袋设计以衣服胸围线为基础，一般位于胸围线上下。男衬衫胸袋袋口位于对准第二粒扣或第二至第三粒扣中间，左右距前胸宽线≥2.5cm；中山装部分制服袋口对准第二粒扣，左右距前胸宽线≥3cm；马甲类贴体服装胸袋位于胸围线上，距前胸宽线≥2.5cm；燕尾类贴体服装胸袋位于胸围线上，左右距前胸宽线≥2.5cm。

2. 腰袋

腰袋按安装形式可分为贴袋、开袋、开贴袋；开袋按形状分为无嵌线开袋、单嵌线开袋、双嵌线开袋、装袋襻的开袋；按所在部位分为前腰袋、侧缝袋、后腰袋等。

有研究者进行了腰袋优化设计的实验，实验选择4名身高160cm、胸围84cm、腰围

65cm左右的女性，准备了无袖、无领的贴体风格连衣裙作为实验服。袋口大为被测者手掌宽和手掌厚之和，取13cm。袋口位置的选择如下：取立位正常姿势，上肢自然下垂，右手沿体表向左方移动，在身体前面和后面形成的右中指尖端的轨迹作为袋口位置区域下限；取立位正常姿势，上肢自然下垂，右手肘关节成最大屈曲状态，从后中线向前运动形成袋口位区域上限；在上限和下限之间等分10个点，这10个点作为袋口位置（图5-12）。袋口角度的确定根据插手的方便性，从7种角度中选择，然后以一个角度为中心，±30°构成3个角度与袋位配伍。形成实验口袋25种，让被测者评价腰袋的使用方便性。结果表明，袋口位置是最重要的因子，对使用方便性影响很大；袋口的角度对使用方便性的影响其次；正常立位时使用最方便的腰袋口位置位于中指尖端的上限线上，从前中线开始到侧缝线上的范围内（图5-13）。

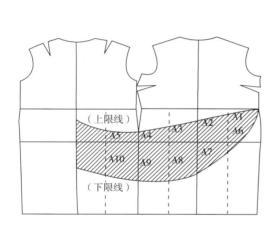

图5-12　上、下限之间的10个点

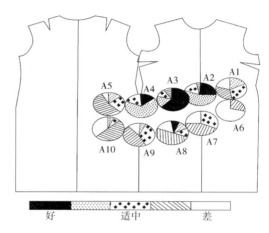

图5-13　腰袋位置分布区域

二、服装开口的优化设计

服装开口是为穿着舒适和装饰需要而设置的结构形式。服装开口根据所在部位的方位和动作的需要分为向上、水平、向下三种不同方向。服装开口与保暖性有密切关系。

1. 向下开口的散热量

空气层作为上端，当空气层厚度大于9mm时，下端为开口时比两端封闭散热量大；当空气层厚度为9~14mm时，既不利于空气流通，又能充分隔离两层布料，因而有最小散热量。

2. 向上开口的散热量

向上开口因有利于热空气散发，故比起向下开口其散热量大。当衣服内部的空气层增大时，散热量有增加的倾向。当空气层厚度为9mm时，其有最小散热量。

3. 两端开口的散热量

衣服空气层的上下两端都作开口时，散热量最大；当空气层厚度为15mm时，穿衣服与裸体具有同样的散热量。

4. 水平方向开口的散热量

水平方向开口的散热量比向下开口的大，其间的差数随空气层的厚度增加而显著。45° 倾斜的向下开口在空气层大于4.5mm时的散热量大致是水平方向开口和向下开口的中间值。

因此，在服装设计中要根据服装的功能需要设计开口的位置和大小。严寒季节的服装，无论是水平开口、向下开口或者向上开口都必须能够封闭。登山服、滑雪衫、风衣尽量减少向上开口，以免防寒功能受影响。夏季的服装要注意选择向上开口或上下都开口的形式，开口的量也要尽量大。开口的形式可以是永久的，也可以用拉链、纽扣、布襻等部件暂时固定的可封闭开口。

思考题

1.分析人体的运动系统功能。

2.分析人体各部位动态形变的特点及其对服装的影响。

3.简述人体的功能分区及各区的服装设计要点。

4.简述服装放松量的组成内容。

5.分析服装放松量的设置及其影响因素。

6.分析颈部特点与服装衣领设计的关系。

7.分析上肢带、上肢特点与服装衣袖设计的关系。

8.分析下肢带、下肢特点与裤子设计的关系。

第六章　服装舒适性及其评价方法

第一节　服装舒适性概述

生理学研究表明，当人处于舒适状态时，其思维、观察能力、操作能力等都处于最佳状态，工作效率较非舒适状态高。服装人体工效学研究中，研究并提高服装的舒适性具有非常重要的意义。

一、服装舒适性的定义

广义上讲，服装的舒适性是指着装者通过感觉（视觉、触觉、听觉、嗅觉、味觉）和知觉等对所穿着服装的综合体验，包括生理的舒服感、心理的愉悦感和社会文化方面的自我实现、自我满足感。真正的服装舒适存在于穿着者在生理和心理都感到满足的时候。狭义上讲，服装舒适性就是指生理舒适性。

戈尔德曼博士对服装舒适性提出4F理论，即Fashion（流行）、Feel（感觉）、Fit（合体性）、Function（功能性）。令人心理舒适的服装是合乎潮流的，拥有经市场调查和研究后确定的可被大众普遍接受的流行的款式风格。流行在建立并保持团队意识及凝聚力方面起着关键作用，如军服、警察制服、消防服等，使穿着者有强烈的职业责任感，这也是心理舒适的一部分。感觉包括织物的手感和服装与人体接触时产生的感觉。手感是可以通过织物风格仪测量的织物特性，而穿着感觉中除了一小部分手感外，还包括织物中水汽的作用及其在织物中的传递，皮肤与服装的接触面积及接触点数，当水汽在织物中聚集时与人体接触情况的变化等。合体性是指尺寸适合人体，同时与流行密不可分。当流行宽松风格时，穿着窄小的服装就会产生另类的不舒适感。功能性不仅包含良好的热湿传递性能，而且包含特殊的抗静电性等。

服装的舒适性是一个多种感觉复杂结合的结果，既有主观因素，也有客观因素。服装的舒适性是服装本身的一种属性，是对应于人体"舒适感"而提出来的。人们普遍认为，通过织物的热、湿和气流等客观的物理因素是影响服装舒适的主要因素，其他如尺寸、手感、合身性、美观性、柔软性、悬垂性等主观因素对服装舒适也不可忽视。但服装舒适性不是服装的基本属性，如透气性、透湿性、合体性等，也不是各个属性的简单加合，而是若干基本属性的加权组合属性。此外，静电、噪声等也会影响服装舒适。

二、服装舒适性的研究内容与研究方法

服装舒适性从人体的需要出发，系统研究各种服装及其材料的服用性能，从而为科学制衣、穿衣及维持一个有利于人类生活与工作的舒适满意的状态提供依据，具有重要的社会意义和经济意义。

服装舒适性研究的侧重点是人体、服装、环境之间的热湿状态和感觉特性，近年来增加了压力舒适方面的研究。人体、服装和环境之间不停地进行着热湿交换，当热湿达到平衡状态时人体感觉舒适，而热湿交换过程是复杂的，其中涉及产热量、散热量、出汗量、蒸发量等表征热湿状态的变量的测量和计算，这些变量和环境、服装各要素之间的关系，以及人的主观感觉的评价等。服装的重量、款式造型、面料的硬度、弹性等都可能形成服装的压力，对人体产生压迫，而造成不舒服的感觉。评价服装的热湿传递性能、服装对人体造成的压力大小、人体的主观感觉等都是服装舒适性的研究内容。

服装舒适性的研究方法可以分为物理学方法、生理学方法和心理学方法。物理学方法对于研究各种环境因素对散热的影响和建立舒适性指标非常有效。服装热湿舒适性的基础是保持人体、服装和环境之间的热平衡，不考虑不舒适的感觉和人体对冷热的反应。思路是将人视为一个热源，其机体内部产生热量，以同样速率散热，以便保持热湿平衡，最后根据人体产热速率和皮肤温度等指标，运用传热机理建立人体的热平衡方程。生理学方法倾向于研究特殊状态下人体的反应机理，因为人体是一个复杂的系统，具有许多相互影响的控制系统，很难区别各种刺激的作用。思路是从人体的热调节机制出发，研究人体对冷热的反应机理，如血管舒缩、出汗、寒颤等。心理学方法着重研究人的感觉。目前人的感觉无法测量，只能通过观察有关的反应加以推断。心理学方法又可分为心理生理学方法、心理物理学方法、行为心理学方法、神经生理学方法。心理生理学借助于测量心率或皮肤电阻等反应来观察情绪与感觉间的关系；心理物理学通过要求受试者用数值评定感觉的强度，使感觉量化；行为心理学观察人体刺激出现后的行为变化；神经生理学利用测量神经末梢对刺激的反应来研究感觉。

三、服装舒适性研究的发展概况

服装舒适性的研究始于20世纪30年代的美国，正是第二次世界大战时期。人们真正认识服装的隔热防寒原理并建立服装功能与舒适性这门独立的学科，仅仅80多年的历史。两次世界大战中参战士兵冻伤人数的增加，引起了生理学家、物理学家等对服装热学性能的重视，并促进了服装舒适性理论的研究和发展。多年来，国内外许多学者对服装舒适性进行了大量的探索和研究。随着研究的深入，人们已逐步认识到人体—服装—环境是一个不可分割的系统，与服装舒适性有着密切的关系。在这几十年中，国内外许多学者在舒适性机理、测试仪器、实验方法、生理因素、心理因素、环境条件、纺织品性能和结构与舒适性的关系等方面做了大量的研究工作，取得了大量的研究成果，确定了多种衡量服装热湿

舒适性评价方法。

1923年，亚格勒（Yaglow）提出了感觉温度指标，得到感觉温度图表。后来美国气象局的J.F.博森（J. F. Bosen）提出不快指数。20世纪四五十年代，服装的隔热性能成为研究重点。1940年，气候学家和生理学家P.赛普尔（P. Siple）等到寒区考察，发表了论文《选择寒冷气候服装的原则》，作者总结了当时从生理学和气候学方面所得到的许多新知识，提出了服装防寒隔热的原理，对服装的选材和设计起到了重要的指导作用。1941年，耶鲁大学的生理学家A.P.加格等提出了克罗（clo）这一服装热阻的单位，用来评价服装防寒隔热的性能。用克罗值衡量服装热阻的大小，既能反映服装材料和工艺制作的特性，又能反映人体热平衡调节的生理状态，这一概念的提出，开创了服装热湿舒适性研究的新纪元，为服装热湿舒适性的评价提供了统一指标。同年，雷斯（Rees）使用热板导热仪测定了织物冷感，这是服装舒适性中相当重要的指标。1945年，美国哈佛疲劳研究所贝尔丁（Belding）等人在人工气候条件下，对穿着不同保暖服装的士兵进行了测试，测试结果已作为比较不同军服效率的依据。1946年，波顿发表论文，详细论述了人体舒适性取决于自身产生的热量和向环境散失热量之间的能量平衡。服装的介入可以改变人体与环境之间的热平衡，服装既可以看作环境的一部分，也可以作为人体的拓展和延伸。1948年，赫林顿（Herrington）等人用有限数量的人体测定值和舒适带图表概念，对潜水艇里穿着服装的人的生理指标进行了测定。这一探索对研究辐射、传导和蒸发所产生的舒适性热平衡做出了突出的贡献。1949年，英国出版了纽伯格（Newburgh）的经典著作《热调节生理学和服装科学》，这是第一本服装生理学教材。1959年，肯尼迪（Kennedy）等人在讨论士兵服装相互联系要素的基础上形成了一种思想，即人体、服装和环境这三者是一个统一的整体，在服装热湿舒适性研究中缺一不可，这也是服装人体工效学的学术思想。

20世纪四五十年代，人们主要研究防寒服，服装舒适性的评价指标只有服装热阻。20世纪60年代，由于化学纤维的快速发展，合成纤维织物给人们带来了福音，也带来了闷热。学者们开始致力于为了寻找闷热的原因，评价锦纶类服装闷热的程度，使人们在热环境中尽可能地着装舒适，研究热环境下服装的舒适性。1962年，美国服装科学专家A.H.伍德科克（A. H. Woodcock）提出用服装透湿指数描述织物和服装的湿传递性能，计算湿汽运动所引起的有效散热，并作为热气候条件下着装舒适与否的评价标准。透湿指数的提出，是服装热湿舒适性研究发展的里程碑。美国陆军环境医学研究所著名服装生理学家戈尔德曼将服装热阻和透湿指数结合起来，进一步提出服装的蒸发散热效能指数，并建议用热阻、透湿指数和蒸发散热效能指数共同作为服装的热湿舒适性物理指标，来制定不同气候条件下的着装标准，完善了服装热湿舒适评价指标体系。20世纪60年代末，丹麦的范格（Fanger）教授建立了综合人体、服装和环境三个方面六个要素的热舒适方程、舒适图和七点标尺系统。美国陆军环境医学研究所等单位研制出了出汗假人及测试服装透湿指数的方法。

1970年，L.福特（L. Fourt）和N.R.S.霍里斯（N. R. S. Hollies）这两位长期从事服装舒

适性研究的著名专家，在纽约出版了*Clothing Comfort and Function*一书，这是服装舒适性研究领域的重要著作。霍里斯（N. R. S. Hollies）和S.M.斯皮瓦克（S. M. Spivak）将服装舒适性主观评价和客观评价相结合，使服装舒适性评价体系提升到了一个新的高度。随着服装舒适性理论的完善，学者们开始致力于服装舒适性的实际应用研究。许多研究机构相继研制了各种类型的模拟装置对服装热湿舒适性进行表征，如利用暖体假人测试服装的保暖性和透湿性，用计算机模拟服装热湿传递性能等。20世纪70年代后期，服装热湿传递性能、热湿舒适性能的研究进一步活跃起来，除了用生理学方法、人体穿着实验法、仪器模拟实验法对热湿舒适性、冷暖感、湿感等进行了大量研究之外，还采用了计算机模拟技术，使人体、服装、环境之间复杂的热湿交换过程得到了精确的计算。进入20世纪80年代，阐明人体热湿调节机理的热湿生理学方法开始应用在服装舒适性研究领域，人工气候室的研究进一步发展。20世纪80年代中期，国际标准化组织（ISO）制定了一系列标准，用以评价工人在工作场所热负荷是否处于安全范围之内。20世纪80年代后期，动态的湿气传递成为服装热湿舒适性研究的热点。H.亚芬达（H. Yasuda）利用所发明的实验装置，采取显汗和潜汗两种出汗模式，研究多层织物暴露在不同温湿度环境中，在短时间内温度的改变以及湿气的流动，并发表了一系列论文。随着科技水平的提高，对服装热湿舒适性的研究仍在不断深入。

20世纪80年代以后，服装压力对舒适性的影响逐渐受到关注，学者们提出了服装压力舒适性的概念。服装压力舒适性的研究是服装舒适性研究中相对较新的领域，评价服装压力舒适性的前提是研究服装压力的分布与预测。国外学者已经研究并提出了人体感觉舒适的服装压力范围。

相比欧美等发达国家，我国对服装舒适性的研究起步较晚，始于20世纪60年代。20世纪60年代中期，中国人民解放军原总后勤部军需装备研究所开始研究分段暖体假人。1978年，上海纺织科学研究所研制了圆筒保温仪。20世纪80年代中期开始，服装舒适性研究方面的著作陆续出版，如*Clothing Comfort and Function*的中文译本、《服装卫生学》、《舒适》等，对我国服装热湿舒适性研究起到了推动作用。

1983年，西北纺织工学院（现西安工程大学）研制出了织物微气候仪，同时提出了用热阻、湿阻、当量热阻、热阻率、当量热阻率等指标作为织物热湿舒适性的物理指标。1985年，中国纺织大学（现东华大学）研制了织物传热透湿装置。中国人民解放军原总后勤部军需装备研究所对织物热湿传递性能的评价方法进行了大量研究，成功研制出了衣内微气候测试仪，并提出了潜汗和显汗条件下织物热湿传递性能的评价指标。这些测试仪器的研制，为评价服装舒适性提供了先进的测试手段，解决了服装热湿舒适性定量评价的问题。目前，我国在热湿舒适性研究方面已经取得了很大进展，主要研究范畴集中在暖体（出汗）假人和测试仪器的研制，吸湿排汗面料的开发以及衣内微气候的研究等。2002年，香港理工大学纺织及制衣学系成功研制出了世界上第一台用水和特种织物构成的出汗暖体假人，成功实现了全身出汗功能，并能够精确测量服装的热阻和湿阻。

第二节　服装舒适性的分类

服装舒适性可分为生理舒适性和心理舒适性。生理舒适性包括适穿舒适性、触觉舒适性、热湿舒适性。适穿舒适性，主要是服装及其结构的设计人员研究的内容，包括服装穿着的合体性、对人体运动的影响以及服装的压力等问题，主要由服装的款式结构和服装材料的力学性能决定。目前适穿舒适性研究主要指压力舒适性。触觉舒适性，也称为接触舒适性，是指服装与人体皮肤接触时产生的各种神经感觉，包括由皮肤神经末梢感知的力学触觉舒适性，如柔软、刺痒等，由温度等感觉神经末梢感知的热湿接触舒适或瞬时接触冷暖感等。热湿舒适性是指在各种不同的环境条件下，人体穿着服装后，使人体的热、湿状态达到平衡，人体感到既不冷又不热，既不闷又不湿，满足人体生理状态的要求，使人体感觉舒适、满意的服装性能。服装热湿舒适性与服装材料的热湿传递性能、服装的款式结构、人体所处的状态等密切相关。本书前面的章主要涉及的是热湿舒适性，本节将详细介绍服装触觉舒适性和压力舒适性。

服装心理舒适性包括色彩、款式和对某种场合穿着的适合性。服装生理舒适性和心理舒适性也相互影响，相辅相成，在不同条件下，两种舒适性的作用和要求也会有所不同。例如，对于旗袍、晚礼服、美体内衣等，更侧重于心理舒适，而日常休闲服装、睡衣、家居服等，更侧重于生理舒适。

一、服装的热湿舒适性

目前所提及的服装舒适性，多数是指服装的热湿舒适性。热湿舒适性中单纯考虑温度感的舒适叫温度性舒适。温度性舒适是指在外部环境条件与自身活动条件的交互作用下，服装发挥适当的辅助体温调节功能，使人体保持热平衡。即当人体净产热量与净散热量相等时，人体感到舒适。人体热平衡的关系式表示如下：

人体净产热量=人体代谢产热量−人体对外做功消耗的热量=人体净散热量+人体蓄热

当人体蓄热等于0时，人体感到舒适；当人体蓄热大于0时，人体有热感；当人体蓄热小于0时，人体有冷感。在实际生活中，温度性舒适不是绝对要求人体蓄热等于0，因为很难满足。一般认为，当人体蓄热大于0时，只要不超过$10kJ/m^2 \cdot h$，人体感觉舒适或达到舒适性微热状态；当人体蓄热大于$25kJ/m^2 \cdot h$时，人体会产生不舒适的热感。当人体蓄热小于0时，只要不超过$-10kJ/m^2 \cdot h$，人体感觉舒适或达到舒适性微凉状态；当人体蓄热小于$-25kJ/m^2 \cdot h$时，人体会产生不舒适的冷感。

作为一种主观感觉，服装热湿舒适感对人的日常生活和工作影响很大，在整个服装舒适性研究领域中，热湿舒适性是最基本最核心的问题，国内外学者对热湿舒适性的研究也最为广泛，一直是现代服装科技领域的前沿研究课题。

二、服装的触觉舒适性

触觉舒适性主要是指由服装材料的物理机械性能及表面性能对人体皮肤的作用，因此，服装触觉舒适性的评价与织物的物理机械性能、皮肤的特性及环境的温湿度等因素密切相关。服装的触觉舒适性主要包括织物的手感、接触冷暖感、刺痒感和黏体感等。

（一）织物的手感

织物的手感就是用手触摸、攥握织物时织物的某些物理机械性能作用于人手并通过人脑产生对织物特性的综合判断。织物的手感不仅影响到服装的穿着舒适性，而且影响服装的造型和保型性，是织物的多种物理机械性能和内在质量的综合反应，直接影响消费者是否购买某种服装。织物的手感通常被称为织物风格，但属于狭义的织物风格，主要包括织物的粗糙与光滑、柔软与硬挺、弹性好坏、轻重、厚薄、丰满与板结等，与织物在低应力下的力学性能密切相关。广义的织物风格不仅包括触觉方面的风格，而且包括视觉方面的风格。视觉风格是织物的纹理、图案、色彩、光泽及其他表面特性作用于人的视觉器官并通过人脑产生的对织物特性的综合判断，属于心理舒适性的范畴。织物手感的评定方法有主观评定法和客观评定法两种。

织物手感的传统评定方法是主观评定法，即由有经验的人员用手触摸、攥握织物，然后对织物的手感做出评价。这种方法简单快速，很快被广泛采用，但是容易受判定人员的心理和生理因素的影响，对评定人员的经验要求很高，评定结果不稳定，有一定的局限性。

1926年，英国的宾斯（Binns）对织物手感的主观评定进行了研究，发现多名评定人员往往比单独一个人给出的评定结果更可靠。1958年，霍沃斯（Howorth）和奥立弗（Oliver）首先将因子分析用于西服面料的手感评定，得到决定织物手感的主要有三个因子，分别为织物的光滑度、硬挺度和厚度。伦德格林（Lundgren）则认为对于所有织物而言，织物的光滑度、硬挺度、蓬松度和传热特性这四个因子更加适合。

早在1930年，英国的纺织物理学家皮尔斯（Pierce）就开始研究织物手感的客观评定问题。他指出，织物的手感可以量化，织物的手感与一系列的可用仪器测量的织物基本性能如织物的弯曲长度、弯曲刚度、弯曲模量、厚度、压缩模量、织物密度、织物延伸度、表面摩擦系数等有关。

20世纪70年代，日本京都大学的川端季雄（Kawabata）教授、奈良女子大学的丹羽雅子（Niwa）教授等在织物手感的主客观评定方面做了大量的工作。川端季雄教授等认为，织物手感的主观评定基于两个方面，一是由织物的物理机械性能和表面性能引起的触觉感受，二是织物的物理机械性能和表面性能对某种最终用途的适用性。同时也指出，在织物手感的主观评定中，实际经历了两个步骤，第一步是对织物基本手感（Hand Value，HV）的评定，第二步是对织物手感总体印象的判断，也就是织物综合手感（Total Hand Value，THV）优劣的判断。川端季雄教授等根据不同的织物用途规定了各种织物的基本手感及其权重，表6-1为冬季用和夏季用男西服面料在手感评定中各基本手感及其权重。

表 6-1　冬季用和夏季用男西服面料在手感评定中各基本手感及其权重

冬季用男西服面料		夏季用男西服面料	
基本手感	权重（％）	基本手感	权重（％）
硬挺度	25	硬挺度 + 抗悬垂度	30
滑糯度	30	滑爽度	35
丰满度	20	丰满度	10
外观	15	外观	20
其他	10	其他	5

随着主观评定研究的深入，川端季雄等研制开发出一套测试织物力学性能和表面性能的仪器，即川端型织物手感评价系统（Kawabata Evaluation System for Fabric），简称KES-F系统，后来进一步改进为KES-FB系统。KES-FB系统包括拉伸剪切测试仪（KES-FB1）、弯曲测试仪（KES-FB2）、压缩性能及厚度测试仪（KES-FB3）和摩擦及表面粗糙度测试仪（KES-FB4），用于测定与织物手感相关的16项物理力学指标，如表6-2所示。数据读取、图形处理、数据分析与风格值计算均可在计算机上进行，方便直观，直到现在仍然是织物风格研究的主要设备。

表 6-2　KES-FB 系统测试的织物物理力学指标体系表

测试仪	性能	符号	单位	物理意义	风格含义	说　明
FB1	拉伸性能	LT	—	拉伸线性度	柔软感	WT 越大，织物越坚牢，易变形 RT 越大，织物弹性越好
		WT	cN·cm/cm²	拉伸功	变形抵抗能力	
		RT	%	拉伸回复率	变形回弹性	
FB1	剪切性能	G	cN/[cm·(°)]	剪切刚度	变形抵抗能力	其值越小，回复能力越好
		2HG	cN/cm	剪切角为 0.5° 时的剪切滞后矩	回复能力	
		2HG5	cN/cm	剪切角为 5° 时的剪切滞后矩	回复能力	
FB2	弯曲性能	B	cN·cm²/cm	弯曲刚度	身骨（刚柔性）	其值越小，弯曲变形后回复能力好
		2HB	cN·cm/cm	弯曲滞后矩	活络（弹跳性）	
FB3	压缩性能	LC	—	压缩线性度	柔软感	WC 越大，织物越蓬松 RC 越大，织物的弹性越好
		WC	cN·cm/cm²	压缩功	蓬松感	
		RC	%	压缩回复率	丰满感	
FB4	表面性能	MIU	—	平均摩擦系数	光滑、粗湿感	越小越好 其值越小，表示手感越光滑
		MMD	—	摩擦系数平均差	爽脆、匀整性	
		SMD	μm	表面粗糙度	表面平整性	
FB3	厚重特性	T_0	mm	0.49cN/cm² 压力时的厚度	厚实感	
		W	mg/cm²	单位面积质量	轻重感	

为了得到织物手感和物理力学指标之间的客观关系，川端季雄教授和日本手感评定及标准化委员会组织日本纺织服装专家首先对大量织物的基本手感和综合手感进行了主观评定。每一基本手感划分为0～10共11个级别，10为最优，0为最差。综合手感划分为0～5共6个级别，5为优秀，0为极差或无法应用。然后利用KES–FB系统对这些织物进行客观评定，测试表6-2所列的16项物理力学指标，采用逐步多元回归方法，建立了织物基本手感值HV和织物物理力学性能的多元回归方程，以及织物综合手感值THV和织物基本手感值HV的多元回归方程。这样，对于任意一种织物，只要用KES–FB系统测试了上述16项指标，代入回归方程，就可求出织物的基本手感值HV和综合手感值THV，完成织物手感的客观评定。

由于川端季雄教授收集了日本国内该类型品种的几乎所有织物，具有广泛的代表性。因此，用仪器客观评定的结果和专家手感评定的结果甚为一致，应用十分方便。但是由于织物风格受到民族、风土人情、习惯、爱好的心理和社会影响，回归方程式并不完全适合于其他国家。经日本、中国、澳大利亚、印度四国联合对相同的织物试样进行了仪器测定和专家手感评定相对照，回归方程式在日本较符合，而在其他国家对照的结果，各国并不完全一致。因此，各国需要重新组织本国专家组主观评定后建立新的适合于本国习惯的回归方程。

除川端型织物手感评价系统外，还有两种代表性的评价系统。一是澳大利亚联邦科学与工业研究组织面向织物手感及成衣加工性能的客观评价系统——织物简化测试系统（Fabric Assurance by Simple Testing，FAST），该系统包括三台简单的测试仪器及一种测试方法，专为毛织物生产、整理及服装生产质量管理而设计。三台仪器和一种测试方法分别为FAST–1压缩仪、FAST–2弯曲仪、FAST–3拉伸仪以及FAST–4织物尺寸稳定性测试方法，可测得20项力学指标，反映了与面料性能及成衣加工有关的四种低应力下的变形、压缩、弯曲、拉伸、剪切、尺寸稳定性，可以较为全面地评定织物的外观手感和成衣的缝制加工性能。二是美国潘宁教授研制的PhabrOmeter织物手感评价系统，是一种用模式识别方法提取织物手感本质特性，并与人的触觉相标定的快速可靠的软材料舒适度质量检测技术，可以通过手感对织物进行客观评价和分级。

（二）接触冷暖感

在日常生活中，人们习惯通过手触摸织物的冷暖感觉判断织物的热舒适性能，手指皮肤的感觉会影响人们购买贴身服装的决定。手指触摸织物的冷暖感觉，主要是由手指指尖与所接触织物之间的温差而引起的热流和该处皮肤冷暖感觉阈值决定。织物是一种非均质物体，含有多种成分以及不均匀多孔结构，导致其接触皮肤时传热过程较复杂。例如，在热交换过程中会伴随有吸湿或放湿，以及冷凝或蒸发现象。织物接触皮肤的冷暖感觉涉及多个学科，如生理学上已揭示了人体皮肤对外界冷暖刺激的响应规律，纺织材料科学也探索了织物的各项热学属性。

织物接触皮肤时，皮下温度感受器感知接触瞬间引起皮肤温度的波动，经由大脑判断冷暖感觉并评价该织物的热舒适性。织物的导热性能、织物与皮肤接触面积和温差直接影响两者接触时的热交换过程，决定了接触瞬间冷暖感觉的判断。织物纤维成分、含湿量、本身的热学属性、表面结构和皮肤温度波动对接触冷暖感觉的判断存在较大影响。

研究表明，在标准实验室条件下，不同纤维之间的导热率差别不大，使得皮肤对不同纤维织物的冷暖刺激响应差别不明显；而同种表面结构的不同纤维成分织物，接触冷暖感觉存在差距的主要原因是纤维的回潮率具有显著差别；同一种纯棉织物的含湿量对接触冷暖感觉的影响，取决于该织物所处的环境。在相对皮肤较冷的环境中，含湿量相对环境较小的织物易造成暖感，而含湿量相对环境较大的织物接触皮肤时接触者感受到冷刺激。羊毛织物表面结构含有绒毛越多，越容易在织物和皮肤之间存储更多的静止空气，减少了皮肤和织物实际接触面积，削弱了织物的热传导能力，从而形成明显的保暖效果。皮肤对不同织物的冷暖刺激有一定的分辨能力，织物接触皮肤冷暖刺激主要取决于织物的含湿量和表面结构。

织物温度影响手指接触时的冷暖感觉判断。人体手指指尖皮肤接触不同温度的同一织物瞬间，在织物与皮肤温度差别较大的情况下，冷暖感觉判断具有高度的一致性；而织物与皮肤温差不大时，主观冷暖感觉判断存在多样性。皮肤表面温度的波动，导致接触相同织物时皮肤主观冷暖感觉判断不稳定。

（三）刺痒感

织物刺痒感是指织物与皮肤相互接触、摩擦时，织物表面突出的毛羽性状诱发对皮肤中各种感觉感受器形成痒的感觉。研究表明，当刺激皮肤表层神经区域，只有痛觉小体感受器对具有不同刺扎感的织物起反应。一般柔软无粗纤维毛羽的织物并不能刺激这类神经感受器，但是随着织物中纤维粗硬程度的增加和毛羽量的增加，这类神经感应元的反应也增加，刺痒感便产生。刺痒感往往发生在麻类、毛类或含有粗短硬纤维的织物中。

影响织物刺痒感的主要因素是织物表面突出纤维的性状。纤维直径、毛羽长度和抗弯刚度是影响纤维性状的重要因素。纤维直径和长度影响纤维的弯曲刚度。纤维的弯曲刚度直接决定纤维对皮肤表面的刺扎作用。

（四）黏体感

在实际穿着服装中，我们经常会感到衣服有贴着身体的现象。比如干燥的冬季穿着一些化纤类内衣，会因为存在静电而吸附到皮肤表面；穿着紧身、面料光滑的衣物，也很容易贴着皮肤；阴沉多雨的天气，穿着一些棉制的衣服，也会感到一种闷热和黏身的现象；人体在大量运动后，穿着各类衣服都会感到黏黏的。在高温高湿的夏季里，即使微小的运动也会引起出汗量的增加。如果人体的汗气和汗液不能顺利地通过织物，就会导致人体皮肤与服装间的微气候中湿度增大，人体皮肤表面被水分包裹。随着皮肤与服装接触面积的增加，如果汗液充满织物，挤出了纤维和纱线之间空隙处的空气，一方面人体会觉得更加闷热，另一方面，皮肤与服装的黏贴更加重了人体的不舒适感觉，即黏体感。

织物黏体感是指由于外界高温高湿环境或者由于人体运动的影响，造成生理上出汗，而随着汗量的不断增加，织物与皮肤之间发生细微的力学接触，使其接触时的表面摩擦力发生显著变化，织物紧贴皮肤，使人感到强烈的不舒适感。

研究表明，织物的黏体感和织物与皮肤间的局部动态湿积聚有关，即与一定的湿度水平有关。而纤维类别、织物表面性能等会影响这种动态湿积聚，进而会出现一定程度的黏体感。织物黏体感受织物的克重、厚度、纱线细度、拉伸性能、表面粗糙度、织物的吸湿性、散湿性、热阻影响显著。

（五）织物力学性能与舒适性的关系

1. 拉伸性能

织物的拉伸性能，尤其是织物的伸长率和拉伸回复率，与服装的运动舒适性密切相关。人们在生活和工作中要从事各种活动，进行着各种动作以达到自己的目的，身体的各部位随之会发生不同程度的变形。由于人体的屈曲，皮肤向垂直方向和水平方向伸长，伸长的大致范围为20%～50%。不同的部位因不同的动作，尽管在垂直方向有伸长，但有时会在水平方向有收缩，如垂直举起手臂时，垂直方向伸长66%，而水平方向收缩20%。各种动作时人体皮肤的伸长变化情况如表6-3所示。

表 6-3　各种动作时人体皮肤的伸长率

部位	动作	皮肤的伸长率（%）			
		水平方向		垂直方向	
		男	女	男	女
膝部	坐下	21	19	41	43
	深曲	29	28	49	52
肘部	充分弯曲	24	25	50	51
臀部	坐下（全部）	20	15	27	27
	坐下（部分）	42	35	39	40
	蹲下（全部）	21	17	35	34
	蹲下（部分）	41	37	45	45
脊背	朝前抬起胳膊	33	31	—	—
	两肘放在桌子上	28	28	—	—
	系鞋带	47	47	—	—

如果服装能适应这些变形，则使人感觉比较舒适；反之，如果服装不能适应这些变形，则会对人的活动产生妨碍，使人感觉不舒适。服装要能适应身体的变形，一方面可以

从服装结构设计角度作部分解决，另一方面可以依靠织物的延伸性加以解决。延伸性好的材料能够更大程度地适应身体的运动变形，影响织物延伸性的因素有纤维种类、纱线结构、织物结构和织物后整理。常用纤维中多数纤维的伸长率在一个较小的范围内变化，氨纶纤维则例外，其断裂伸长率达450%～800%，且伸长后的弹性回复率大，因而被称为弹力纤维，是加工高延伸性或弹力织物的原材料。对于弹力纤维而言，要充分发挥其优点，还需要适当的纱线结构。一般多采用弹力纤维作芯的包芯纱结构，或采用弹力纤维与普通纱的并捻结构，弹力纤维应保持长丝状态。对于非弹力纤维而言，采用强捻纱结构的延伸性较好。从织物结构的角度看，针织物比机织物的延伸性好，纬编针织物比经编针织物的延伸性好。树脂整理、涂层整理、拉幅整理、紧式后整理可使织物的延伸性降低；而煮呢、洗呢、松式后整理则可使织物延伸性提高。

2. 弯曲性能

织物的弯曲刚度与织物手感关系密切，弯曲刚度越大，织物一般越刚硬，弯曲刚度越小，则织物越柔软。对于贴身穿着的服装而言，人们比较喜欢弯曲刚度小、手感柔软的织物；对于外衣材料而言，人们喜欢弯曲刚度大、有一定硬挺度的织物。

纤维材料的初始模量和纤维的横断面尺寸，是影响纤维本身弯曲性能的最重要的两个因素。纤维的初始模量越大，纤维就越刚硬，对应的织物就越硬挺。黏胶纤维的初始模量低，具有柔软的手感；麻纤维的初始模量高，手感比较刚硬；棉纤维的初始模量适中，织物手感的软硬程度也适中。纤维的横断面尺寸即纤维的细度，对纤维的弯曲性能影响很大，纤维越细越柔软。在其他条件相近的情况下，纱线细的织物弯曲刚度小，织物手感更为柔软。

织物的厚度和松紧程度影响织物的弯曲刚度。随着织物厚度的增加，织物的弯曲刚度显著增加，织物手感逐渐变硬。同样厚度的情况下，织物的结构越疏松，织物的弯曲刚度越小，手感越柔软。

织物的后整理能够在一定程度上改变织物的厚度以及纤维与纤维之间、纱线与纱线之间的摩擦阻力，从而使织物的弯曲刚度发生变化。如织物经硬挺整理后，织物的弯曲刚度增大，手感变硬；织物经柔软整理后，织物的弯曲刚度减小，手感变软。

3. 剪切性能

织物的剪切刚度越大，织物越刚硬；剪切刚度越小，织物越柔软。织物的剪切刚度主要由纱线间的摩擦阻力决定，纱线间的摩擦力越大，则织物的剪切刚度越大。织物的后整理能够在很大程度上改变织物纱线与纱线之间的摩擦阻力，如树脂整理阻止了纤维与纤维、纱线与纱线之间的相互移动，使织物的剪切刚度增大；涂层整理在织物表面形成一层薄膜，阻止了纤维与纤维、纱线与纱线之间的相互移动，使织物的剪切刚度增大。

4. 压缩性能

压缩性能的指标有三个：压缩功、压缩线性度、压缩回复率。一般来说，压缩功越大，织物越厚实。压缩线性度越大，织物越难发生压缩变形，织物手感比较单薄。压缩回复率越大，织物压缩变形后越容易恢复，织物的厚度持久性越好，织物手感比较丰满。

纤维的细度、初始模量和卷曲度对织物的压缩性能都有较大的影响。使用细度粗、初始模量高、卷曲度高的纤维，容易得到厚实、丰满的织物。纱线的细度和捻度也会在较大程度上影响织物的压缩性能。其他条件相同时，纱线越细，织物就越薄；同样细度的纱线，捻度越大，织物就越丰满。较松的织物组织可以得到比较丰满的织物，紧密组织适合加工手感轻薄的织物。

有些后整理工艺对织物的压缩性能有很大的作用。如拉绒、起毛、缩绒等工艺可使织物厚度明显增加，提高了织物的丰满度；剪毛、烫呢、电光等工艺可使织物厚度明显减小，降低了织物的丰满度。

5. 表面性能

织物的表面性能包括织物表面的摩擦性能和表面粗糙度，有三个性能指标：表面粗糙度、平均摩擦系数、摩擦系数的平均差。

纤维的细度、长度、卷曲度和初始模量影响织物的表面性能。其他条件相同时，纤维的细度越细，纤维越长，织物表面越平整光滑；其他条件相同时，纤维越卷曲，纤维的初始模量越大，织物表面越粗糙。

纱线的捻度越大，织物表面一般越粗糙。从织物组织的角度看，织物表面浮长线的变化越大，织物表面越粗糙。

有些后整理工艺对织物的表面性能有很大影响。如起绒、拉毛、缩绒等工艺可使织物表面毛羽明显增多，织物表面越粗糙；而烧毛、蒸呢、电光等工艺可使织物表面更加平整光滑；液氨整理、硬挺整理可使织物表面光滑度提高。

三、服装的压力舒适性

（一）服装压力的定义及分类

服装压力舒适性是评价服装舒适性的重要指标之一，尤其是某些医疗保健、运动功能性服装和调整塑身功能性服装最重要的指标。随着人们对服装舒适性的要求日益提高和弹力面料的广泛运用，人们对服装压力舒适性更加关注。

萨利姆·M.易卜拉欣（Salim M. Ibrahin）最早提出了服装压力的概念，人穿着服装时，服装垂直作用于人体皮肤表面单位面积上的接触应力被称为服装压力。根据引起服装压力的成因将其分为三类：由于服装自身重量形成的压力，称为重量压，如上衣的压力集中在肩部，下装主要集中在腰围线上，在防护服、极地防寒服、潜水衣、太空服、婴幼儿服装、老年人服装等设计上，考虑重量压因素显得很重要；由于服装勒紧而产生的压力，被称为束缚压力，如束腹裤、塑型腹带、中国的裹脚、欧洲的紧身胸衣等；由于人体的运动或姿势的变化导致人体体表曲率变化而产生的服装对局部的压力，被称为运动压力或面压力，如人体在膝盖或肘部屈曲时，此处人体表面曲率增大，服装面料必须以相对滑动或变形来适应人体，会对此部位产生局部压力，引起服装膝部或肘部起拱。

人在穿着衣服的状态下，产生的服装压力有可能是服装压力的一种，也可能是多种混合。对于人体表面是曲面的部分，可能既包含重量压，也包含束缚压，即存在服装面料的变形产生的张力垂直于人体曲面的分解力和由于服装受重力作用而产生的压力。目前的研究表明，相对于重量压力和运动压力，服装的束缚压力更容易被感知。

按照服装压力变化与时间的关系可以分为静态服装压力与动态服装压力。静态服装压力是指人在静止状态时，由于服装材料的拉伸或重力作用而形成的不随时间变化的服装压力；人在运动状态下，服装压力随时间而变的物理量，被称为动态服装压力。

（二）服装压力对人的影响

从医疗、人体防护、运动效率和审美观点来看，适度的服装压力是有益的。早在20世纪60年代，人们就开始利用服装压力治疗烧伤疤痕恢复，后来在医疗领域应用得越来越多。其基本原理是利用压力对血液循环的影响，减少伤口部位血液与营养供给。比如用压力服装辅助治疗烧伤，通过外部压力服装向烧伤处持续施加压力，改变伤处的血液流量和营养补给，避免增生性疤痕的产生。对于静脉曲张患者，通过压力绷带和压力长筒袜等给肢体施加一定的压力，对防止静脉血管扩张和减少血栓形成有明显作用。在较长的飞行旅程中，穿着长筒压力袜能够减少腿部血液凝固现象，改善腿部的血液循环。服装压力可预防瘀血溃烂，利用对压力较敏感的纤维制成具有预警作用的袜子，可以对糖尿病等引起的足部溃疡发出警示信号。除此之外，还可用于淋巴肿大、骨折、水肿、肥胖以及血液循环紊乱等。

在体育运动中，穿着适度压力的服装不仅对人体有保护作用，还能提高运动工效。如跑步时，穿着紧绷的护腿和胸衣能减少相关部位肌肉的振动，因振动带来的能量消耗和酸痛感得以减轻，还能减轻疲劳感，提高运动舒适性，增加运动耐力。在举重运动中，紧身腰带的松紧程度对运动成绩也有影响。举重运动员在发力时，腰腹肌肉充血膨胀，勒紧的腰带可以使膨胀的肌肉更好地支撑腰椎和脊椎，减轻运动负荷，防止运动损伤，还可提供额外的支撑力，从而提高运动成绩。2000年在悉尼奥运会上出现的鲨鱼皮泳装可以减少人体在水中的阻力，据说可以减少4%的阻力，游泳成绩可以提高几秒。

当服装压力过大，压迫时间过长，则会对人体产生负面影响，轻则导致血液循环系统、呼吸系统、排泄系统、内分泌系统的异常，重则引起人体骨骼变形、内脏移位、呼吸受限等。过紧的胸衣会明显降低自主神经的活动，导致副交感及热调节交感神经活动显著降低，迷走神经系统活动明显降低，心率改变，妨碍呼吸系统的正常工作，对肠胃消化功能也有抑制作用。18世纪洛可可时代的女性紧身胸衣，严重造成了穿着者胸部、胃部的移位和变形，危害了人体健康。格鲁斯尔（Growther）研究发现，长期穿着紧身牛仔裤不仅会导致身体形态的凹凸变形，严重者还会损害身体的健康。有医学研究报告指出，当人体处于坐姿或下蹲状态时，过度紧身的服装就是一个有效的止血带，从而导致血栓的形成。

（三）服装压力的影响因素

首先要区分服装压力值与服装压力舒适性之间的关系，服装压力值虽然能在较大程度上影响服装压力舒适性评价，是服装压力舒适性评价的基础，但两者之间不是绝对的正反比关系，由于个体心理、生理条件的不同，对压力大小的感知程度存在一定的差异。影响服装压力值的因素，可概括为人体因素和服装因素两个方面：

1. 人体因素

（1）人体部位形状：人体表面是不规则的曲面，不同部位的曲率半径不同，对服装压力的分布具有很大的影响，在相同束缚条件下，人体部位曲率半径越小，所受服装压力则越大。如女内裤的压力测试发现，在整个腰围线上，后腰围线的中点与腰围线体侧点之间的压力最大，这是由于此处为人体胯骨顶部臀大肌开始处，曲率较大。

（2）人体肌肉和脂肪的含量：随着人体部位的不同而不同，导致人体各个部位的弹性系数不同，脂肪含量高的部位的弹性系数通常较小。在其他条件相同的情况下，弹性系数越大的部位，受到的服装压力值也越大。

（3）人体受力部位的构成：包括骨骼形状、肌肉厚度和弹性、皮肤和皮下软组织的力学性能等因素。受力部位的肌肉厚、皮下软组织多，受压时容易移位和变形，对服装压力有一定的缓冲作用，则产生的服装压力相对较小；而受力部位多是骨头和肌腱，则产生的服装压力较大。文胸后背的上、下压力线上的服装压分布呈现出中间小、两侧大的规律，这是由于人体后背中间的脊柱两侧向内凹陷，皮下脂肪较少，因此压力值较小。

（4）人体的运动姿态：人体在站立、行走、蹲、坐、举手等不同动作姿态下，各部位皮肤伸长量不同，如果服装的局部放松量不能满足相关部位皮肤伸长的需要，就会对人体相应的部位产生压力。人体运动时会引起人体某些部位的变形和移位，致使该部位曲率发生变化，从而引起服装压力的变化。如女性穿胸带式背心进行运动时，不同运动状态下，由于运动造成乳房的形态和振动状况不同而导致各部位压力变化剧烈程度差异明显。

2. 服装因素

（1）服装面料：面料的摩擦系数、光滑度、柔软度、面料的双轴向拉伸、弹性模量、剪切与弯曲性能等物理性能与服装压力大小有关。如束腹裤在腹部形成的服装压力与面料弹性指标中的横向断裂强度与断裂功呈显著的负相关，与纵向初始模量之间呈正相关。

（2）服装款式与规格：服装的款式结构、号型大小、宽裕量等都会对服装压力大小产生影响。如罗纹布紧身袖口的款式会比普通袖口形成更大的服装压力。在相同的拉伸下，布料的弹性模量越大，产生的服装压力越大。有研究发现，人在静立状态下穿着紧身长裤时，服装的宽裕量和服装压感之间有密切的关系。一般情况下，服装的放松量越大，服装对人体的束缚就越小，产生的服装压力就越小；在同样的面料伸长情况下，服装面料的延伸性越大，面料所受到的拉伸力就越小，对人体的表面产生的压力就越小。

（3）服装重量：服装重量主要影响的是服装压力中的重量压，环境、季节、性别、年龄、体格、习惯、职业、面料、造型、穿着组合等都会影响服装的重量，而一般情况下服装重量越大，则重量压力越大，动作的束缚性增加。如男性服装中，冬装肩部的压力明显大于腰部的服装压力，而夏装肩部的压力略大于或等于腰部服装的压力。

在日常着装中，由于服装不能适应人体某些部位皮肤的伸展而使人体感到压迫和不舒适的问题日益受到关注，有研究表明，较舒适的服装压力范围为1.96 ~ 3.92kPa。影响服装压力的因素主要有人体曲面和人体表面弹性系数、服装的放松量和服装面料的延伸性、人体的动作姿态等。

（四）服装压力舒适性的评价

服装压力的评价分为主观评价法和客观评价法，目前服装压力舒适性的评价大多采用主观评价和客观评价相结合的方式。主观评价法就是服装舒适性通用的主观评价法，先建立服装压迫感和压力舒适性的心理学标尺，然后让受试者穿着要测试的服装，对需要评价的部位进行压迫感和压力舒适性的评分。客观评价法即通过仪器测量，一方面测量服装压力值，另一方面测量人体的生理指标。前者通过在人体与服装之间放置微小的感压元件，直接测量作用于感压元件的压力大小，以此判断该部位服装压力的大小。目前使用的服装压力测试仪主要有日本AMI公司开发的AMI3037系列气囊式压力测量系统和美国Tekscan公司开发的ELF服装压力测量系统。后者的生理指标包括肺功能、循环功能、能量代谢、肌电图、内脏的变位变形等。

目前服装压力舒适性领域的相关研究主要集中以下几个方面：（1）各类服装服饰的压感舒适性研究，即压力感觉的阈值。涉及文胸、塑身美体类服装（美体裤、束腹裤、塑腹带、矫姿塑身衣）、泳衣、袜子、棒球帽、鞋底部等。（2）压力测试仪器开发与测试方法的研究。（3）服装压力对人体的生理影响及其应用的研究。（4）影响服装压力舒适性评价与压力值的因素研究。（5）服装压力分布预测模型研究。

第三节　服装舒适性的评价方法

一、服装评价的五级分析系统

目前国际上对各种功能服装性能的评价或者新产品的研制开发，通常基于人体工效学思路，以人体—服装—环境作为整体系统，普遍采用五级分析系统，如图6-1所示。

（1）第一级材料实验：即进行织物"皮肤"模型上的生物物理学试验。利用平板或圆筒等仪器对织物的一系列物理性能进行检测，如材料的隔热性能、透湿性能、透气性能、弹性、断裂强度等。针对服装用途的不同，对原辅料进行相应指标的测试检验。对于某些特殊功能服装还有一些针对其功能的检测，如消防服，还要测量面料的阻燃性能（极

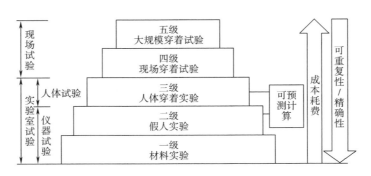

图6-1 服装评价的五级分析系统

限氧指数、续燃时间、阴燃时间、损毁长度等）。通过材料实验，了解材料性能能否满足功能和设计要求，同时为后续服装的加工和制造提供技术指标。

（2）第二级假人实验：利用暖体假人、出汗假人进行生物物理学分析，结合预测模型，预测服装的适用范围，对服装进行功能的评价。

材料实验虽然可以精确测量出服装材料的各种性能，但有些指标并不能完全代表服装，如热阻、透湿指数等。因为服装并非均匀覆盖人体表面，并且服装与服装之间会有部分重叠的现象；绝大多数情况下，人体穿着服装后，在人体与服装之间以及各层服装之间存在空气层；由于重力的作用，服装的某些部位存在压缩现象；人体姿态不同，会使服装与人体之间以及各层服装之间的空气层厚度及流动状态发生变化，同时也会使服装局部的面料发生拉伸或压缩。所以，材料实验之后必须进行假人实验，进一步测量服装的热阻、透湿性能、穿着的外观效果等。此外，暖体假人可以经受任何环境条件，甚至一些极端条件，如严寒、高温、火焰等，并且可以根据需要进行不间断的连续实验。

（3）第三级人体穿着实验：即在可控的人工气候室进行着装人体实验。为彻底了解服装在设计和功能方面是否真正符合实际需要，只有通过人体穿着实验才能得到真实的实验结果。实验过程中，受试者模拟实验工作状态，测量受试者的主要生理参数，同时以问卷方式进行受试者的主观感觉实验。根据实验获得的生理数据与主观感觉，验证第二级假人实验和模型预测的结果，对服装的舒适性、生理可接受性和耐受限度等做出评价，进一步提出服装的设计改进意见。

（4）第四级现场穿着实验：结合实际使用情况，控制一定的实验条件，进行有限的现场穿着试验，对服装进行综合评价。对于普通服装，现场实验主要从消费者与市场需求、服装的总体感觉、服装号型等方面进行评价。对于特种功能服装，受试者需要穿着所设计的功能性服装在实际工作场所进行工作，对服装总体性能进行评价。

（5）第五级大规模现场穿着试验：进行大规模人体穿着试验，全面综合评价服装性能，为服装产品定型提供依据。大规模穿着实验阶段主要针对特种功能服装、军服，一般类型的服装不需要这个过程。通过较长时间的大规模穿着实验，为服装产品的最终定型及最终的应用提供保证。

二、人体穿着实验方法

使用暖体假人测量服装的热湿传递性能虽然具有许多优点，但它不能完全代替真人。因为暖体假人没有体温调节机能、情感变化等。所以，对于服装人体工效学的研究还需要在暖体假人试验的基础上，必须进行人体穿着实验。

人体穿着实验一般要求在人工气候室进行。通过人工气候室，模拟大气的各种工作环境，如温度、湿度、气流等。进行人体穿着实验时，人体状态一般有三种，即静态（如静坐）、动态（如慢跑、踏车）、静动态（静坐—慢跑—静坐）。

1. 人体穿着实验方法主要包括以下内容

（1）用温、湿度传感器测试服装内微小气候的温、湿度，直接进行相对比较。这种方法简单直观。

（2）测量受试者生理学的相关指标，如新陈代谢率、体核温度、平均皮肤温度、心率、出汗量等。

（3）记录受试者的主观感觉，它是用形容词表达出物理刺激强度的方法，一般把刺激强度分为五个等级，由受试者描述穿着感觉，如舒适感、冷暖感等。该方法的缺点是个体差异较大，不能进行定量分析，只能进行定性比较。

（4）根据人体、服装、环境的有关指标，计算受试者的热湿平衡状态，评价受试者的冷热等级。

（5）根据受试者的热湿平衡，计算服装的热阻、透湿指数等。

（6）测量服装的相关指标，如服装重量、吸湿量、服装表面积、服装表面温度等。

2. 停止人体穿着实验的情况

人体穿着实验方法必须考虑受试者的耐受限度，当实验条件严酷时人的感觉会超出其限度，这时应该指出受试者的生理危险问题并及时停止实验，使受试者身体恢复原状，以免发生事故。在寒冷的气候中，一般是由于冻伤或冻僵而造成生理上的危险，观察面部表情是较为有效的方法。在进行人体穿着实验时，实验前要对受试者进行严格挑选和训练，一定要严格控制实验限度和标准。以下几种情况出现时应停止实验：

（1）在低温大风下，人的面色变得苍白或有白点出现，表明受试者开始冻僵，应马上停止实验。

（2）通过温度传感器检测受试者耳朵、手指尖、脚趾的温度变化，当某部位的温度达到5℃时，应立即停止实验。实验过程中，如果受试者的面颊、耳朵、手指或脚趾感到疼痛，应及时报告，必要时应停止实验。人的耐寒程度有三种标志，手疼痛、脚疼痛和全身严重发抖。受试者的耐寒能力强弱可以分为强、中等和差三种。观察在−27℃的环境中静态穿着北极服装的人，发现耐寒能力差的一般在2小时内会出现上述3种标志中的2种，耐寒能力强的在3小时内只有1种标志出现，没有任何2种标志同时出现的情况。如果在实验进行1.5小时内未出现任何标志，则表明实验正常。

（3）在炎热的实验环境如野外热环境中，昏倒、热疲劳和热中风是主要的危险。应选择年轻健康的受试者，实验过程中心率的变化可从每分钟80次左右提高到160~180次。如果超出这个限度，应停止实验。

（4）在炎热环境中直肠温度会高于37℃。当直肠温度达到39.5℃时应停止实验。

（5）一般应避免把受试者暴露在超过40℃的温度和饱和水汽压的条件下进行实验。

三、主观感觉评价

（一）主观感觉评价概述

服装舒适性与许多客观测量的性能有关，在评价舒适性时考虑的客观性能涉及热学性能、吸湿性能、织物特性、纤维特性等，而人体穿着服装时是否感觉舒适，受服装、环境和人体等复杂因素的综合影响，也是服装舒适性的重要反映。服装舒适感主要由服装及其材料的物理指标决定，除此之外还有心理因素的影响，这种感觉会直接影响到工作效率。主观感觉评价是指通过人体生理学试验或现场穿着试验，对服装穿着的舒适性进行测定和评价，是服装人体工效学研究中的一个必须经历的实验环节，必须应用相应的主观评价技术。

主观评价技术在服装舒适性评价中起着举足轻重的作用，但在应用时要注意以下几点：

（1）主观评价得到的结果几乎完全依赖于实验主体——人的主观公正性。

（2）人的观点之间存在很大差异，如果想要获得令人满意的精确度，需要大量的测量值。

（3）对主观评价所获数据实施统计分析困难较大，因为在测量过程中所用的主观标准可能会有所差异。在统计分析测量数据时，应将心理学定律、实验技术和数学方法结合起来进行分析。

（4）主观评价所获数据存在不一致性，因为个人的反应受大量心理、生理、社会及环境因素的影响。

尽管主观评价技术存在一些不确定性，但它能解决客观测量所不能解决的许多问题，可以比较公正地反映人在着装时的真实感觉，因此在服装舒适性研究领域有广泛的应用。在进行主观评价时，应至少包含六个要素：①一个或一组评定属性；②属性的相关描述；③属性的等级评价范围；④属性的定量表征；⑤相应的数据处理；⑥主观评价等级和客观测量的结果相比较。

服装舒适性的主观评价方法有很长的应用历史，也涉及广泛的应用领域。在热舒适研究领域，最早学者们用有效温度来表征人体暴露在不同温度、湿度及风速条件下的温暖感。在任何空气条件下，如果人体的温度感觉与60℉的静止饱和水汽时相同，那么此时的有效温度即为60℉。美国暖气及通风工程师协会（ASHVE）将有效温度定为在不同温度、湿度和风速情况下着装人体的一个舒适性指标。后来，主观评价方法被应用到热舒适的心理领域和感知领域，通过建立数学模型，将平均皮肤温度和汗液分泌率作为人体舒适的物理测量参数，来表征不同着装条件和活动水平时的热舒适范围。美国陆军纳蒂克（Natick）研究所研究人员约翰·麦金尼斯（John McGinnis）设计了主观评价标尺，可以很容易地评判热舒适性问题。这种标尺用于热舒适性研究非常可靠，不仅可以用于冷、热环境下热舒适评价，而且可用于不同气候条件下热安全评价，如由于汗液的排泄蒸发所致的体温调节测量。在第二次世界大战期间，有学者曾在南极地区进行男体裸露实验，采用了主观等级评价与物理测量相结合的方法，研究极寒条件下风速对温度评价等级的影响。该研究对人体的冷感知研究有一定的指导作用，并且为今后的实际应用提供了安全限值。

在触觉舒适性研究领域，有可靠的客观评价方法，如用织物的硬度、粗糙度和紧密度来表征触觉舒适性，主观评价也常常不可缺少。触觉舒适性的主观评价一般分为五个等级，如表6-4所示。研究发现，穿着织物的含水率、实验室内空气的相对湿度和着装人体主观舒适值之间有密切关系，因此在后来的服装舒适性研究中，通常在空调恒温室或人工气候室内进行。

表 6-4　织物舒适性主观评价等级

等级	织物舒适性主观感觉	等级	织物舒适性主观感觉
1	不舒适	4	很舒适
2	一般	5	非常舒适
3	舒适		

目前，主观评价技术在服装热舒适和压力舒适性领域等都得到了广泛应用，它可以使人的固有感觉得到极大利用，能够评价许多复杂现象。主观评价技术可以研究涉及工效学和舒适性相关的诸多问题，如服装风格、式样、色彩的视觉美感，日常服装、工作服、特种功能服装的工效学评价，劳动或体育活动时服装的接触感觉，鞋袜的舒适性评价等。

（二）主观评价方法

1. 主观评价指标

服装热湿舒适性的综合评价，主要指人体着装后的生理、心理参数和服装微气候参数的综合评价。当对处于特定环境下的着装人体进行热舒适评价时，直接列出所有变量不太方便，也不合适，不利于不同环境间的相互比较，有必要确定一些能包含尽量多的影响因素的指标。在过去的大量研究中，学者们尝试用人体活动量、衣着状态和四个环境变量（温度、湿度、气流、辐射）来预测人体的热舒适感。随着研究的深入，学者们将四个环境变量的物理测定值按某种数学关系式组合起来，形成一些综合指标，用来描述和评价着装人体的热舒适感。在服装舒适性主观评价中应用频率较高的评价指标如表6-5所示。

表 6-5　着装人体舒适性主观评价常用指标术语

评价内容		常用指标术语
生理温热舒适性		感觉温度 ST（Subjective Temperature），有效温度 ET（Effective Temperature），不快指数 DI（Discomfort Index），4 小时出汗率 4HSR（4 Hours Sweat Rate），热应力指数 HSI（Heat Stress Index），预测平均热反应指标 PMV-PPD（Predicted Mean Vote-predicted Percentage of Dissatisfied），热平衡准则数 HB（Heat Balance）等
着装感觉	热湿感觉	紧（Snug），松（Loose），重（Heavy），轻（Light），硬（Stiff），静电（Staticky），不吸湿（Non-absorbent），冷（Cold），滑腻（Clammy），潮湿（Damp），黏身性（Clingy），刺扎（Picky），粗糙（Rough），瘙痒（Scratchy）等
	接触感觉	硬挺（Stiffness），柔软（Softness），刺扎（Picky），瘙痒（Scratchy），粗糙（Rough），光滑（Smooth），静电（Staticky）
	压力感觉	宽松（Loose），紧身（Tight），重（Heavy），轻（Light），合体（Fitting），束缚（Boundage）
	综合感觉	舒适感（Comfort），合适（Fit），美观（Beautiful）
织物风格		粗糙（Coarseness），光滑（Smoothness），硬挺（Stiffness），柔韧（Pliableness），毛糙（Harshness），柔软（Softness），凉（Coolness），暖（Warmness），硬（Hardness）等
织物手感		光滑度（Smoothness），粗糙度（Coarseness），柔软度（Softness），硬挺度（Stiffness），厚度（Thickness），重量（Weight），温暖感（Warmth），蓬松度（Bulkiness）等

2. 主观评价标尺

服装舒适性研究的主观评价标尺来源于心理学研究。心理学标尺有四种类型，分别是类别标尺、顺序标尺、区间标尺、比例标尺。类别标尺常用作性别、年龄和生活场所等属性的代号。顺序标尺用于面料或服装的等级。区间标尺最为常用，广泛用于获得各种服装特性的感觉。比例标尺用于物理仪器所获得的数据。服装舒适性评价中常用的几种心理学标尺为霍里斯标尺、J.麦金尼斯（J. McGinnis）的热舒适标尺、奥斯古德（osgood）的语义差异标尺等。

霍里斯在发展人体服装感觉研究的方法论中使用了许多不同类型的标尺获得被测者的感觉，最常用的有四级标尺和五级标尺。四级标尺把舒适性分为局部的、适度的、明确的、全部的四个等级，分别对应于数字4、3、2、1。五级标尺把舒适性从非常不舒适到非常舒适分为五级，分别用数字1、2、3、4、5表示。霍里斯设计了主观舒适评分表（表6-6），可用于受试者在空调恒温室内评价所穿服装的舒适感觉，通常这样的实验要对每隔一定时间的舒适程度评分。

美国陆军纳蒂克（Natick）研究所研究人员J.麦金尼斯设计了一套简单标尺，可以很容易地评判热舒适性问题，如表6-7所示。这种标尺用于热舒适性研究非常可靠，既可以用于热应力评价，也可以用于不同气候条件下的热安全评价。

表 6-6 霍里斯主观舒适评分表

舒适性评价术语	在空调室的时间间隔（min）					
	0	15	30	45	60	75
刚硬						
静电感						
黏腻						
不吸汗						
冷						
滑腻						
湿						
紧贴						
刺扎						
粗糙						
擦挂						
说明	舒适评分值 1-2-3-4-5（非常不舒适——非常舒适）					

表 6-7 丁·表金尼斯的热舒适标尺

等级	热舒适感觉	等级	热舒适感觉
1	无法承受的冷	8	温暖，感觉舒适
2	冻僵	9	温暖，感觉不舒适
3	非常冷	10	热
4	冷	11	非常热
5	凉爽，感觉不舒适	12	接近承受极限
6	凉爽，感觉舒适	13	无法承受的热
7	舒适		

　　语义差异标尺由一系列两级比例标尺组成，其中每一标尺都由一组反义词或一个极端词加一个中性词组成。两级词中间通常限定于5～7个比例尺上，中心是两极端间的中点，实验时要求受试者在标尺上做出标记。服装舒适性研究中常用的语义差异标尺是奥斯古德提出的，在大量的语义差异标尺中具有典型意义，可用于研究织物手感。表6-8是研究衬裙面料感觉所使用的语义差异标尺示例。

表 6-8 衬裙面料感觉研究所用的奥斯古德七级语义差异标尺

感觉特征	极值	非常	一定程度	两者都不	一定程度	非常	极值	感觉特征
柔软的	3	2	1	0	1	2	3	硬挺的
光滑	3	2	1	0	1	2	3	粗糙

续表

感觉特征	极值	非常	一定程度	两者都不	一定程度	非常	极值	感觉特征
凉	3	2	1	0	1	2	3	热
轻	3	2	1	0	1	2	3	重
细的	3	2	1	0	1	2	3	粗的
脆的	3	2	1	0	1	2	3	韧的
干燥的	3	2	1	0	1	2	3	吸湿的
天然的	3	2	1	0	1	2	3	人造的
极薄的	3	2	1	0	1	2	3	极厚的
紧贴的	3	2	1	0	1	2	3	飘扬的
易碎的	3	2	1	0	1	2	3	弹性的
花的	3	2	1	0	1	2	3	素的
悬垂好的	3	2	1	0	1	2	3	刚硬的
瘙痒的	3	2	1	0	1	2	3	柔滑的

　　除了上述几种常用的服装舒适性主观评价标尺外，还有几种比较实用且简单的非比较性比例标尺，可用来评价所穿服装的热感、手感和湿感，分别如表6-9～表6-11所示。

表6-9　热感主观比例标尺

标尺感觉值	−3	−2	−1	0	1	2	3
感觉特征	冷	凉	稍凉	中性	稍暖	暖	热

表 6-10　手感主观比例标尺

标尺感觉值	−2	−1	0	1	2
感觉特征	粗糙	较粗糙	适中	较光滑	光滑

表 6-11　湿感主观比例标尺

标尺感觉值	−2	−1	0	1	2
感觉特征	干	略干	干湿适中	略湿	湿

（三）主观感觉的客观评价

　　服装舒适性的评价与被测人体的主观感受有着密切联系，根据个人的心理感觉对穿着服装的舒适感觉进行评分的主观评价有一定的局限性。由于个体的差异，其实验结论的可信性和试验的可重复性较差，所以服装舒适性研究者一直在寻找更为科学准确的舒适性评价方法。于是，生理心理学、物理心理学相关理论与技术方法被引入到服装舒适性评价中，将影响服装舒适性的物理因素与人的生理或心理物理指标综合在一起，对服装舒适感做出表达，通过对评价要素的控制，可以在一定范围内排除人的不确定因素，使评价结果能够表达大部分人群的感觉效果。

主观感觉的舒服或者不舒服是人每天都会感知的。什么样的刺激引起了这样的感觉呢？如果能够将该刺激和感觉的关系定量化，就可以了解创造舒适环境的指标。身上穿的服装，也是其中的一种刺激，其产生的刺痒、滑爽等舒服或不舒服的感觉都会引起某些生理指标的变化，这里介绍几种通过生理指标的测定来评价主观感觉的方法。

1. 脑波

脑电作为一种心理生理学研究技术方法，20世纪90年代开始被引入服装舒适性研究领域，但限于当时设备与技术的限制并未得到广泛关注，近年开始慢慢地在服装热湿舒适性、触感舒适性、视觉美观舒适性和压力舒适性方面进行基础性的应用研究。

脑细胞时刻在进行自发性、节律性、综合性的电活动。从颅外头皮或颅内记录到的局部神经元电活动总和即为脑电，将这种电活动的电位作为纵轴，时间作为横轴，形成的电位与时间相互关系的平面图即为脑电图（Electro Encephalo Graphy，EEG）。

脑波亦称"脑电波"。人脑中有许多的神经细胞在活动着，产生了生物能源，或者脑细胞活动的节奏，形成电器性的震动。脑中的电器性震动称为脑波。这种震动呈现在科学仪器上就是脑电图，看起来就像波动一样。人脑有四种脑波——α、β、θ、δ，可以通过脑波测量仪来测量。将电极黏附在头皮上，在人的清醒和熟睡状态下，检测到的脑波模式是截然不同的。有研究通过 α 波来比较运动服装面料的伸长回复性、服装色彩、服装种类、着装者心理及生理方面的影响，穿着竹纤维、洋麻、兰草等植物纤维材料的心理舒适性等。

在基于脑电技术服装舒适性评价的研究领域，学者尝试通过脑电的相关实验建立脑电与服装材料的温暖感、吸湿排水性能、粗糙感、服装色彩和服装压感等之间的联系，研究结果表明这些服装感觉会对人体脑电的一些指标产生影响，如脑波节律、脑波成分等，从而证明脑电与服装舒适性评价的一些感觉指标之间是有联系的，存在着利用脑电进行服装舒适性评价的可能性。

目前脑电在服装视觉美观性评价中还只涉及服装色彩方面，加藤雪枝（Yukie Kato）利用生理学手段脑波与心电，并结合心理学中的SD法（语义差异法）研究服装色彩对人的生理与心理影响。知念叶子（Yoko Chinen）以款式、面料相同但色彩不同的两件服装为研究对象，先测试穿着者与观赏者的主观评价，再对穿着者的脑波进行测量，结果显示穿着色彩明亮柔和服装者的脑波有较明显的 α 波，说明穿着者处于一种精神舒适状态，与主观评价结果对比证明，生理脑波与服装色彩舒适性主观评价呈现一致性。

日本信州大学纤维学部较早将脑电技术应用于服装热湿生理舒适性评价中。韩国学者Jeong-Rim Jeong利用EEG评价户外运动服装的热舒适性能。脑电技术在服装触觉舒适性评价中的应用较多，不仅研究了不同服装材料触感的脑电波特征，还设计了与接触感评价相关的刺激事件。东京医科大学和东京大学的研究者开展了不同材料的触感对脑波的影响研究。

2. 事件相关电位

事件相关电位（Event-related Potentials，ERPs）是基于脑电（EEG）提取的，它是当外加一种特定的刺激，作用于感觉系统或脑的某一部位，在给予刺激或撤销刺激时，在脑区引起的电位变化。

事件相关电位是一种特殊的脑诱发电位，通过有意地赋予刺激以特殊的心理意义，利用多个或多样的刺激所引起的脑的电位。通过平均叠加技术从头颅表面记录大脑诱发电位来反映认知过程中大脑的神经电生理改变，因为事件相关电位与认知过程有密切关系，故被认为是"窥视"心理活动的"窗口"。它反映了认知过程中大脑的神经电生理的变化，也被称为认知电位，也就是指当人们对某课题进行认知加工时，从头颅表面记录到的脑电位。神经电生理技术的发展，为研究大脑认知活动过程提供了新的方法和途径。

随着感性工学研究的不断深入，研究者意识到服装这种表现消费者个性需求的产品也进入了"感性的时代"，为了设计出符合着装者心理的舒适感，心理学、生理学技术和方法被应用于服装舒适性评价。

堀江洋介（Yosuke Horiba）设计了反映织物触感的相关刺激事件，研究ERPs成分P300与织物触感之间的关系。将毛毯、棉布和砂纸作为刺激试样置于左手前腕内侧，刺激每隔3秒呈现一次，刺激呈现20次，实验结果显示手感柔软丰满的毛毯对应刺激电位振幅小于棉布和砂纸，表明其事件相关电位的主要成分P300可以反映织物的触觉手感。

应用于服装压力舒适性评价方面的脑电技术包括脑电图（EEG），事件相关电位（ERPs）和体感诱发电位（SEP）。应用脑电图技术的相对较多，研究者利用脑电图定量分析方法分析服装压力对脑电节律的影响。

第四节　服装舒适性的研究条件

一、人工气候室

人工气候室，也可称为可控环境实验室，它能够模拟各种环境，不受季节、地理环境因素的影响，被广泛应用于各行业。根据人工气候室的规模和应用情况，人工气候室可分为三类，第一类是综合利用型人工气候室，它采用中央控制的方法控制环境条件的变化，最常见的是恒温恒湿室，主要进行各种单因子或者多因子的综合性试验，也可用来培养农作物、苗木等；第二类是专业型人工气候室，它的面积一般较小，通过分开的方式进行控制，各部分的环境条件易于控制，主要用于单一因子的专业型试验，根据不同的研究目的，专业型人工气候室又可根据试验对象来建造，如昆虫人工气候室、动物人工气候室等；第三类是生长箱或人工气候箱，它的体积较小，主要用于小规模的试验，我国已生产多种人工气候箱，开展一些农业、生物等方面的研究。

　　人工气候室的发展在国外较早，早在20世纪40年代末，加州理工学院就建立了世界上第一个人工气候室。从而打开了人工气候室发展的大门，日本、荷兰、以色列、韩国等的气候室发展速度非常快。比较这些国家，农业测控技术发展的较早，人工气候室的最早应用就是在农业发展上面。现代化的气候室控制系统各项技术已经发展得比较完善，大都采用比较合理的控制算法。传感器不断改进，提高了控制精度。国内人工气候室的发展相对于国外较晚，直到20世纪80年代，计算机智能控制技术逐步应用到气候室的控制中来。到如今人工气候室不再是单独的控制温度、湿度、光照三个参数，也在一些特定的用途中设定了其他的参数，如CO_2、O_2、压强等。

　　人工气候室是模拟自然界气候（如温度、湿度、气流、辐射、雨、雪等）的大型实验设备，可用来模拟各种极端严酷的环境条件，也可应用于纺织服装领域，为测试各种指标提供稳定的环境，确定准确的测试与重复试验。利用人工气候室可以评价一些特种服装在极端环境下的热湿舒适性，人工气候室是进行服装舒适性研究中主、客观测试评价的理想模拟环境。人工气候室的主体结构为分体式结构，实验箱分为箱体和机组。

　　1. 人工气候室主要由如下系统组成

　　（1）加热系统：加热系统用于供给工作室热量，它主要有两个作用。工作室升温，使工作室温度升高并受控恒温；当制冷系统工作时，用于平衡工作室温度。

　　（2）供水、加湿系统：供水系统用于对加湿器和测湿水槽自动供水；加湿系统用于对工作室加湿，采用外部蒸汽加湿方式。

　　（3）制冷系统：制冷系统为双级压缩冷循环，系统由压缩机、冷凝器、干燥过滤器、电磁阀、膨胀阀及蒸发器组成。

　　（4）除湿系统：除湿系统的作用是降低工作湿度。

　　（5）光照系统：光照系统是指采用多只金属卤素灯组成的一个约1400mm×1500mm的照射面，通过反射形成直射。

　　（6）淋雨系统：淋雨系统采用垂直式淋雨，雨量分为大（3mm/min）、中（2mm/min）、小（1mm/min）三档，可通过降雨喷嘴来调节雨量大小。

　　（7）吹风系统：出风系统由手动控制风速的系统开启，且风机转速可通过变频器调节。

　　（8）新风系统：实验箱工作室设有换气系统，可通过控制台面板上的旋钮进行调节。当有人在气候室中做实验时，需启动换气开关，新风就会连续进入实验箱内。

　　人工气候室可以模拟不同的环境温度、湿度、降雨量、风速及日照。具体参数范围如下：温度（−50～+80℃），湿度（相对湿度30%～98%），雨量（3mm/min、2mm/min、1mm/min），风速（中心点水平风速0.5～5m/s）。

　　2. 人工气候室的实验类型

　　人工气候室可以根据实验要求，通过控制面板选择不同的实验类型。实验类型分为以下四种：

（1）恒温实验：设定固定的温度，进行恒定温度的实验。

（2）高低温实验：可通过控制面板设定不同的温度及在该温度下的实验时间。

（3）恒定湿热实验：设定固定的温度及湿度。

（4）交变湿热实验：可通过控制面板设定实验时间、温度、湿度及循环次数等条件参数。

二、暖体假人

暖体假人系统用以模拟人体、服装和环境之间的热湿交换过程，是多学科理论与技术相结合的高科技产品，国内外已广泛使用暖体假人系统作为服装热湿舒适性的研究手段。暖体假人的性能状态，可通过表面温度、产热量、热阻、湿阻来描述。应用暖体假人，有利于随时测试服装整体或局部的热学性能参数，为选择服装材料和改进结构设计提供试验参考依据。出汗暖体假人可在多种环境下进行工作，是进行服装热湿性能试验的理想设备。在军服、防护服以及服装的研发工作中，暖体假人的研究与使用是十分必要。

（一）暖体假人的研究发展历程

暖体假人的研究大致经历了从单段到多段、单姿到多姿、静态到动态、恒温到变温、干态到湿态的过程，学者们根据各阶段假人的功能把它们分为三代。第一代假人可以满足服装热阻的一般测试，并得出静态服装热阻；第二代假人可模拟人体不同姿势，以及一些简单动作，可进行服装热阻的静态和动态测试；第三代假人能模拟人体出汗，从而拓宽了人们对人体、服装和环境三者之间研究的广度和深度。

暖体假人的发展可分为三个阶段，20世纪40年代初，生理学家格杰（Gagge）等人提出了克罗值的概念，并以此作为评价服装及其材料隔热性能的主要指标，为假人的研制提供了理论基础。美国军需气候研究所以此为基础设计研制的暖体假人，拉开了假人研究开发的序幕，这是暖体假人研究的第一阶段，建立了假人的基本设计思想。采用分段加热，但对于人体不同部位的温度分布情况不能很好地反应。这一阶段，假人研究发展比较缓慢，只有美国、加拿大等国对暖体假人进行了一定的研究。

1962年，服装科学专家伍德科克提出了评价服装舒适性的另一重要指标透湿指数，完善了服装热湿舒适性的评价体系。以此为契机，多家研究机构相继开展了对出汗暖体假人的研究，这是暖体假人研究的第二阶段。这一阶段的研究拓展了假人测试的范围和功能，应用假人进行了大量的评价与应用研究，产生了先进的设计思想，并总结了一定的设计、评价和测试的标准与规范，促使服装舒适性研究迅速发展。研究学者在第一阶段研究的基础上研制了多段暖体假人，多段暖体假人模拟人体，不同的是分很多段进行单独加热控制与调节，还可简单的模拟人体的不同形态姿势，这种假人可测试静态和动态条件下的热阻和湿阻值。在模拟人体静态的条件下，主要的姿势与评价的内容如下：常规的服装隔热保暖性能主要通过站姿暖体假人来评价；坐姿暖体假人主要用于评价汽车内驾驶员的热湿舒适性及环境的热湿性能，有的也用于航天服评价应用。在动态条件下，暖体假人能模拟人体的各种不同的活动条件，来测试不同的人体运动条件下服装的热阻值。

第三阶段是在20世纪80年代开发出来的，随着计算机技术的发展，假人的控制精度越来越高。这一阶段的出汗暖体假人可模拟人体的出汗情况和模拟人体进行一些复杂的动作，如模拟人体的行走，能同时测试服装的热阻值和湿阻值，而前两代假人仅能测试服装的热阻值，这是第三代假人比较突出的一个优势，它能更加真实全面系统的反映出人体—服装—环境整个体系中的热湿传递过程，从而综合评价出服装的热湿舒适性能。

到目前为止，世界各国已经研制出100多种不同的暖体假人，在各种不同的外界条件下都能够进行测试，主要包括：干态暖体假人、呼吸暖体假人、出汗暖体假人、数值暖体假人、可浸水暖体假人、暖体假肢及暖体假头等。

（二）暖体假人的特点

暖体假人系统的最终实施目的是全面模拟人体生理热状态。但由于人体是一个复杂的巨系统，在一个假人上完全模拟人体的所有热生理特征不现实，因此，应根据自己的应用目的进行有选择的假人模拟。基于测试评价服装热湿性能的目的，从人体工效学原则出发，结合生理学、服装舒适性等理论，暖体假人的研制建立在大量的人体生理学和解剖学的基础数据上，首先必须了解人体产热、散热、皮肤温度等方面的规律，才能通过计算机实现暖体假人的模拟与控制。暖体假人的研制应具有以下特点：

（1）外表要符合人体的几何形状，体表面积接近国人平均个体的体表面，体型与尺寸符合人体生理解剖特点。

（2）能模拟人体代谢产热和表面温度，皮肤温度的分布应符合人的解剖、生理学特点，可分段控制温度。

（3）能模拟人体皮肤出汗。

（4）表面黑度应接近人体的皮肤黑度。

（5）关节可活动，能模拟人的各种姿势，关节连接处可拆卸，便于穿脱服装和维修。

（6）表面不应光滑，应近似皮肤的皱、纹、凸、凹等结构。

（7）采用计算机进行数据采集和系统控制。

（三）暖体假人的用途

暖体假人系统能定量地评价服装的热学性能，得出国际公认的服装热阻或克罗值、湿阻及透湿指数。应用暖体假人系统，可进行服装热学性能研究与应用的范围如下：

（1）日常服装的隔热与透湿性能的评价。

（2）各种军服的隔热与透湿性能的评价。

（3）特种功能服装，如潜水服、防护服等的隔热与透湿性能的评价。

（4）其他纺织品，如睡袋、帽子、手套等的隔热与透湿性能的评价。

（5）各种服装与人体的热交换性能的研究。

（四）暖体假人的名称与种类

暖体假人种类较多，没有固定的名称，目前文献中出现过的名称有铜人（Copper Man或Copper Manikin）、加热铜人（Heated Copper Manikin）、电加热铜人（Electrically-heated Copper Man）、单段铜人（Single Circuit Copper Manikin）、多段铜人（Sectional Manikin）、电加热多段铜人（Electrically-heated Sectional Copper Man）、出汗铜人（Sweating Copper Man）、出汗多段铜人（Sweating Sectional Manikin）、铝人（Aluminum Man）、暖体假人（Thermal Manikin）等。

暖体假人按照制作材料不同可分为钢制暖体假人、铝制暖体假人、玻璃钢暖体假人。按照温控方式不同可分为恒温式暖体假人、恒热式暖体假人、变温式暖体假人。按用途可分为干态暖体假人、出汗假人、可呼吸暖体假人和可浸水暖体假人。

干态暖体假人主要用于在干热状态下测量服装的热传递性能。干态暖体假人通常在三种方式下工作：恒温、恒热和变温。恒温方式用于测量服装的热阻值，恒热方式用于观察全身各部位散热条件的差异，变温方式可模拟人体在不同环境下皮肤温度的变化过程。干态暖体假人按照运动方式又可分为静态暖体假人和动态暖体假人。静态暖体假人取站姿或坐姿。站姿暖体假人主要用于服装保暖性能的测试与评价，坐姿暖体假人主要用于机动车中热环境和机动车驾驶员热舒适性评价，也可用于功能的评价。动态暖体假人在肩关节、肘关节、膝关节和踝关节等关节部位可以活动，用以模拟人体步行运动，主要用于研究人体运动、风速等对服装保暖性的影响。干态暖体假人的测量原理是将假人置于某一环境中，以一定的功率加热假人，并通过控制系统使假人皮肤表面的温度稳定在33℃左右，根据各段表面温度与环境温度的差以及保持假人各段表面温度恒定所需要的供热量来计算服装的热阻。

由于干态暖体假人只能模拟人体的干热传递性能，这种干热状态仅是整个人体热调节系统的一部分，在高温和运动条件下，人体主要靠蒸发散热来维持热平衡，因此，为了研究服装的热湿传递机理和对服装的热湿传递性能做出综合评价，从1988年起，学者们又开始了出汗暖体假人的研究。出汗暖体假人能够模拟人体出汗，在暖体假人的表面覆盖一层模拟皮肤，再以某种方式模拟人体出汗。目前出汗假人的出汗方式主要有两种：一种是外部喷水法，即在假人上喷射蒸馏水，模拟皮肤出汗，然后穿上衣服，使平均皮肤温度上升到一定水平，在各部位开始干燥和皮肤温度升高之前完成所有的测试。这种准稳态过程通常很短暂，用这种方法满意地、可重复地测量蒸发阻力和透湿指数很困难。另一种是内部供水法，即在假人本体内部安装供水和控制装置，使假人在整个测试过程中皮肤表面保持湿润。用这种方法成功研制暖体假人的有芬兰技术研究中心和日本东京文化女子大学，它们的共同特点是能模拟人体出汽态汗的状态，主要用于在冷环境或舒适环境下测试职业防护服的热湿传递性能，测试指标有热阻、出汗修正热阻、湿阻、透湿指数、水汽渗透能力、蒸发热损失和湿润热损失等。

可呼吸暖体假人的基本结构与暖体假人相同，也有加热及控温装置，除此之外，内部还装有一个人工肺，可通过口腔或鼻子进行呼吸，呼吸频率和肺通气量都可以控制，主要用于室内工作环境的研究与室内空气质量的评估。

可浸水暖体假人是指在干态暖体假人的基础上，加上防水密封装置，使假人具有防水功能。测试时使假人穿上被测服装浸入水中，保持水温恒定，测试假人皮肤表面温度，测试指标为克罗值，并通过所测克罗值预估服装在某一环境下的耐受时间。可浸水暖体假人主要用于测试潜水服、水上救生衣在冷环境下的防护功能。

（五）暖体假人的基本组成

早期研制的出汗暖体假人是在干态假人身上外挂高保湿棉织物来模拟出汗皮肤，"汗"是由喷水器喷上去的，这样的"汗"在"皮肤"表面不能持久保持。后来改进研制的出汗假人，其基本结构都是通过供水系统由管路将水输入"皮肤"，这样可使"皮肤"持久保持水分。这类出汗暖体假人基本由传统的硬壳结构加上"出汗"系统构成，如图6-2描述了出汗暖体假人的系统组成。

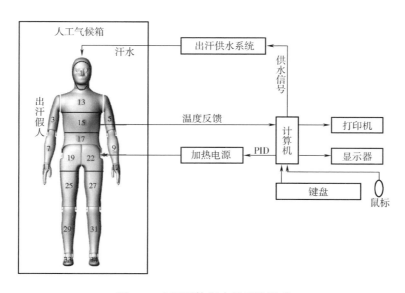

图6-2　出汗暖体假人的系统组成

以东华大学研制的出汗暖体假人为例，其假人本体根据人体工效学原则设计，包括仿形壳体、内部区段构造、关节连接等，外观体型基本符合标准人体的形态特点，全身共分为多个独立解剖区段。壳体由铜制成，内部有测温、发热系统，采取了阻燃、隔热、稳定热流等多项技术措施。本体各区段用关节连接，各关节均可活动，从而保证了出汗暖体假人的多种姿态。

温度控制系统是以计算机为中心的智能闭环温度条件系统。该控制系统具备测温、控温、计算、分析及示警等功能，具有恒定皮肤表面温度、恒定加热功率两种控制模式，并能根据所测参数自动计算被测对象的测量指标。

模拟出汗系统由水恒温装置、供水装置、出汗管路和出汗皮肤组成，采用分段供水技术，对各区段进行控量供水来模拟人体出汗，实现了出汗量、出汗速率的微量可调，并采用出汗皮肤的保水量与不同出汗部位出汗量对应的原则，来实现出汗的稳定性与连续性。

人工气候箱严格意义上讲不属于出汗暖体假人系统，但由于它为出汗暖体假人的应用提供了必需的测试环境条件，使获得满意试验结果有了保证，因此可以把它作为出汗暖体假人的外部支持设备。

（六）各国暖体假人的研究概况

1. 美国

美国是最先开展暖体假人研究的国家，早在1946年，美国军需气候研究室菲茨杰拉德（Fitzgerald）就报道了第一台暖体假人的研究。之后，多家研究机构研制了不同的假人，并进行了多种用途的应用研究。其中主要的研究机构有美国陆军环境医学研究所（US Army Research Institute of Environmental Medicine）、美国宇航局（NASA）、堪萨斯州立大学（KSU）。

美国陆军环境医学研究所、美国陆军材料指挥部、美国陆军军需研究和工程中心等机构早期使用单段暖体假人，后来在单段暖体假人的基础上研制出了多段暖体假人。该假人用3.17mm厚的铜板制成，分为6个解剖区段（头、躯干、左右臂、左右手、左右腿、左右脚）和10个加热区；热敏电阻控温，热电偶测量体表温度，全身分布25个测温点，并有7个环境温湿度测量点；采用比例调节器进行恒温控制，通过计算机进行数据处理。研究者在多段暖体假人的基础上又成功设计了世界上第一台出汗假人，该假人是在暖体假人身上穿一套吸湿性好、非常合体的针织内衣，并以垂直和水平两个方向在内衣上喷蒸馏水，但要防止喷水不均或过多而流淌到脚上。这种加湿方法很麻烦，获得热平衡也较困难。20世纪70年代，美国陆军环境医学研究所等研究机构使用暖体假人、出汗假人对各种军服、防化服、抗浸服、水冷服、通风服、各种头盔、手套和防寒靴进行了大量实验研究，然后根据人体实验及部队试穿结果提出各种服装的保暖标准，所得研究成果已装备到部队，指导了军服的结构、工艺设计及新材料的研制。

1965～1966年间，美国宇航局和A.P.L公司合作，由加布隆（Gabron）和麦卡洛（McCallough）负责成功研制了暖体假人，对阿波罗、双子星座进行了隔热性能、通风散热性能、耐受限度方面的性能评价实验。该假人用5mm厚铸铝板制成，分为17个解剖区段，各区段隔热、绝缘；假人可保持一定姿势，关节部位能自由活动，双臂可拆卸，便于穿脱服装；采用内部加热丝进行加热，铂电阻测量温度，电子系统控制台和LOCI数字计算机控温与数据处理；采用变温控制和恒温控制；温度控制精度0.5℃，功率控制精度0.00005kW，采样周期40s。

20世纪60年代，由美国暖气及通风工程协会资助，堪萨斯州立大学将所研制的KSU暖体假人投入使用，开展了一系列基础研究。该假人用铜制作，黑色皮肤，呈站立姿势，不能坐与运动；分为17个解剖区段，体内加热，用正比温度控制器调节进行温度控制，假人平均皮肤温度在（33±0.5）℃范围内，在温差保持6℃以上时，测试结果基本稳定。KSU暖体假人采用热敏电阻测量表面温度和环境温度。系统维持稳定30min以上才能正式测试，每10min记录一次。KSU暖体假人也可模拟出汗，原理与美国陆军环境医学研究所的相似，但调节平衡比较困难，系统平衡时间只能维持10～15min。

2. **德国**

1967～1968年间，德国霍恩斯泰服装生理研究所（Garment Physiological Institute Hohenstein）的J.米歇尔（J.Mecheels）等人研制出了铜制暖体假人，命名"卡莱（Charly）"。该假人没有头、手和脚，分5个区段（躯干、上下臂、大小腿），髋、膝、肩关节可以活动，能模拟站姿、坐姿、躺姿等姿势，通过外部机械装置可以模拟走路或跑步动作；假人全身分布12个温湿度测量点，内部用循环水加热，能模拟人体的体温调节，躯干温度保持恒定37℃或37.5℃，四肢温度最低可控制到15℃，采用PID温度控制系统，数据用计算机处理。假人"卡莱"可以自动出汗，当躯干温度超过37.5℃，四肢温度接近35℃时，出汗PID调节器就开始工作，水泵将水箱里的水经管道喷到"卡莱"的表面，水量是严格定量的；喷水部位和人体汗腺分布大致相同。"卡莱"外穿一套吸水性强的针织内衣，能将喷嘴里的水均匀分布到一定的面积上，并通过表面蒸发，使身体降温。当喷出的水量多于服装和外界气候所蒸发的水量时，说明朝"热"的一侧调节范围已达到最大限度，这就相当于人体流淌汗水。"卡莱"的出汗量可以从零调节至最大值，比较符合实际，其性能优于同期的出汗假人。

3. **日本**

20世纪60年代，日本神户大学就开始采用出汗暖体假人对服装舒适性进行研究，随后有多家科研单位开展了对出汗暖体假人的研究工作。1962～1966年间，日本神户大学卫生系稻垣和子（Inakaki Kazuko）等人研制了不分段的铜制暖体假人，其内部装上电热丝和温度调节系统，体内温度恒定为37℃，有30个测温点（体表22个点、体内1个点、衣下7个点）；使用电位差仪和计时器计测热流量。

1977年，日本工业技术院制品科学研究所的三平和雄（Mihira Kazuo）等人成功研制了男型和女型分性别的暖体假人。该假人用5mm厚的高纯铝板制成，分为17个加热区段（头、胸、背、腹、腰、左右手、左右上臂、左右前臂、左右脚、左右大腿、左右小腿），内部采用100Ω镍铬丝加热，体表温度用热敏电阻测量，各区段用胶木隔热，表面黑度约为0.90；通过专用计算机控制表面温度来进行热量控制。该暖体假人可用于测量服装热阻、测量室内温度分布情况等。

1978年，日本大阪大学的花田嘉代子（Hanada Kayoko）、三平和雄等人成功研制了能改变姿势和动作的暖体假人。该假人用0.5mm厚的铜板制成，骨架系统成型，关节部位能弯曲、旋转，通过外部力量可反复进行动作。热敏电阻测温，恒温控制，分为22个加热区段，躯干分为6块，分别是胸、背、上腹前、上腹后、腹部、腰部；臂分为8块，分别是左前臂的前、后部，左上臂的前、后部，右前臂的前、后部，右上臂的前、后部；腿分为8块，分别是左大腿的前、后部，左小腿的前、后部，右大腿的前、后部，右小腿的前、后部。

1984～1987年间，日本大阪工业技术试验所与东丽、Goatox、东洋纺、可乐丽、日清纺织等公司合作，研制出了与成人体型相当的、具有恒温与出汗功能的出汗暖体假人。该假人用4mm厚的青铜铸造成型，分10个加热区段，进行了气态汗的模拟设计。模拟皮肤上均匀分布直径为2mm的小孔，相邻小孔间隔3mm，内部敷贴镍铬丝进行均匀加热，各区段安装两个温湿度传感器和1个热流传感器，温度设定与控制采用恒温PID调节，各数据经采集系统输入计算机系统，在终端显示器上显示，并以表格形式记录。模拟皮肤温度可在室温至（50 ± 1）℃范围内调节，发汗量可在$0 \sim 330 \text{g/m}^2 \cdot \text{h}$范围内调节。

20世纪80年代，日本文化服装学院服装卫生学研究室的田村照子等人研制出了暖体假人。该假人用5mm厚的铝合金铸造制成，分为13个加热区段；各区段隔热，铂电阻测温，各区段独立加温、恒温、恒热控制。20世纪90年代，他们在此基础上研制出了出汗假人。该出汗假人分为13个加热区段，各区段隔热，铂电阻测温，各区段独立加温；在假人表面覆盖100%棉织物作为出汗皮肤，供水箱安置在假人头顶上方适宜部位，采用吊瓶式输液装置向各区段供水，供水流量可在$0.05 \sim 84 \text{mL/min}$内控制，皮肤湿润度在$0.06 \sim 1$内控制。该假人试验结果重复性较好，但因各区段是由上部供水，出汗皮肤是由上而下渐渐湿润，有可能导致出汗皮肤湿润的不均匀性，从而造成试验结果误差；另因其出汗系统集中于假人头部，使得其测试的服装种类有一定的局限性，不能对潜水服、防护服等封闭式功能服进行测试评价；该假人还有不能独自站立和不能模拟人体各种姿态的缺点。

4. 苏联

早在20世纪50年代，苏联的卡尔德波夫就利用暖体假人开展了服装卫生学方面的研究工作。当时的假人结构和温控部分都比较简单，假人不分段，在胸腔内部有一个加热器和一个风扇，把已加热的热空气通过导管通向四肢，使全身得到加热。这种加热方法很不均匀，是暖体假人最初阶段所采用的加热方法，实验结果误差较大。1977年，苏联医学—生物学问题研究所的戈卢什博提出一种新型的热人体模型专利。其暖体假人结构是软式的，由可充气的锦纶涂胶布制成，按径向顺序装了加热层、温度梯度层和吸收层，分别起模拟人体散热、体表热分布和出汗的作用。加热层是一组弹性带，在织物上安装由低温电阻材料制成的导电元件，并按人体局部散热分布分配；温度梯度层模拟人体体表热流的分布状况；在温度梯度层的表面是吸收层，该层上面放有聚氯乙烯软管，装有水或生理溶液，用以模拟人体的出汗状态。该暖体假人穿脱服装非常方便，可以进行潜水服、飞行服、防化服以及各种防护服的热学性能研究。

5. 加拿大

加拿大皇家航空医学研究所（Institute of Aviation Medicine Royal Canadian Air Force）在1957年成功研制了暖体假人。该假人为铜人，分14个加热区段（左右手、左右上臂、左右前臂、左右脚、左右小腿、左右大腿、躯干、头）；其头部可以取下，用作帽子和头盔的保暖性实验；假人各段通过关节连接，可模拟坐姿、站姿等姿势；30个热电偶测温，用调节器进行温度控制。研究所利用该暖体假人对飞行服及防护服的隔热性能进行了大量的研究工作。

6. 英国

1964～1966年间，英国皇家空军航空医学研究所（Royal Air Force Institute of Aviation Medicine）的科斯拉卡（Kerslaka）等人研制了暖体假人。该假人壳体用轻合金铝浇铸而成，分18个加热区段（左右脚、左右大腿、左右小腿、左右手、左右前臂、左右上臂、腹、臀、胸、背、面、头），各区段之间用环氧树脂作为隔热材料；采用控制器控制继电器进行温度控制，电阻传感器进行控制加热和记录局部体表温度。该暖体假人主要用于研究通风服的通风散热性能。

7. 丹麦

20世纪80年代，丹麦技术大学热绝缘实验室研制出了铜壳暖体假人。该假人分16个加热区段，玻璃钢成型，铺设镍铬丝加热，独立进行温度控制，各部位的表面温度由ISO 7730标准及Fanger舒适性方程确定，躯体平均温度为32℃，手、脚平均温度为29.5℃，最大加热功率为0.25kW/m²；暖体假人的肩、臀、膝关节可以活动，能模拟坐、立等姿势，借助外部力量可以模拟行走、骑自行车等动作。

8. 瑞典

20世纪90年代，瑞典研制了出汗暖体假人，安装在芬兰。该假人分18个加热区段，均采用电加热；除头、手、脚外共有187条汗腺；肩、肘、臂和膝关节均可自由活动；最大出汗量为200g/m²·h，相当于生理学上人体每小时出汗350g。芬兰应用该假人对军队野战服进行了热湿评价。

9. 中国

我国从20世纪70年代后期开始暖体假人的研究，利用暖体假人来研制开发特种服装和民用服装。我国的第一个暖体假人是由中国人民解放军原总后勤部军需装备研究所曹俊周等研制的"78恒温暖体假人"。在此基础上，于20世纪80年代末又成功研制了"87变温暖体假人"。该假人为铜壳结构，内部敷设电热丝，分15个加热区段，各关节可以活动；采用计算机多路巡回监测系统进行温度控制，由计算机完成温度监测、PID数字控制、功率监测及显示打印等工作；可用变温、恒温和恒热三种方式进行动、静两种姿势的实验，控温精度、重复精度较高。

20世纪80年代中期，东华大学服装学院张渭源等人开始研制暖体假人，并应用于南极服、低温防寒服的开发研制。该团队先后研制了三代暖体假人。1999年，东华大学与航天医学工程研究所共同研制和开发了新型姿态可调式暖体假人，并在此基础上研制开发了模拟出汗系统。该假人的姿态及形态均根据我国航天员的体型标准定制，为我国"神五"载人飞船首次测试舱内的性能做出了贡献。2007年，东华大学又为"神七"飞船成功研制了舱外测试用暖体假人，为我国首次成功实现太空行走做出了贡献。

香港理工大学范金土教授和其博士生陈益松于2002年共同研制成功"Walter"假人，这是世界上第一台用水和特种织物制作的出汗暖体假人，被英国物理协会作为重要成果推荐给各大媒体。该系统曾获2004年度日内瓦发明展金奖。"Walter"的工作原理是用特种透气防水织物把整个水循环系统包含在其中，水循环系统模拟人体的血液循环系统，把躯干部分中心区域加热的水按一定比例分配给头部和四肢，以模拟人体的整个温度分布；整个假人的皮肤由含有微孔结构的PTFE膜的Gore-Tex织物制成，其膜的最大孔径小于0.2μm，比液态水的最小水滴小几万倍，比水蒸气分子直径大几百倍，因此可以让水汽分子出来而不会让液态水流出。

思考题

1.简述服装舒适性的定义、研究内容与研究方法。

2.简述服装舒适性的类别及其含义。

3.简述织物手感的定义。

4.简述织物手感的评价指标及测量方法。

5.分析服装压力舒适性的评价及其影响因素。

6.简述服装舒适性的五级评价系统。

7.简述服装舒适性的主客观评价方法。

8.简述人工气候室与暖体假人的功能及特点。

第七章　日常服装及功能服装的工效学分析

第一节　日常服装的工效学分析

一、中山装

民国时期的中山装随时间先后有两种款式。第一款为早期的中山装款式（图7-1），从孙中山先生在革命期间的照片可以看出，早期的中山装为立翻领，对襟，七粒纽扣，四个贴袋。另一款（图7-2）大约在1924年基本定型，立翻领，对襟，五粒纽扣，四个贴袋。袖扣三粒纽扣，后片不破缝。衣袋上加软盖，袋内的物品就不易丢失。

图7-1　早期中山装

图7-2　后期中山装

从衣领的造型上来看，领口呈"八"字型，有风纪扣，可以起到保暖的作用，领角和领型顺应颈部的体态特征，贴合自然，穿着时不用领带或领结作装饰，方便实用，大方美观。从口袋来看，下面两个大口袋叫"风琴袋"，可放置书、笔记本等必需品，口袋的设计可随所放物品的多少而涨缩。中山装的四个口袋上都加有袋盖，并各钉一枚纽扣，上袋盖为中间尖、两边为弧形的倒笔架山形，称为"笔架盖"，左边袋盖的外侧开一小眼，为知识分子插笔之用，下边袋盖呈长方形，扣上纽扣既美观大方，又能很好的保护口袋内物品的安全性。与中山装相配的裤装，参照了西装裤的设计，其结构特点是前面开缝，用暗扣，左右各置一个大暗袋，右前部分设一小暗袋，俗称"表袋"，可放置贵重小物品或钱；后右臀部设一个暗袋，有软袋盖；这样的裤子穿起来方便，携带随身必需品也很方便。此外裤袋的腰部打褶，裤管翻脚也有异于其他服装，成为中山装的特色之一。

在面料选用时，由于穿着的季节不同，对面料的选择也不相同。在天气炎热的夏季，一般采用透气性强、吸湿性较好的面料如纯棉、纯麻、精纺超薄清凉毛料、香云纱等，由于香云纱面料在价格上比较昂贵，保养和洗涤的要求比较高，所以一般适合比较正式的场合穿着，日常生活中以纯棉、纯麻等为主。在春秋季气温比较适中，在面料的选择上比夏季广泛，可选用纯棉、纯麻、羊毛、羊绒、混纺面料，这些面料质地优良，挺括平滑，适合不冷不热的季节穿着。在天气较冷的冬季，则可选用质地较厚实的纯毛呢料或皮料，使穿着起来既舒适挺括又能起到保暖作用。

作为礼服选用的中山装的面料，可选用经典的面料如纯毛华达呢、双面呢、人字呢、天然呢绒、丝毛花呢等，从面料的成分来看有纯棉、纯麻、羊毛、羊绒、混纺面料等，还有比较新的面料如香云纱、纳米面料等。这些面料质地优良、手感细腻，与中山装的款式风格相得益彰，使服装更显庄重沉稳，高贵典雅。作为休闲便服的中山装及它的演变款青年装、学生装等款式，它的面料选择可用较为传统的华达呢、棉布卡其、涤卡，也可用较新的薄麻花呢、香云纱、皮料等面料，这些面料挺括有弹性，活动方便，轻松休闲，也比较符合日常休闲的需要。

二、风衣

风衣（Trench Coat）原是在第一次世界大战时设计给英国士兵所穿的战壕雨衣，其名就取自于Trench Warfare（壕沟战），因此又被称为战壕风衣（图7-3、图7-4）。战壕风衣采用独创的密织布料，其中的微小空隙有助于通风，致密的结构又能防止雨水渗入，这种既轻盈，又兼具防水、透气效果的风衣受到士兵们的喜爱，成为当时英国的陆海军制服。作为一款真正的军用制服，从面料到结构上的细节设计，都是为了满足"军用"需求而做的功能性设计，是人体工效学应用的典范。

风衣面料为Gabardine，音译为轧别丁，又名华达呢，经典的63° 2/2斜纹组织，用埃及精梳棉纱织成。布料的特殊之处在于致密的组织结构，每平方厘米有100根纱线交错。这种独特结构不仅使雨水无法渗入，还能让衣服保持轻便透气。除了防风防雨，而且能达到保暖又不热，早春晚秋穿着温暖舒适，即便在夏天进空调房空调车也完全不会热，真正是可以做到四季都能穿的面料，而其他同等保暖程度的衣服如毛衣、羊毛外套等则达不到冷暖兼顾。

衣领为宽翻领设计，由于拿破仑的军装外套采用这样的领子，非常帅气，并且在之后的波拿巴王朝一度风行，所以又称为拿破仑领。这种宽翻领可以进行冷热调节，热的时候

正面
(Front Side)

①肩章
(Epaulettes)

②拿破仑领&宽翻领
(Napoleon Collar
& Wide Lapel)

③枪插片/枪托垫/
披胸布
(Gun Patch/Storm Flap)

④双排扣
(Duble Breasted
with Buttons)

⑤带扣腰带
(Waist Belt
with Buckle)

⑥纽扣式防风口袋
(Buttoned
Storm Pockets)

⑦带扣袖带
(Buckled Sleeve
Straps)

图7-3　风衣正面

①锁喉片
(Throat Latch)

②后过肩/雨罩
(Deep Back Yoke
/Rain Guard)

③腰带襻
(Belt Loops)

④腰带D形环
(D-Ringe on Belt)

⑤长度从大腿中部到膝盖以下
(Mid Thigh to below the
Knee Length)

⑥楔形后开衩
(Wedge back Vent
with Button Tab
to Hold Closed)

反面
(Back Side)

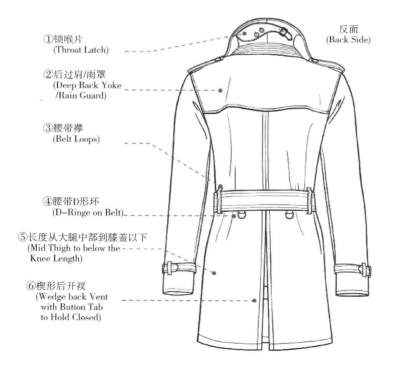

图7-4　风衣反面

可以翻开，冷的时候可以闭合，还能挡风。领口配有铜扣，当衣领竖起时可固定领口而避免受到风寒。双排扣的另外一排不是用来装饰的，而是备用的，因为战斗时难免拉扯将纽扣扯掉，另外也能防止冷空气从缝隙渗入。经典的战壕风衣采用的是5×2，即10扣设计。有些风衣衣袖设计成插肩袖（Raglan Sleeve），据说插肩袖是受英国骑兵队指挥官拉格伦伯爵（Sir Lord Raglan）委托而设计，袖领相连、肩上无缝，贴合人体肩部活动，方便舒适，之后逐渐被美国运动品牌采用。

风衣的许多配饰细节设计充分体现了军需功能。肩章可让士官佩挂勋章显示军阶，还可系住双筒望远镜、水壶及防止军装背囊从肩上滑落。胸口一侧由肩部缝有一块布料，名为枪插片，这一小块布料能随着翻领立起时完整盖住胸口挡雨，同时也是枪托垫，可缓冲后坐力，增加保护性。所有战壕风衣都配有腰带，腰带有一排小孔，可以根据腰围粗细自由调节宽松度，达到合体且能抵御冷风侵袭。腰带可悬挂军用品，腰带上下一般有四行缝线，使腰带更硬挺，能够承受所悬挂军用品的重量而不软塌。这种束腰的设计非常利索，也展示了军人的飒爽英姿。口袋为斜插袋，符合手臂的运动方向，使用方便顺畅；口袋边缘有纽扣设计，闭合可防止雨水进入，也能防止袋内物品掉落；口袋空间大，足以容纳随身必需品。袖口处增加了袖带，也有几个孔眼用来调节松紧度，束紧时可防止风雨灌入衣袖，袖带还可悬挂手套，避免手套遗失。

风衣衣领竖立起来，从后面可以看到一小块独立的布料，称为锁喉片，在强风来袭时，将布料移至喉部固定，可保护喉咙，不直接受寒。背部覆盖有一大块布料，是后过肩，充当雨罩。但需要把腰带系紧，这一块雨罩才会发挥作用，它可以防止雨水顺着衣服流遍全身。腰带后方两侧各有一个D形金属环，最初的设计是用于携带手雷和佩剑，后来用于悬挂轻便的军事用品如地图及手榴弹等。风衣后部为开衩下摆，方便官兵行军及骑马时不受到服装的约束。

第二节　运动功能服装的工效学设计

一、运动功能服装概述

运动服是指专用于体育运动竞赛的服装，广义上还包括从事户外体育活动所穿用的服装。运动服需方便人们运动并且具备保暖、吸湿、透气、易伸缩等功能，通常是按照运动项目的特定要求设计制作。运动服一般根据运动项目进行分类，主要分为田径服、球类服、水上服、冰上服、举重服、摔跤服、体操服、登山服、击剑服等。随着消费需求的不断提高，类别划分越来越细，逐渐趋向具体的运动项目，如球类服可具体到篮球运动服、足球运动服、羽毛球运动服、乒乓球运动服、网球运动服、高尔夫球运动服等。

篮球比赛具有耗能大、强度大、流汗多、时间长、技术性复杂、肢体运动幅度大等特点。比赛过程中，球员要进行剧烈的活动，包括跑、跳、掷、转身、突停、拦截等。进攻方要以快速凶悍的行动将球推进前场。而防守方为了阻止对手进攻，需要通过凶悍的追、逼、抢、打、断等手段，进行拼斗性的防守。在这凶悍的耗能性的大强度运动中，球员往往会大量出汗。篮球比赛是一项时间较长的大运动量的活动，整个比赛结束至少耗时长达45min或1h以上。根据篮球运动的特点，篮球运动服应轻便、柔软、吸湿快干、透气透湿，利于运动中的肢体舒展。通常为背心短裤，采用吸湿快干面料，拼接网眼面料，提升透气性能。

跳水比赛时水花大小是评分的一个依据，为了减小水花，在跳水服后部设计了独特的排水槽，在运动员入水时能迅速排干泳衣与身体间的水，减小了阻力。另外，良好的弹性可以在最大程度上保证运动员做反转、转体及全身的动作时肌肉和身体的舒适与连贯，无任何束缚感如同皮肤。跳水服材料应用了微胶囊技术，从天然物质中萃取出有助于舒缓激醒肌肤的成分，浓缩成微胶囊形式，均匀掺进含氨纶纤维的弹性面料中，使面料高度保形、不松弛、不起泡。新型面料采用专业纱线莱卡高弹面料结合科技平面3D光感材质，比赛中动作拉伸到最极限时面料与身体肌肉紧密贴合，降低跳水运动员下落过程中的空气阻力。

近年来，户外运动随着世界经济的复苏并稳步向前发展。第二次世界大战以后，户外活动开始走出求生和军事范畴并被纳入体育运动的领域，滑雪、攀岩、山地骑行等都成为专业的体育运动项目。不仅如此，在欧洲、北美等发达国家也成为人们日常休闲、娱乐甚至提升生活品质的一种全新生活方式。在中国，户外运动虽然起步较晚，但伴随中国经济的腾飞，发展速度惊人。徒步、登山、骑行等带有探险性质的户外运动成为很多人亲近自然的方式，从贫乏单调的城市生活和巨大的工作压力中解脱出来，不断尝试挑战、突破自我，获得精神上的满足。在这种形势下，各种户外运动服装的需求越来越广泛，户外运动服产业迅速成长并得到了消费者的普遍认可，从事专项户外产品设计的户外运动服品牌也如雨后春笋般不断涌现。如何设计兼具时尚性和功能性的户外运动服逐渐成为服装领域的一个研究课题。

户外运动服，即人们在户外运动中所穿着的专业服饰。它区别于普通意义上的运动休闲服装，具有独特的功能性，同时根据不同的户外运动项目发展出不同的种类和款式。除了大众所熟知的冲锋衣裤，还包括登山专用的登山服，滑雪专用的滑雪服，骑行专用的骑行服等。按运动的危险程度分为极限运动服装、亚极限运动服装、休闲运动服装；按款式可分为连体式和分体式；按季节分，可分为春夏季和秋冬季。

20世纪70年代后特殊材料开始运用于户外运动服，逐步形成了三层着装概念，即基本排汗层、绝缘保护层和外部保护层。基本排汗层需要通风性良好，可以根据使用者的需求进行不同领口的设计，目前的领口设计有拉链式、V领、圆领三种。中间的绝缘保护层应能形成聚集在衣服内的空气层，以达到隔绝外界冷空气与保持体温的效果，一般采用羽绒中空异形纤维。外部保护层最重要的功能是防水、防风、保暖与透气，除了能够将外界恶劣气候对身体的影响降到最低之外，还要能够将身体产生的水气排出体外，避免让水蒸气凝聚在中间层，使得隔热效果降低而无法抵抗外在环境的低温或冷风。

现代纺织科学技术突飞猛进，科技创新不断给户外运动服设计注入新鲜的血液。各种新型高科技面料不断涌现，从最基本的吸湿排汗，到高强度的防风防水面料，从可自控温度的调温纤维到抗菌保健材料，使户外运动服装功能越来越强大。同时，人工智能的研究成果也逐渐应用到运动功能服装中，进一步增强了此类服装的安全性和舒适性。

二、运动功能服装设计的工效原理

运动服主要针对两方面来进行设计和开发：一方面能够抵挡外界环境附加给人体的生理负荷，保护人们的身体安全；另一方面根据人体运动时生理变化，积极地提高人们的运动表现。

在运动过程中，一定伴随人体出汗的现象。当人体出汗不多时，汗液完全蒸发，皮肤表面没有残留的汗液。但随着出汗量增加，汗液来不及蒸发，整个皮肤表面被汗液浸湿。此时，一部分的汗液继续蒸发，有助于人体散热，这部分汗量称为有效汗量。当附着在皮肤表面的汗量达到一定限度后，在重力作用下，汗液沿着人体体表向下流淌，流淌下来的汗量称为流淌汗量；其余的汗量附着在人体体表，称为附着汗量。这些产生的附着汗量如果不能及时排除，会引起运动者的不适感，例如热环境中的热疲劳，冷环境时的体温下降等，严重的可能会危及运动者的生命，这就直接影响了运动者的运动表现及生理健康。因此，积极维持运动状态下人体的热平衡显得尤为重要，运动服装作为人体的第二层皮肤逐渐开始发挥它的重要作用。目前世界各国都积极开发各种高科技的材料，使运动过程中的热湿舒适性得到保证。同时运动服的设计必须研究不同运动类型的动作特点，以便从结构上解决形态变化所引发的束缚问题。

三、运动功能服装的面料与结构的工效学设计

（一）面料的工效学设计

1. 室内运动环境

如果运动环境是在室内，一般就是常温条件，面料的主要设计要求是吸湿排汗性能良好，以便维持体温恒定。增强面料吸湿排汗性能的方法可从纤维材料、纱线结构和后整理加工方面考虑。

纤维材料方面，主要有异形截面纤维、中空纤维、超细纤维、亲水性改质纤维等。

（1）异形截面纤维：纤维表面有许多纵向沟槽，利用沟槽的芯吸效应，可达到吸湿排汗的功效。利用特殊异形截面的疏水性纤维，可快速地将汗水吸附于织物，并迅速移到织物表面而蒸发，达到吸湿排汗、不积存热气的贴身舒适感。美国杜邦公司的CoolMax为十字横断面的聚酯纤维，日本旭化成公司的Technofine为W型横断面的聚酯纤维，中国台湾中兴纺织的Coolplus纤维，中国台湾远东纺织的Topcool纤维都是典型的吸湿排汗纤维。

目前大部分运动品牌如耐克（Nike）、哥伦比亚（Columbia）等使用此类材质来达到吸湿排汗的功效。

（2）中空纤维：利用纤维表面的微细孔洞吸收人体皮肤所排出的汗液，再透过纤维的中空部分，并利用汗液本身的热气化成蒸汽，最后从外侧纤维表面的微细孔洞蒸发。日本帝人公司开发的聚酯中空微多孔纤维（Wellkey Filament）及其系列产品Wellkey-MA，其织物的吸湿排汗特性比普通聚酯纤维强很多。

（3）超细纤维：其织物比普通织物结构细密，纤维间隙小，极易形成毛细现象而吸水。"芯吸透湿效应"是超细纤维织物特有的性能，因而汗水能快速排除，使身体内保持干燥。如Nike的Dri FIT超细纤维。

（4）亲水性改质纤维：以物理改性和化学改性两种方法为主。物理改性是指通过改变喷丝板微孔的形状纺制具有沟槽的异形纤维，或采用与含有亲水基团的聚合物共混和复合共纺的方法，生产具有吸湿排汗功能的纤维。化学改性的纤维表面改质是利用化学药剂处理或接枝的方法，使纤维表面的化学结构改变，并赋予亲水性官能团。例如，日本东洋纺开发的会呼吸的涤纶织物（Ekslive）、国际羊毛局推出羊毛与人造纤维混纺的面料（Sportwool）。2000年英国曼联队主场球衣就是茵宝（Umbro）采用Sportwool材料制作。

纱线结构方面，将纤维素系列的纤维与疏水性化学纤维的优点相互结合所制成的纤维材料。如复合加工丝、多层结构纱、东洋纺PRH50（聚酯/天然棉），其利用复合多层纱与多层构造机理，让汗液被衣服吸收，并从内向外排出。

后整理加工方面，将纤维表面或织物表面涂一层亲水性加工剂或界面活性剂，然后经过热处理使加工剂固着在纤维表面，借加工剂的亲水端提高纤维的亲水性。

2. 户外运动环境

如果运动环境是在户外，那么情况将是复杂多变的，最常见的就是风雨条件，因而对于运动者来说，服装首先要能防风防雨。对登山、探险、攀岩等高强度户外运动来说，还会大量出汗，因此要求服装具有防水、防风及良好的透湿性能。下面介绍几种防水透湿面料。

（1）利用高支棉纱和超细合成纤维织成紧密的织物：通过对纤维或纱线间空隙的控制来实现防水与透湿，一方面可以阻止水分子从外界进入，另一方面又允许体内的水汽散发到外界。目前，高密度防水透湿面料最好的整理工艺是Nextec Application公司的EPIC。这种整理工艺通过用聚合物将每条纤维独立包裹成胶囊并进行高密纺织来实现防水，而透湿则依然通过细微的空隙实现。菲尼克斯（Phenix）和Sport Hill等品牌首先将这种功能面料运用到户外冲锋衣上。

（2）涂层微孔膜类：其主要原理是将微孔直径控制在比气态水大、比液态水小的范围内，允许气态水通过，而阻止液态水通过。目前应用在户外服装上的微孔类薄膜原材料常见的是以下类型：

①聚氨酯（PU）：例如，The North Face的hyvent，这种材料由三层结构构成。最外层

是针织材料，非常耐磨，避免磨损使用者的皮肤；中间层利用聚氨酯（PU）涂层和微孔结构把水蒸气从里层带到外层，同时还具有优良的防水性和透湿性；第三层是舒适的排汗内层设计，达到吸湿目的，并通过微孔将湿气排出。另Marmot Precip面料也是这种薄膜类型。

②聚四氟乙烯（PTFE）：比如Gore-Tex和BHA Technologies研发的EVENT面料，都是属于PTFE膜类产品，防水透湿原理都是表膜中含有数以万计的毛细透湿孔，既防水又有良好的透湿性。但两者的后期处理不同，Gore-Tex采用的是PU涂层，EVENT采用直接处理，无PU涂层。采用Gore-Tex面料的户外运动品牌比较多，始祖鸟（ArcTeryx）、Phenix、和觅乐（Millet）等用其制成最高端的Pro Shell产品，可以应对外界恶劣多变的风雨气候。

③致密亲水膜类：这一类薄膜是以高分子聚合物为基材，在其中导入亲水性分子，通过分子的亲水运动将水分由高浓度一侧导向低浓度一侧。这一类薄膜防水性能好，且由于不存在堵塞透湿孔的问题而较好养护，但其缺点是透湿速率不高。典型的薄膜是Sympa-tex，一种无孔、亲水性、无色、透光的共聚多醚酯膜，不需在内侧覆盖聚氨酯涂层，因而能够比较好的在成品中发挥薄膜的透湿能力，是一种环保的合成膜。这种防风、防水、透湿的高科技且环保的产品，具有很高的长期使用价值，因此价格昂贵。使用这类材料的品牌有卡亚利（Cayale）、哥仑步（Kolumb）等。

3. 极地运动环境

极地条件下的运动服主要是针对登山、滑雪等极寒运动环境而言的，这些户外运动除了对运动者身体素质有较高要求外，还需要运动服装能够适应这类恶劣环境并保护运动者的人身安全。极寒运动服除了同时具备在户外条件下挡风、挡雨和透湿的功能外，最主要的需求就是保暖，这主要通过采用填充材料增加厚度来解决。同时，这类运动不允许服装过于厚重，轻便的材料能让运动者减少不必要的能量损耗，因此既保暖又轻便才符合这类运动服装的特殊要求。

服装的质轻保暖性主要从填充的纤维材料和其构造方式上加强，其次是使用保温蓄热材料作为里料或外部材料。填充材料主要有天然羽绒、超细纤维、中空纤维等。天然羽绒的中空纤维使羽绒本身富含大量静止空气，立体多级羽状结构将羽绒产品自然地分成若干均匀的立体小空间，在羽绒絮毡的三维空间中，数百万根轻细的绒丝交叠在一起，形成数百万只静止空气储存器。羽绒保暖程度的重要指标是蓬松度，蓬松度越高，羽绒的保暖性越好。目前全球最高的羽绒蓬松度是900，这种羽绒是业内公认的保暖性能最好的羽绒，户外品牌土拨鼠（Marmot）使用其制作的外套能满足多种极限条件。

超细纤维直径较常规纤维小，比表面积大，可以吸附更多的静止空气，因而保温效果较好。像美国3M公司的Thinsulate和Albany国际公司开发的超细聚酯纤维Primaloft，直径很小，在同样大小的空间内，可以填充更多的纤维，因此能更多更有效地反射人体热辐射。与羽绒相比，超细纤维在潮湿的状态下具有更好的保暖性。目前大部分运动品牌使用这类材料做极寒条件下的服装。

中空纤维的中空结构减少了纤维的重量，包含大量静止空气，从而保暖性大大提高。杜邦Thermolite Extra三孔中空纤维，比实芯纤维饱含更多的空气，具有更强的保暖功能。奥索卡（Ozark）等户外品牌外套采用此高科技材料来满足极限条件下的探险和登山。

对于极寒服来说，纤维构造方式的改变是为了拥有更大的孔隙率，从而锁定更多的空气达到最佳的保暖效果。以受其影响较大的羽绒为例，羽绒的构造方式指其充绒结构，就是面料包围羽绒而形成的小空间，主要可分为立体盒状结构和双层夹片结构。

立体盒状结构是在面布及里布之间先缝成一条条立体盒状，然后再填入羽绒。优点是羽绒分布均匀，没有冷桥效应。缺点是制作工艺烦琐，增加服装重量。

双层夹片结构是直接将里外料缝合，形成管状空间。优点是服装重量降低，缺点是里外料直接缝合，在缝合处羽绒分布较少，容易让风吹透，易产生冷桥效应。

这两种结构较一般服装的单层缝合而言，结构空间更集中，羽绒分布更均匀，保暖性能更好，可用于极寒地带穿着的探险级外套。

一件好的保暖服装，既有保暖填充材料也有保温蓄热里料或外部材料。一般来说，采用在涤纶等合成纤维纺丝液中加入含氧化铬、氧化镁等特殊陶瓷粉末的方式来达到保暖功能。特别是纳米级的微细陶瓷粉末，能够吸收太阳光等可见光并将其转化为热能，还可反射人体自身发射出的远红外线，因此具有保温、蓄热性能。X-Static是一种可用于非织造生产，前景广阔的新型纤维，其基体材料是尼龙纤维，表面固结有99.9%的纯度银质层。由于银独特的传热导电性，这种材料能抗静电、有效消散电荷、反射红外热量，制成的服装等还可抵抗微生物。X-Static能很好地把人体热量反馈到皮肤，使热辐射损失降至最低。斯派德（Spyder）防寒服内里采用X-Static绝缘隔热技术，保暖性能优越。

（二）结构的工效学设计

1.室内运动环境

此类运动服多采用宽松款式，有利于体内汗液和汗汽能通过对流方式挥发，对于易出汗的腋下、背、胸等部位，采用通风的设计手法，主要是增加网眼能使汗汽快速挥发，让运动员保持身体舒适。运动服还可通过服装的开口设计，如门襟、领口、袖口等处服装结构不能太紧，这能加大空气的对流，达到换气目的。

2.户外运动环境

这类运动服在结构上应符合户外活动的要求，方便大幅度运动，一般衣服的后片比前片略长，袖管略向前弯，以补偿运动。领型一般为贴身立领，以防止风雨进入；运动服袖口和腰部一般应束紧，下摆或腰部加有防风裙或抽绳，可防止风雨进入服装内部；同时门襟及口袋拉链采用防水设计，避免雨水进入服装内部；这类运动服大多数带有可折叠收进衣领的帽子，这更能方便运动者自由处理帽子；同时肩肘部有增强耐磨性的加厚；为增强透气性，腋下设有透气拉链，在出汗较多时可拉开直接透气。

3.极地运动环境

针对这类恶劣环境，服装应先满足户外条件下的设计，例如，运动服袖口和腰部应束紧，下摆或腰部加有防风裙或抽绳，这可防止风雪进入服装内部。领部开口多采用闭合的立领或可立起的翻折领来减少热量的散失；腋下增加透气孔或设有透气拉链，能促进汗液排出，增加舒适性。同时不同运动也会有一些专业化的设计，登山服应易于肢体伸展、方便活动、易于穿脱。而滑雪服会采用贴体的流线型连体服，减小服装阻力，提高运动速度。

（三）色彩的工效学设计

运动服的色彩是运动安全保障的重要组成部分，尤其是在户外进行的体育运动。户外运动服的色彩设计有别于普通运动休闲服装。许多户外运动是在人烟稀少的野外进行，一旦在这种环境下陷入困境，就需要提高自身的可辨识度来引起救援人员的注意。在这种情况下，必须考虑到色彩的视认性和警示作用，明亮醒目的服装色彩就能够帮助被困者尽快被发现，以获得营救。高明度、高纯度的色彩是户外运动服的第一选择。运动服的色彩在设计时，还要充分考虑到穿着环境的色彩，采用能够形成巨大反差的颜色，避免使用与环境类似的色彩，以提高服装的安全性能。如滑雪服应避免大面积使用白色，进行丛林探险时所穿服装应避免使用绿色系等。攀冰的环境中，几乎只有冰的白色甚至透明的颜色，此时若使用纯度高、暖色系的有彩色，既可以降低攀冰者的冰冷感，还可以调节其面对单色冰壁产生的视觉疲劳。在夜间骑行或夜间公路上徒步、探险黑暗的洞穴等户外运动中，服装上银灰色的反光材料将会起到很大的安全保护性作用。

有研究者调查得出，消费者对于户外运动服的色彩选择更偏向暖色系，位于前三位的色彩分别是橙色、红色、黄色，白色、紫色、灰色则很少人选择。目前市场上大多数的户外运动服都会采用大红、亮橙、明黄等亮色为主色调，再根据流行趋势，以黑色、灰色、白色等暗色点缀，使服装兼具功能性与美观性。不同的服装色彩会使人产生不同的感觉，引起不同的情感体验。调查显示，红色户外运动服装的视觉刺激会影响个人肌肉力量的表现，使人产生努力进取的精神；黄色的户外运动服装则可以令人愉快、积极，增强自信；蓝色的户外运动服装可制造一种轻松的气氛，化解紧张情绪，保持信心；绿色的户外运动服装可以给穿着者以希望及宁静的感觉，并对降低心率有十分显著的效果，有助于运动后的恢复；橙色的户外运动服装令穿着者感到温暖和热烈，能启发思维、增强斗志；紫色的户外运动服装可以使户外运动者镇定和宁静，利于保持平稳的心态。黑色、灰色容易引起消极的心理反应，并不是户外运动服装的主选色彩，但可以作为辅助色块使用。

不同的户外运动环境或不同的户外运动类型，都会影响户外运动服装的色彩选择。例如，登山服的色彩设计必须考虑攀登山峰的环境色。许多专业登山者以攀登高海拔或高难度的山峰为目标，珠穆朗玛峰、乔戈里峰、勃朗峰、乞力马扎罗山、富士山及阿尔卑斯山等常是他们的攀登目标。这些山峰的山麓植被丰富，山顶常年覆盖积雪，气温很低，所以服装色彩不能选用与环境色相同的绿色或白色，其他冷色也要尽量少用。因为在冰雪环境中，冷色使人感觉更加寒冷，所以适宜选择深色，与大红、橘红、玫红、黄色等鲜亮的暖色系色彩搭配使用。深色可以尽可能多地吸收热量，鲜亮的颜色能在一定程度上缓解登山者身处白茫茫的雪地上所产生的视觉疲劳，而且在发生事故后易于搜救人员寻找。如果所攀登的是荒芜之山，则应该避免选择棕色或驼色系的服装。

滑雪作为严寒环境中的运动，其服装色彩要尽量让人觉得温暖。在白雪皑皑、气温较低的环境里滑雪，冷色调的服装色彩会使人感到更加寒冷，容易使肌肉和大脑僵硬。而橙、黄等暖色容易使人产生温暖兴奋感，减少紧张感，从而迅速投入到运动中。滑雪服色彩的另一个重要特点是要满足安全性的要求。这是因为室外滑雪场有较多阻挡视线的障碍物，在滑雪速度较快的情况下，比较容易发生人员间的碰撞；高山滑雪时，有时会发生雪崩，而醒目的服装色彩则有助于形成良好的视觉焦点，引起注意，以便及时采取营救措施。滑雪服的色彩设计应选择传播性能好的色彩，同时要求其与环境色彩形成强烈对比。通常暖色、高纯度色、高明度色、强烈对比色具有前进感、膨胀感，视认性强，使用频率高，具有警示效果。

洞穴探险一般都是黑暗的环境，服装不应选择黑色或暗色系，应尽量选亮度高的颜色，并且服装上要带有反光材料；极地探险在白色的冰天雪地中，色彩选择应倾向于暖色系；丛林探险应该根据实际情况进行选择，从户外运动安全的角度应避免选择绿色、浅黄色等难以发现的颜色，从保护生态的角度，则最好采用与环境色相仿的迷彩色，以免惊吓生活在丛林中的各种生物；沙漠探险需避免与沙漠颜色相同的色系，尽量选择红、橙、蓝、绿等有彩色；海岛探险需根据每个海岛的实际环境色进行服装色彩选择和搭配。

溯溪是变相的登山过程，只不过所走的路线是沿着山间的溪流，服装色彩设计方面与登山服有共通之处，鲜艳、醒目的色彩同样适用于溯溪运动。但溯溪所处的环境多有水生植被，多岩石，色彩丰富，所以也要避免绿色、灰色、白色等与环境色相近的颜色。

攀岩与攀冰都是从登山运动演变而来的，其服装色彩与登山运动有相似性，但也有各自的特点。攀岩被誉为"岩壁芭蕾"，明亮、跳跃的色彩更能增加攀岩过程的美感，同时还能振奋攀岩者的精神，使其保持攀到岩顶的信心，以减少失败的危险。例如，橙色能够使人产生愉快、积极的心态，绿色能缓解攀岩者长时间面对岩壁的视觉疲劳。鲜艳、明亮的色彩在攀岩服装中可以较多使用，灰色、土色等与岩石同色的色彩则要尽量少用。攀冰是利用完善的装备攀爬在白色乃至透明的冰瀑或冰柱上，冰面光滑、陡峭，气温寒冷，极其考验运动者的勇气和意志。在单色的视觉环境中，鲜艳的彩色可以调节攀爬者的心情甚至生理反应。寒冷的环境适宜使用能够产生温暖感的暖色系，如红、橘、黄、紫红等鲜艳的色彩，稍暗一些的色彩可以帮助吸收阳光热量，尽量少使用蓝色、银色等冷色，不要使用全白色，但冷色和白色可以作为辅色进行装饰或调节。

四、运动功能服装的工效学设计

（一）乒乓球运动服

乒乓球运动起源于19世纪末期的英国，20世纪初在欧洲和亚洲蓬勃发展起来，于1988年被列入奥运会的正式比赛项目。在中国，乒乓球被称为国球，在国际乒乓球比赛中，我国运动员一直保持着卓越的成绩。正式乒乓球比赛规则对服装有一定的要求，比赛服装一般包括短袖运动衫、短裤或短裙、短袜和运动鞋；其他服装如半套或全套运动服，不得在比赛时穿着，得到裁判长的允许时除外。提高乒乓球服的运动舒适性，对运动员专业水平的发挥有着重要意义。

在运动过程中，运动员需借助腰、脚等部位的辅助发力，最终通过上肢动作来完成各种击球环节，因此服装的变形多产生在腋下、肩部、袖子处。由于手臂、肩部的动作幅度大且频繁，上装的衣长应该充分满足运动需要。另外由于乒乓球比赛规则的改变，运动员不能随意到场边拿毛巾擦汗，从乒乓球比赛视频中可以看到在比赛时运动员常用袖子擦去脸上的汗水。无论业余或专业比赛，袖子已成为运动员擦汗的工具，这说明乒乓球服袖型结构的运动功能性是影响乒乓球服舒适性的关键因素。

从人体工效学的视角看，乒乓球服的设计应从结构和材料两方面满足舒适性要求。结构的重点在于肩部和衣袖设计，衣领可以是无领或平翻领，只要不对颈部造成束缚就可以。常见的乒乓球运动服领型有圆领和翻领两种，袖型有插肩袖和绱袖两种。目前市场上主要有以下三种款式：翻领和插肩袖款式、翻领和绱袖款式、圆领和插肩袖款式。

专业乒乓球运动服所使用的面料常见的有纯棉织物、吸水排汗（异形截面纤维）织物、涤纶（普通涤纶）织物、竹炭纤维和涤纶纤维混纺织物、棉纤维与涤纶纤维混纺织物。其中，纯棉织物是人们传统意识中舒适性较好的织物；涤纶织物是使用量较大的一种织物；而吸水排汗织物是近年新崛起的新型合成纤维织物，包括异形截面的聚酯纤维织物和细旦纤维织物。织物的组织结构主要采用纬平针组织，也有一部分是采用鸟眼凹凸组织，还有少量的其他组织结构。

前人研究结果表明，与插肩袖相比，乒乓球服采用绱袖的运动舒适感更好。乒乓球服袖型结构的不同对其运动功能性有较大的影响，并且袖窿宽深的不同以及袖肥的不同皆会影响到袖子的运动功能性。对于号型为170/90的乒乓球运动服来说，当袖肥为45.8cm、袖窿深为19cm、袖窿宽为9.9cm时，袖型运动功能性最好。

2016年里约奥运会上，李宁公司为乒乓球队提供的"战服"（图7-5）采用了CoolMax面料，结合Body Mapping色织提花面料，能够使运动员在比赛中快速排出汗液，保持身体干爽、舒适。在结构上采用了个性化定制，按照每个运动员的身体数据形成专属板型，提升运动员的竞技状态。

图7-5 乒乓球运动服

（二）网球运动服

　　网球是一项具有较高观赏性的体育运动项目，有"运动场上的芭蕾"之称。网球服是传承网球文化的重要载体，能满足网球爱好者实现除了技艺之外的个性发展与自由发展的生命内涵价值诉求。早期贵族小姐打网球时穿着长袖衬衣和长度超过脚踝的长裙。1884年，由温网莫德·沃特森（Maud Watson）开始，短裙成为女子网球服的首选。由于短裙通风散热性能好，穿着方便，打球时行动自如，样式变化丰富等诸多优点，因而受到网球运动员的喜爱。

　　随着网球运动的逐渐普及，高科技功能运动服的不断出现，网球爱好者对网球服的功能要求也越来越高。功能性运动服能够抵挡外界环境附加给人体的生理负荷，保护运动者的身体安全，还能调适人体运动时的生理变化，有助于提升运动者的运动表现。据调查，业余网球爱好者更加注重网球服的舒适性和功能性，涉及网.球服的吸湿性、排汗性和抗紫外线性能，希望结合人体工效学原理、网球运动项目的技术特点和规范要求，展现出网球别样的风采和魅力。如图7-6、图7-7所示，女性更关注网球服的款式和时尚性；男性网球服的肩部和背部应适当减少服装压力，从而减小对运动的束缚。

（三）滑雪服

　　滑雪运动是运动员在雪地上进行速度、跳跃和滑降的运动。滑雪服又分为连体滑雪服和分体滑雪服（图7-8、图7-9）。连体滑雪服结构比较简单，穿着舒适，防止进雪的效果好；分体滑雪服上衣宽松并有腰带或抽带，裤子一般设计成带背带的高腰式，防止滑行跌倒后雪从腰部进入滑雪服。衣袖的长度应以向上伸直手臂后略长于手腕部为标准，袖子不能绷得太紧，袖口松紧可调节；领型为贴身立领，以防止冷空气进入；裤腿下开口有双层

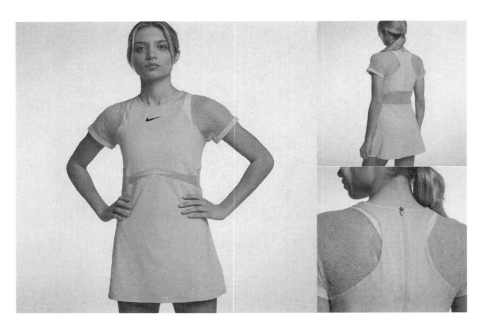

图7-6　女式网球运动服
资料来源：NIKE官网

图7-7　男式网球运动服
资料来源：NIKE官网

图7-8　连体滑雪服　　　　　　　　　　　　图7-9　分体滑雪服

结构，其中内层有带防滑橡胶的松紧收口，能紧紧地绷在滑雪靴上，可有效地防止进雪；外层内侧有耐磨的硬衬，防止滑行时滑雪靴互相磕碰导致外层破损。

　　良好的防风、防水、保暖性能是滑雪服面料的基本要求，可使穿着者避免严寒的侵害。作为运动服，在剧烈运动后其对水分的控制性能是影响人体舒适度的主要因素，因此滑雪服又要具备调节体温、排出汗液的功能。当代科技的快速发展使得织物可以兼具看似矛盾的防水、防风同时又具有水蒸气透过的能力。

　　由于滑雪场地湿滑，滑雪运动又是一场速度与激情碰撞的运动，滑雪者很容易在雪坡摔倒或与他人相撞时使面料发生剧烈摩擦，致使一般面料在多次摩擦后大大减短使用寿命，这就要求服装面料以及各个部位面料的选择具有良好的耐磨性。

　　由于滑雪运动的特点，滑雪服在袖下、下摆两侧以及裤脚内侧易发生摩擦的部位拼接耐磨锦纶面料，使易磨损部位的耐磨性增强，大大提高服装的性价比。滑雪场地低温多变，户外滑雪服的内里在后背上段通常采用亮银网眼面料，这种面料具有特殊的热量反射功能，使得运动过程中易频繁摩擦的后背感觉更温暖舒适。袖口指套通常采用弹性良好的涤氨弹力布，适宜腕部活动并能较好贴合腕部，加强了袖口防寒性。腋下拉链底部采用普通弹丝网布连接，柔软弹性使得手臂运动不受束缚，网眼面料使得透气窗达到更佳的通气效果。

　　滑雪服内里的防水功能主要由防水里料承担。服装连体帽在不用时置于后背上方，开口处朝上，这使得帽里成为极易被风雪侵袭之地，而带帽绳结构的帽由于帽绳的抽动，可能会将被雪水沾湿的绳端带进帽绳通道，因此要采用防水里料。在大身里的下段和防风裙通常也会采用防水里料，避免滑雪者因摔倒后雪从下摆灌入。为了防止冷空气进入服装内部，达到更好的御寒效果，滑雪服通常采用立领结构。

（四）骑行服

目前，骑行运动拥有大批的爱好者和专业运动员。为了提高运动员成绩，同时也为了在骑行过程中对身体有更好的防护作用，研究人员在不断地研发最适合骑行运动的功能性专用服装——骑行服（图7-10）。

图7-10　骑行服

自行车骑行运动是人与机械装置相结合的一种运动项目，属于周期性运动项目，下肢肌肉提供自行车运动的动力，腹部和背部肌肉固定骨盆，上肢肌肉支撑身体部分体重和控制运动方向。在骑行过程中，位于下肢的髋关节、膝关节和踝关节主要做屈伸运动，下肢在骨盆处不停地进行推与拉的动作，上肢肌肉主要通过伸长收缩来维持骑行时的身体姿势，身体向前的姿势可减少空气阻力，还可转移更多的体重到车手把上以减弱因长距离骑行引起的坐疼。在骑车启动、爬坡或挤碰时，上肢肌肉力量有利于控制自行车行进路线。

运动员骑行时上身蜷曲向前是常见的骑行姿势，目的是降低身体正面横截面和减小髋关节活动的角度，降低重心，头部稍倾斜前伸，双臂自然弯曲，便于腰部弓屈，双手轻而有力地握把，臀部坐稳车座。但是，公路自行车的爬坡和冲刺阶段、场地团体竞速和追逐赛的启动阶段，运动员常采用站姿来骑行。骑行运动员的骑行动作姿势，也决定了骑行服设计结构上的特殊功能性要求。

高档骑行服要求具有对身体良好的保护性、对各种不同外部环境的适应性以及骑行者穿着时具有较好的舒适性。骑行服的功能性结构设计一般是：紧身设计，可减少骑行时风的阻力；由于骑行时人体上半身向前倾斜，与地面基本保持平行，所以前衣片较后衣片要短，否则骑行时会造成前片有过多的面料叠加，影响骑行运动；上衣下摆、袖口和裤口装有防滑带，防止上衣、袖子、裤子向上滑移；骑行裤内裆部缝合附垫，减少自行车坐垫对大腿内侧的磨损，骑行裤为了更好地符合人体骑行动作姿态，一般要求进行立体剪裁；一般背部（也有在前面）有口袋，可以放一些小的物品。

领型主要有圆领、V型领、立领和小翻领。根据骑行运动服的不同用途选择不同的领型，如在太阳照射强烈的气候里比赛，可选用立领，有效防止紫外线的照射对人体产生的伤害。领子的设计一定要做到贴合人体颈部的效果，否则，骑行时易受风阻的影响，导致骑行成绩降低。

骑行服的肩部、裆部、膝盖等关键部位的设计要符合骑行的动作要求。骑行服肩袖部设计以插肩袖、落肩袖和平袖为主，增加了运动员肩部的活动范围，方便骑行运动。为了更符合人体的动态结构，骑行服的分割线很多，导致裁片的形状也很怪异。根据分割线的形态，可以分为纵向分割、横向分割、斜向分割和弧线分割，其中纵向分割、斜向分割和弧线分割采用得比较多。纵向分割具有强调高度的作用，常给人修长挺拔的感觉；横向分割有加强宽度的作用，给人以柔和、平衡、连绵的印象；斜向分割具有活泼、跳跃、运动之感，斜向分割还具有隐蔽省道的功能，使服装不仅贴身合体，而且造型优美；弧线分割主要指衣片上以弧线连接各种省道的分割形式，它给人以柔和的曲线美感，具有独特的装饰作用。

骑行服面料采用高科技吸湿排汗材料，能够迅速吸收皮肤表层湿气及汗水，并能立即排至外层蒸发，使体表保持干爽舒适，具有调节体温之功效。面料要求光滑、柔软有良好的弹性，穿着无束缚，耐磨损、防紫外线，具有高度运动舒适性和安全性。上衣面料通常采用锦纶、涤纶和氨纶混纺，少量产品中还加入了羊毛；骑行裤面料通常采用Cool Max等吸湿快干面料，并且裆部装有护臀片，如杜邦弹性抗菌材质的三维立体护垫，增加胯下保护。骑行服前部面料要有防风功能，后部采用吸湿排汗面料，面料表面进行持久拒水处理，可以有效防止雨水浸透。夏季面料要求轻薄柔软，吸汗快干；秋冬季面料要求防风防水，吸湿排汗，保暖透气，热绝缘性好，通常采用柔软的超细纤维材料，里面采用抓绒设计。为了保证骑行安全，骑行服的设计中通常加入3M反光材料，便于夜间行驶。

（五）登山服

登山服为了便于运动员攀登，在设计、选材、用料、制作上要尽量使其轻便、坚固、高效，并且多功能。登山服的设计应易于肢体伸展、方便活动、易于穿脱，肩膀、手臂、膝盖不受太大压力。服装应具备表面光滑、防风、防水、防紫外线等功能。

细节设计的功能性要求：袖口和腰部束紧；口袋多而大，并需有袋盖、纽扣、拉链，使口袋内的东西不容易掉出；为了防止在恶劣环境下风雪从下摆处灌进衣服里，衣服的下摆或腰部加有防风裙或抽绳；衣服腋下有透气拉链。面料的选择不仅要考虑登山服的防风、防雨、保暖、吸湿透气以及特殊的防护性能，而且对面料的柔软性、伸缩性和耐久性也有较高的要求。服装外层面料要求有防污和易去污性能；服装里层应选择吸湿排汗面料，便于及时排除汗液，增加服装的透湿性；在登山服的肩部、肘部及腰部等容易磨损的地方应采用耐磨、回弹性好的面料。

（六）冲锋衣

国家于2016年4月25日发布了GB/T 32614—2016《户外运动服装 冲锋衣》，并于2016年11月1日起正式实施。标准规定，冲锋衣即采用具有防水透湿功能的纺织面料，加工制成的用于户外运动的、具有防水透湿功能的服装。冲锋衣的英语为"Outdoor Jackets"。这种功能性服装最早用于攀登高海拔雪山，当离山顶最高峰还有短短几小时路程时的最后冲刺，这时人们会脱掉雪山防护保暖服，卸下登山包，换上冲锋衣做登顶冲刺，因此得名"冲锋衣"。

国家大力推动"全民健身"计划。这一政策直接推动了体育运动、户外运动、户外旅游等的大力发展，也为冲锋衣行业带来商机。我国人民的运动锻炼热情持续高涨。户外运动成为一种时尚的运动方式，冲锋衣的消费群体从单一的登山运动员，发展到众多的普通老百姓，甚至冲锋衣成为一种流行趋势。冲锋衣应具备以下几个条件：结构上符合登山的要求，包括负重行走、技术攀登等；轻便以利于运动，如袖子不是平伸，而是Y字型，便于攀登时手臂向上；不妨碍登山过程中的技术操作，如考虑到可能会使用安全带，则需把衣兜设计在胸前而不是下摆；制作材料上需符合登山运动所处的特殊环境及登山运动的需要，应能防风、防水、透气等。

一般来说，冲锋衣通常分为"软壳""硬壳"和"三合一"三种，目前我国市场中最多也最为常见的冲锋衣基本都是"硬壳"和"三合一"冲锋衣（图7-11）。"硬壳"冲锋

图7-11 冲锋衣

衣是指具有较强防风、防水并兼顾透气性的外套，防护能力强，面料无弹性，手感较硬。而"软壳"冲锋衣是指具有防风、透气、防水，具有一定保暖性的服装，其面料具有拉伸力。"软壳"冲锋衣的防水性比"硬壳"冲锋衣差，防风性能略弱于"硬壳"冲锋衣，但其透气性能和保暖性能比"硬壳"冲锋衣要好很多。"三合一"冲锋衣是"硬壳"冲锋衣与抓绒内衣或羽绒服的组合，既可以分别穿又可以组合穿，所以称为"三合一"冲锋衣。这类冲锋衣兼顾防风、防水、透气、保暖的性能，在市场中最受消费者的青睐。

国家标准规定，冲锋衣面料的功能性技术指标包括表面抗湿性、静水压（包括面料静水压和面料接缝处静水压）、透湿率。表面抗湿性即通常所说的防泼水，是指滴落在面料上的水滴如荷叶上的露珠，自然滑落，不留痕迹。静水压是指面料可抵挡高水压的长时间作用，而里层不渗水、不潮湿。透湿率是指户外活动后，人体产生的汗气须及时排出，以获得较好的热湿舒适性。

目前冲锋衣多使用涤纶、锦纶等化学纤维为主的织物，并通过在织物表面做防泼水整理，织物反面做涂层或贴膜整理，达到良好的防水效果。因此在进行冲锋衣的洗护保养时，建议依据产品洗水唛标识的提示，选用中性洗涤剂，机洗轻柔洗涤程序（也可轻柔手洗），清洗前可用小刷子清洗局部污渍，洗后可适当对冲锋衣进行烘干和熨烫，有利于其防水透湿性能的恢复。不建议使用含氯的洗涤剂或漂白剂，不建议采用强力甩干、高强度洗涤、干洗、长时间浸泡等一系列损害产品防水透湿性能的方法。另外还须注意，冲锋衣经过多次洗涤后，其防水透湿效果会相应降低，所以如果不是必要，可适当减少冲锋衣的洗涤次数。

被誉为"世纪之布"的Gore-Tex面料，是世界上第一种兼具防水性、透气性和防风性三大性能的面料，解决了防水与透气这两个看似矛盾的特性，通过密封性达到防水效果，并通过化学置换反应达到透气效果，同时具防风、保暖功能。

（七）三层户外运动服

为了适应户外运动对着装的苛刻要求，户外运动服装从内到外的"三层着装法"就应运而生。根据不同类型的运动项目可以选用内中外三层结合的全功能性外衣，也可以选用其中的一层或者两层进行搭配。内层服装排汗、中层服装保暖和外层服装防风雨。并非在所有的场合都必须穿着这三层服装，可以分别单独穿着，也可以组合穿着。

这三层服装互相组合或单独使用足以应付各种复杂的环境。首先是防水（雨）性，这是一项很基本的要求。其次是防风性能，因为像登山、滑雪或滑翔等运动都是在风速较大的环境中进行，为了保持体温，防风性能相当重要，同时还有一些听起来较苛刻的要求，比如服装的透气性、耐磨性等都不可忽视。内层服装有些像我们平时穿着的秋衣、秋裤。这类服装一般都贴身穿着，其主要作用就是使身体保持干燥并有一定的保暖作用。内层服装的材料是由一些导水性极强的材料制成的，内层服装透气排汗。人体在运动后衣服内层会积聚大量的汗液，就很容易着凉而引发感冒，在登山或极地探险活动中还会造成冻伤。

外套层服装耐磨性、防风性都很好，而且具有良好的防水性能。

内层速干服装，针织类产品柔软、透气、延伸性好，宜做贴身内衣。功能性内衣常常是做成双层或三层的针织产品，多采用吸湿快干面料。如采用丙纶、涤纶材料，内衣具有良好的输湿导汗、极速干燥的功能。功能性针织内衣随着高新技术的开发和应用，功能越发的广泛而人性化。除了吸湿速干，具有抗菌功能和保暖功能的针织内衣也是出现最多的。保暖针织内衣是一种薄形但保暖性好、贴身穿着舒适的功能性针织内衣。它主要是通过织物结构中形成的空气层效应以及利用功能性物质的反射热量、储存热量作用等原理，使服装具有保暖功能。有的针织内衣还利用氨纶或特殊织造方法，形成紧身的无缝贴身结构，对人体的特殊部位进行束缚收紧，从而达到保暖和美体效果。

夹层保暖服装，即中间保暖层，在户外运动服装中起到承上启下的作用，既要拥有良好的保暖性用以储存身体的热量，又要能将内部多余的热量和湿气及时转移到外部，因此保暖层面料多采用针织抓绒或起绒面料以增强保暖性，针对寒冷大运动量服装还会搭配羽绒或者绗棉面料，保证透气透湿的情况下，进一步加强保暖性能。

户外运动服的领子主要分为三种类型，即翻领、立领、坦领。领子设计受其三层着装原则的影响，一般夏季为速干T恤、冬季贴身层上衣以圆领即无领的设计为主，衬衫式的速干上衣采用传统的标准衬衫领型。中间保暖层抓绒衣则多为立领设计，这样可以最大限度地阻挡冷风进入，从而达到保暖效果。最外层羽绒外套和冲锋衣大多采用立领或连帽的设计，连帽设计可以加大防风保暖效果，是户外运动服外套惯用的设计手法。

抓绒衣在胸围线上部采取横向分割设计，给人平衡、稳定的感觉，纵向的弧线分割则打破了整体的沉闷，增加了服装柔和、流畅的一面。

第三节　特种功能服装的设计开发及其工效学评价

特种功能服装是指应用于某些特殊环境下，为作业人员提供必要的防护，保护穿着者健康、安全的服装。特种功能服装主要研制的内容是防护服，它涉及工矿企业、森林灭火、体育运动、航空航天、登山、涉水等各领域。在劳动保护工作中，它是个体防护装备的重要组成部分，对安全生产有着重要意义。同时，对劳动者与特种作业人员的健康、安全及提高生活质量起到保证作用。特种功能服装都是采用特种功能性纺织品与其他制品研制成功的，而功能性纺织品不是应用一般的技术就能够实现，它涉及新材料、新工艺、新技术、新能源等许多技术难点，因此，特种功能服装属于高科技产品。

一、特种功能服装的分类

目前对于特种功能服装尚未制定统一的分类标准。任何一种功能性服装都有其特定的用途，对工作环境中的有害因素提供有效的防护，以有害因素来区分是比较普遍的分类方法。工作环境的物理因素包括高温、低温、风、火、水、气压、噪声、振动、粉尘、静电、电磁波、微波、放射性、紫外线、红外线等；化学因素包括毒物、毒剂、毒气、油污、酸、碱等；生物因素包括细菌、真菌、病毒、毒素、寄生虫、有害生物等；社会心理因素包括劳动态度、劳动组织等。根据工作人员从事工作的工种，又可分为化工、冶金、煤炭、石油、电子、消防、建筑、航空、航天、作战等各种工作。

特种功能服装主要分为以下类别：

1. 航空航天救生类服装

从高空飞行到载人航天所遇到的各种环境，都需要穿用特种功能服装。高空飞行要穿分压服（Portion Pressure Suit），特技飞行要穿抗荷服（Anti-G Suit），海上飞行要穿抗浸服（Anti-exposure Suit），载人航天穿航天服（Space Suit）。

航天服是宇航员在太空生活、工作所穿着的特种服装，是保证航天员生命安全的防护救生装备。在航天过程中，根据需要，航天服能构成适于人体生活的微小气候。航天服由服装主体、头盔、手套、靴子等组成，各部分通过金属连接器连接。航天服一般分为舱内航天服和舱外航天服两种。在结构上，分为6层：①内衣舒适层；②保暖层；③通风服和水冷服（液冷服）；④气密限制层；⑤隔热层；⑥外罩防护层。

飞行服是空军飞行员所穿的功能性服装，它包括高空代偿服、抗荷服、抗浸服等。

抗浸服是一种保证人员落水后防止体热在短时间内大量散失的个体防护装备。

水上救生防护服，包括潜水服、救生背心、救生衣等。

2. 军需装备类服装

军需装备类服装主要指军用防护服，如防毒服、防弹服、防爆服等。

防毒服是当遭受化学武器袭击或受毒物污染时保障作业人员的生存和作业能力的重要手段之一。这类服装包括透气式服装、隔绝式服装、化学浸渍式服装等多个品种。军队用三防服、导弹发射场和井下作业防护服以及工业上用的喷洒作业服等都属于该类服装。新型防毒服在保持现装备防毒、防水功能的同时，进一步增加了服装的阻燃功能。

防弹背心可以对人体的胸、背、腹要害部位起到防护作用。防刺背心具有优良的防刺性能，可有效地防匕首、三棱刮刀、弹簧刀等锐器对人体胸、腹、背和腰部的致伤作用，其耐刺力在695N以上。防弹头盔采用当今世界最新的高性能非金属芳纶织物制作。

高性能防水迷彩织物，具有防水、防风、防酸碱、防红外等优良特性。

3. 工矿企业类服装

工矿企业环境复杂，可能涉及脏污、有毒有害物质，因此大量采用防护服。

抗油拒水防护服，主要采用防油、防水处理及涂层织物制成，具有良好的透气、透湿性能，穿着舒适，符合抗油、拒水防护服的安全卫生性能要求（国家标准GB 12799—91）。

防静电工作服是易燃、易爆场所必穿的防护服装。采用导电纤维交织的面料制成，具有永久的抗静电性能。

易去污防护服的突出特点是具有防污和易去污双重功能，一旦沾污，在正常条件下也容易洗涤。

防酸工作服适用于化工、轻工、电镀等行业及其他接触酸作业的场合，可对高浓度的硫酸、盐酸、硝酸进行有效的防护。

防酸、防静电工作服，对同时存在酸和静电的作业环境特别适用，能够对作业人员进行有效的防护。聚氨酯（PU）胶布，性能优良，是传统橡胶布制品的替代产品。

防电、防磁服，包括绝缘服、带电作业服、防微波服、防激光服等。

4. 公安、消防类服装

阻燃防护服包括高温防护服和防火服两类。采用普鲁苯（Proben）整理技术生产的阻燃面料，既能有效地防止火焰蔓延，又能保持织物的原有性能。

消防战斗服是消防员在火场实施灭火作业时穿着的、具有阻燃、防水、透气和隔热等多种功能的防护服装。

消防隔热服是消防员靠近火焰进行灭火战斗时穿着的防护服。

抗热辐射、耐燃、隔热防护服在1500℃铁水浇倒在上面织物不烧穿，安全防护的作用优异。

特种阻燃防护服能在火焰达800℃高温条件下不燃烧，采用高强、耐腐蚀、质地好的特种服装面料制作。

5. 医疗保健类服装

医用纺织品与生物医学工程相结合将成为高科技产业。它从纺织品加工的形式来区分，可分4类：第一类是通过纤维改性获得抗菌、防病效果；第二类服装是用整理的方法来达到防病、治疗保健的目的；第三类服装是与中医中药相结合，我国特有的保健服装；第四类服装是采用功能纤维制成。医疗卫生用纺织品品种多，应用面广，某些产品技术要求高。医用纺织品及服装的发展，对造福人类，发展纺织工业均具有不可估量的前景。

医用卫生防护服，是医疗工作场所穿着的特殊防护服装，包括防菌服、手术服等。

除上述分类外，还有防寒服、无尘服、放射性防护服等。防寒服主要用于高寒野外作业及低温环境，如多功能防寒服、冷库防寒服等。此类服装多选用保温性能好、压缩弹性及持久性好的材料制成。无尘服主要用于电子行业超净化车间，保护电子器件不受污染。放射性防护服是在某些有放射性射线存在的环境作业时穿着的防护服装，如医院CT室的X射线防护，服装材料应具有很好的屏蔽射线的性能。

以上特种功能服装是按照服装的主要功能进行划分的，但在实际使用中，单项防护性与多功能性的综合问题要协调好。任何一种防护服，要求防护所有的有害因素比较困难，但要兼顾几种，还是能够实现的。例如，抗油拒水防护服以防油、防水为主，同时还可以具有一定的阻燃性等，多功能性产品往往会受用户的欢迎。

二、部分特种功能服装的介绍

（一）阻燃防护服

1.阻燃防护服概述

阻燃防护服（Flame Retardant Clothing）（图7-12）是指在直接接触火焰及炙热的物体时，能减缓火焰的蔓延，使衣物炭化形成隔离层，以保护人体安全与健康的服装。其防护原理主要是采取隔热、反射、吸收、炭化、隔离等屏蔽作用，保护劳动者免受明火或热源的伤害。阻燃防护服适用于在有明火、散发火花或熔融金属附近操作时，以及在有易燃、易爆物质并有着火危险的地方时穿用。隔热阻燃防护服能够将热源及明火与人体隔离，从而防止过热伤害、热中暑或烧伤、灼伤等情况发生，避免高温或超高温热源对人体造成伤害，维护穿着者的人身安全。

冶金、消防、石油化工、焊接等行业的从业人员时刻面临灼痛、烧伤、飞溅火花等的威胁。冶金行业作业环境恶劣，工人经常身处60℃以上的高温环境中，而且在操作过程中常有熔融的钢水飞溅，直接

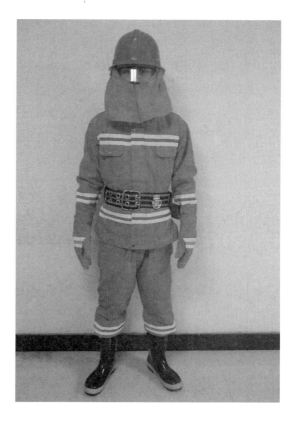

图7-12　阻燃防护服

威胁到工人的安全。对于消防及森林灭火人员来说，高温和火焰是他们面临的主要问题。燃烧的物体发出强烈的热辐射，炽热的气浪使消防现场气温升高，紧张的灭火工作会产生大量的代谢热，使消防人员的热负荷加重，火焰和热浪甚至会造成消防队员皮肤及呼吸道的灼伤。据统计，我国冶金行业每年需要隔热、透气、柔软的阻燃防护服30万套，消防部门每年需要阻燃防护服10万套，水电、核工业、地矿等部门中从事特殊环境作业的工种每年需要30万套防护服，加上其他需要阻燃防护服的行业，我国每年需要200万套阻燃防护服。

如何保护上述人员的身体健康，提高工作效率，发达国家早已开始了这方面的研究。目前，主要措施之一就是采用阻燃防护服，方便、有效、安全地解决人的防护问题。对于阻燃防护服的研究，美国、德国、英国等发达国家起步较早，在防电弧以及消防服等领域取得了较大的成果，特别是美国杜邦公司在这方面走在世界的前列。他们在耐热材料的开

发利用、热防护产品设计生产、热防护标准制定、检测仪器的研制等方面处于领先地位。

目前，国际标准化组织（ISO）、美国工业卫生协会（AIHA）、日本保安用品协会以及欧洲标准化委员会（CEN）等机构中，都设有防护服专业委员会或分委员会，对防护服装的相关标准和研究进行指导和汇总。美国、日本、英国等国家先后开发了"假人"进行配套研究，可以模拟极端高温和火场条件来进行热防护服装的整体防护性能测试，对穿着者可能受到的伤害程度进行定性或定量的研究。近二十几年来，新材料、新技术和新工艺的不断发展，对阻燃防护服的研究起了一定的促进作用。

2. 阻燃防护服的分类

国际上按防护对象将阻燃防护服分为4大类，分别是防熔融金属防护服、防火焰对流热防护服、防辐射热防护服和防接触热防护服。

国内阻燃防护服主要分为两类，分别是高温防护服和防火服。高温防护服主要用于高温作业环境，如冶金、炼钢、炼焦等工作。必要时，还配有通风服、液冷服等。其所用的材料要求具有导热系数小、隔热效率高、防熔融、阻燃等性能。防火服主要用于发生火灾的作业环境，如消防队员、森林防火、灭火队员等所穿的服装。此类服装一般选用耐高温、不燃或阻燃、隔热、反射效率高的材料制成。

3. 阻燃防护服的结构

阻燃防护系统的目的是在火焰及高温环境下，对人体的各个部分，如头、颈、躯干和四肢提供必要的保护，头盔、面具、手套、鞋等都是阻燃防护系统的研究内容。其中防护服是阻燃防护系统的主体部分，其款式主要有分体式和连体式两种。

作为阻燃防护服装，不仅要阻燃，更重要的是要隔热，防止热量通过服装传递给人体。尽管其形式多种多样，但其基本结构是一定的，都是由多层材料制成。一般分为三层，即外防护层（Outer Shell）、汽障层（Vapor Barrier）及隔热层（Thermal Liner）。美国消防协会（NFPA）在1974年已对消防服进行了定义，并制定了相应的标准。之后，美国职业安全和健康署（OSHA）消防队标准（Fire Brigade Standard）又对其进行了一定的修改，使其更加完善。除此之外，阻燃防护服在服装的加工工艺、辅料、附件、适穿、厚度、重量等方面都有十分严格的要求。阻燃防护服根据应用条件的不同，在结构上也稍有区别，如炼钢工作服没有汽障层。分体式服装要求上衣与裤子的重叠部分不少于20cm。

4. 阻燃防护服的材料

应用于阻燃防护服的阻燃纤维有偏氯纶、腈氯纶、阻燃腈纶、维氯纶、氯纶、芳纶1313、芳纶1414、聚砜酰胺、聚苯并咪唑、酚醛纤维等。阻燃防护服面料除由阻燃纤维加工得到外，还有一部分出于经济上或来源的考虑，用非阻燃纤维织造，并经过浸轧烘、涂层和层压等处理方法得到。

（1）外防护层：是阻燃防护服抵御外界火焰、高温环境的第一道屏障。除了有阻燃性外，还要求其应具有足够的强度、耐磨性、抗穿孔性、色牢度等。早期的阻燃防护服通常采用石棉/棉。由于石棉对人体的不利作用，各国争相开发无石棉防护服。此类外防护层织物主要分为涂层织物和非涂层织物，涂层织物又有金属涂层织物和非金属涂层织物之分。其中，性能优良的非涂层织物包括芳香族聚酰胺（Aramid），拒水PFR棉，聚苯并咪唑纤维（PBI）等。

金属涂层以涂铝为主，因为铝具有很强的反射性，在强大的辐射热场地，防辐射热效率可达到95%～98%。

（2）汽障层：是用于防止水、腐蚀性液体、热气的进入，它通常为涂层或层压防水材料。性能优良的汽障层材料主要有PRF氯丁橡胶涂层芳香族聚酰胺织物、Gore-Tex织物、Gore-Tex加氯丁橡胶涂层织物、涤/棉氯丁橡胶涂层织物四种。此外，剪绒毛皮用于汽障层也具有很好的效果。

（3）隔热层：用于防止热量的传入，以延长消防人员或高温作业人员的耐受时间。隔热层往往位于服装的最内层，因此其舒适性也是十分重要的。性能优良的隔热材料主要有100%拒水FRF羊毛、芳香族聚酰胺的针刺无纺织物、芳香族聚酰胺的无纺被垫等。美国军用材料开发机构AMDRC陆军部提出了两种绝热材料，一种是43%涤纶短纤维和57%聚烯烃超细纤维（Polyolefin Microfibers）；另一种是100%涤纶树脂固定絮垫。

我国阻燃防护服的研究虽然起步较晚，但已制定颁布了一系列相关标准。我国阻燃防护服的材料已由纯棉或涤/棉阻燃材料向高性能纤维转变，阻燃防护服的款式以分体式为主，防护性能已有了很大程度的提高。

（二）飞行防护服

随着飞机飞行高度与速度的不断提高，许多航空医学问题也随之出现，如低气压、缺氧、低温、过载、火焰、坠入寒冷的水域等。为了保证飞行员在飞行中的安全，许多国家相继开始研制各种用途的飞行员个体防护装备。个体防护装备可以为飞行员在各种不利的环境（自然环境和人为环境）下提供有效的保护，以便使飞行员在高空、高速、高过载飞行以及进入有害物理、化学、生物环境时能够正常施展能力，机敏地发挥战斗机的作用。当座舱被破坏和飞行员应急离机时能够迅速有效地防止高速气流对飞行员的伤害并实施保护和供氧；当飞行员跳伞落入江河湖泊、有毒有害等不利环境时，能够保证飞行员的生命安全。

现在，随着战斗机性能的不断提高和攻击性武器的飞速发展，飞行员工作的环境也越来越恶劣，如强噪声、激光、电磁辐射、核辐射、核闪光、生化武器攻击等，飞行员对个体防护装备的依赖程度越来越高，防护问题日益突出。抗荷服、代偿服、代偿背心、通风服、防化服、抗浸服、液冷服等就是飞行员个体防护装备的重要组成部分。

1. 抗荷服

飞机在机动飞行中，一旦产生加速度，人体就会受到与加速度方向相反的惯性力的作用，由于惯性力的作用使得人体重量增加，在航空工程上把这种惯性力称为"过载"或"超重"。根据人体的耐力指标，歼击机在作战或特技飞行时，飞行员必须采取防护措施，这样才能保证飞行安全。在当前的防护措施中，最有效而简便的方法就是穿着抗荷服（图7-13、图7-14）。抗荷服是提高飞行员抵抗正过载不可缺少的装备。

图7-13　米勒上校穿抗荷服

图7-14　穿着KH-7抗荷服的女飞行员及抗荷服

（1）抗荷服的发展：抗荷服的开发研究工作可以追溯到1918年，但直到1944年具有优良性能、使用便捷的囊式抗荷服才成功面世，很快在世界范围内被各国空军大量引进，成为飞行员在驾驶战斗机时的常规必需防护设备之一。到目前为止，五囊式抗荷服仍为最广泛地被使用的抗荷服，飞行员穿戴五囊式抗荷服后，身体下半段的绝大部分被气囊覆盖，囊式抗荷服连接到飞机上装有的抗荷调压装置，两者相互配合，随着惯性力的变化，囊式抗荷服的囊中可以自动填充气体或者液体，进而向人体下肢部分施加压力，强迫绑紧人体的大小腿和腹部，阻止血液被甩向下肢部位，从而保证人体的大脑、心脏、双眼等器官得以供应足够的血液，有效地提高飞行员的抗荷耐力。

我国在20世纪50年代"抗美援朝"时期，才正式使用抗荷服。在20世纪50年代末开始按照国外抗荷服的样品进行仿制。20世纪60年代初期，开始使用锦丝绸制作的抗荷服，并大量装备部队。随着现代化战斗机性能的不断提高，飞行员工作环境下承受的载荷远远超过了人体的生理极限。如果没有有效的抗过载防护，飞行员机体便会产生明显的血液动力学变化，导致灰视、黑视甚至意识丧失，不仅严重影响战斗机性能的发挥，而且危及飞行员的生命。在高性能战斗机不断推出的同时，新型抗荷服的研发成了重要课题。

（2）抗荷服的结构：从各国抗荷服发展情况来看，结构变化不大，抗荷服结构主要有囊式和侧管式两种，主要是纺织材料上采取了不少改进措施，以提高和改善抗荷服的使用性能。

五囊式抗荷服是一条裤子，作用是提高飞行员对正向过载的耐力。内部装有五个连通的气囊，其主要组件包括带腹部气囊的裤腰和两个裤腿，其中每个裤腿包括分别贴在大、小腿部的两个气囊，该气囊与腹部气囊相互连通。为了方便穿脱，左右裤腿采用两根大的拉链封闭。为了减少飞行员的热负荷及行动方便，抗荷服的臀部和膝盖部位均被剪掉，在裤面上配有调节绳使其紧缚人体，当充气时对下肢和腹部施加一定的机械压力。

侧管式抗荷服的外观与五囊式抗荷服基本相同，主要区别是五囊式抗荷服腿部气囊直接压于大腿和小腿部，当充压时人体感到很不舒适，且腿部气囊覆盖面积较大，不易散热。侧管式抗荷服是两根管式气囊在腿部两侧，当过载产生时气囊充气，通过系带拉紧衣面，在腿部四周均匀加压。

（3）抗荷服的材料：为了不断改进抗荷服的各项使用性能，有关人员除了从结构原理不断探索之外，在抗荷服的材料方面做了不少探索改进工作。抗荷服功能的实现与纱线及面料特性紧密相关。

作为抗荷服面料，必须达到以下基本要求：轻质、高强低伸、阻燃、耐高温。为了减轻飞行员的负荷，在满足性能要求的情况下，抗荷服面料的面密度越小越好。抗荷服需充入一定的气体才能正常发挥作用，其面料承受着自充气囊的张力。面料应力应变一旦超过临界值，抗荷服将丧失防护性能，从而导致飞行员身体拉伤乃至生命危险。因此，要求抗荷服具有足够高的强力，以保障抗荷系统的功能。抗荷服面料的伸长率直接影响到抗荷服的效率。当充入气体时，气囊随着气体的充入而膨胀，随后通过面料、系带对人体迅速施压。对人体加压的速度是评价抗荷服性能优劣的重要指标。如果面料在拉伸条件下伸长率大，就会大大降低抗荷服的抗过载速度和效果。

飞行事故中，飞行员的主要危险有碰撞受伤和烧伤，后者是飞行员在飞行事故中的最主要危险。飞行员在应急着陆时经常处于火焰环境中，能否逃离火焰燃烧的高温环境成了逃生的关键。据美国空军资料报道，在使用阻燃救生服前，常有飞行员被烧伤；美国空军飞行员死于飞机起火的人数比死于弹射失败的人数多80%。因此，抗荷服面料的阻燃及耐高温性能直接关系到飞行员逃生时的生命安全。

20世纪50年代末，抗荷服面料采用棉布制作，即101染色粗平布。该面料为平纹结构，草绿色，经纬方向强度只有735.5N。随着合成纤维的发展，20世纪60年代改用锦丝绸制作抗荷服面料，即505草绿色锦丝绸，该面料为斜纹组织，经纬方向强度为1108.2N，比101染色粗平布重量减轻了将近一半，强度却提高很多。锦丝绸具有强度高、重量轻、耐磨性好等优点，从而使抗荷服的使用性能得到了很大改进。实践证明锦丝绸也有不足之处，锦丝绸伸长率较大，抗荷服在加压过程中能量损失较多，力的传递时间较长；另外，吸湿性小也是锦丝绸的一个缺点，因此美国曾用锦/棉绸代替锦丝绸作为抗荷服面料。锦/棉绸综合了锦丝绸强度大以及棉的伸长率小、吸湿性好两种材料的优点，我国也曾试制锦/棉绸抗荷服，并在部队试用。

芳纶具有优越的耐高温、阻燃性能和良好的化学稳定性，是商用耐高温纤维中密度最小的一种，自20世纪70年代起就被广泛用于战斗机飞行员的救生服面料。目前，大多数国家军用飞行救生服面料均采用芳纶制作。广泛商用的芳纶有间位芳纶、对位芳纶和共聚型芳纶，间位芳纶强度和模量与普通的涤纶、锦纶相当，制成服装后穿着舒适。对位芳纶分子链的高度对称性、规整性和刚性结构，使其具有高强度、高模量等优异的力学性能及耐高温等优点。共聚型芳纶，在对位芳纶的基础上降低了分子结构规整性，使其不但能够进行纺丝原液染色，也具有比对位芳纶更高的强力、断裂伸长、耐酸碱性能和抗紫外线性能。

2. 代偿服

代偿服是给飞行员的躯干和四肢体表施加压力以对抗因加压供氧而增加肺内压力的个体防护装备，又称部分压力服。代偿服是全套加压供氧装备的组成部分，它与飞机供氧系统配合使用，同代偿服配套的设备还有密闭头盔或加压面罩。在12km以上的高空，飞机座舱失去密封性时，必须对飞行员的躯干和四肢体表施加压力，以对抗因加压供氧而增加的肺内压力，代偿服就是这样的个体防护装备。高空正常飞行时，代偿服不工作。当座舱失去密封或飞行员应急离机时，氧气调节器或跳伞供氧器自动向代偿服和密闭头盔快速充氧。代偿服对飞行员体表施加与密闭头盔内余压相应的代偿压力，保持人体内外压力平衡，防止肺部损伤，改善呼吸和循环机能，避免高空缺氧和加压供氧带给人体的影响。

（1）代偿服的基本要求：

①给整个人体表面以均衡的压力，相当于肺内的气体压力。

②在无余压呼吸情况下不增加胸廓和腹部呼吸负担，而在余压作用下呼吸时减轻这些肌肉组织的负担。

③不妨碍飞行员的动作。

④透气。

⑤穿、脱都无须别人帮忙。

⑥能很快进入准备完善状态。

⑦不严重地增大飞行员的外廓尺寸。

（2）代偿服的结构：代偿服由服装主体（衣面、调节绳、拉链等）和张紧装置组成。如需对手足加压，还可以使用代偿手套和代偿袜。代偿服的材料应该具有强度高、伸长率低、质轻和阻燃性能好等特性；张紧装置的气囊由锦丝涂胶布制成。代偿服的结构分为侧管式（图7-15）和囊式（图7-16）两种。侧管式代偿服在服装外侧装有气囊，气囊充压后膨胀拉紧衣面，对人体表面施加压力。囊式代偿服是在服装内表面配置充气气囊，气囊充气后直接向人体表面加压，未覆盖气囊的体表部分通过拉紧服装面料向体表施加压力。

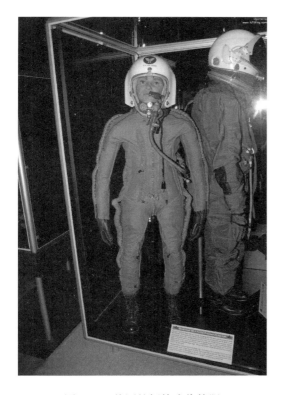

图7-15　美军的侧管式代偿服　　　　　　　图7-16　苏27配备的BKK-15K气囊式代偿服

代偿服对人体增压的方法得到了广泛应用：以服装织物对人体进行机械压，其张力由高压气囊提供，具有高压气囊的拉紧机构；用气囊对人体进行机械挤压，气囊内的压力等于肺内压力；混合型机械挤压。这种情况下，躯干（全部或仅是腹部和胸廓）的增压通过低气压囊实现，而四肢和躯干的局部增压则通过拉紧机构作用下的服装织物来实现；利用余压对人体进行增压。

沿身体圆周分布的充气囊被称为呼吸气囊。呼吸气囊可以保证身体的扁平和凹陷部位得到良好的代偿，减轻呼吸肌的负荷和呼吸周期内的压差。

（3）代偿服的材料：我国从1959年开始研制代偿服，当时主要对苏联样品进行分析研制，除了要使服装规格符合我国飞行员体型外，还进行了代偿服用纺织材料的研制。最初，服装主体部分的材料是棉织物，20世纪60年代初开始了锦丝织物的研制，普遍用锦丝织物取代了棉织物。20世纪70年代以来还进行了锦/棉织物以及阻燃织物的研制。

3.抗浸服

地球表面有3/4区域是海洋，飞机坠海事故不可避免，一旦发生战争，海中救生的要求则更为突出。全世界海洋的海水表面温度有47%的区域低于20℃。人在落海以后致死原因有两种：一种是淹入水中，由于水堵塞了呼吸道窒息而死；另一种是在低温海水中浸泡，以致体温逐渐下降，生理功能逐渐失调，直至失去自救能力而死亡。在寒冷季节坠海后，如果没有特殊个体防护装备，多数会被冻僵致死。人体正常体温为37℃左右，直肠温度35℃是人体体核温度的耐受限度，低于35℃时就会出现较重功能失调。如果低于正常体温8℃，将会危及生命安全。热的丧失量的下限是100cal/m²，直肠温度降至32℃以下时，心血管系统紊乱，降至25℃左右时，肯定引起死亡。在水温低于20℃的水中，体温散失比产热快，一旦直肠温度降至35℃以下时，产热就减少。人体在20℃水中浸泡即有生命危险，在15℃水中只能存活数小时，在0℃的水中则只能活数十分钟。

为了达到海上安全救生，需要一种海上个体防护装备，这就是抗浸服（图7-17）。抗浸服的功能就是使飞行员落水以后，能够依靠救生背心和救生橡皮艇漂浮于海面，不致死和冻僵，因此也叫防寒抗浸服。抗浸服必须具备保暖功能，其外层是防水层，内穿保暖服，低温水不会浸入内层的保暖服，可使体热不会大量散失，能维持数小时，以获得营救时间。

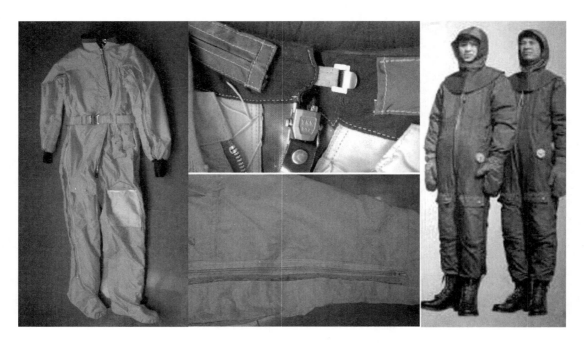

图7-17 抗浸服

（1）抗浸服的基本要求：

①提高保温绝热性。

②增大人在抗浸服内的可运动性，从而能够借助于运动生热保持体温。

③减小身体的暴露面积，以减小热量散失。

④织物应防水、透气。

⑤服装应具有一定的浮力。

⑥保暖层既要有较好的隔热性，又不宜太厚，服装的热阻以2.5～3.5clo为宜。

⑦服装能保证人体在冷环境中一定时间内的热量，或保证直肠温度不低于35℃。

（2）抗浸服的基本结构与分类：抗浸服由多层服装组合而成。外层是防水服，中间层是保暖服，里层是针织内衣、衬衣和毛衣等。

抗浸服可分为干式和湿式两种形式。"干式"抗浸服不允许水进入服装内，"湿式"抗浸服允许有限的水进入服装内，由穿着者体温使水变暖。"湿式"抗浸服比没有穿抗浸服可延长存活时间近2.5倍，而"干式"抗浸服延长存活时间达4倍。

（3）"干式"抗浸服的结构和材料：

①防水服：主要作用是防止水浸入服装内，使人体周围有相对干燥的隔热层。防水服的防水性能主要取决于服装的面料。面料不仅不能透水，而且还应透气。早期是采用纤维较细、支数较高、捻度较低的纱线织成高密度的织物，使气态水分子能自由透过布孔而散发出去，当织物淋雨或浸泡于水中时，因纱线具有良好的膨胀性，迅速将布孔封闭起来，阻止液态水分子的侵入。另一个因素是织物经过了防水整理，这种化学方法整理使防水剂与纤维素的羟基发生化学键结合，接上增水性基团，使纤维具有拒水性，更增强了织物对水的屏蔽作用。这种整理方法的优点就是使织物保持原有组织结构，不产生涂层，并且有可逆性，一旦织物干燥以后，仍可恢复原有的透湿性与防水性。后来出现了Gore-Tex新材料，达到良好的防水透气性。随着高分子材料的发展，产生了许多聚合物涂料如氯丁橡胶、乙烯树脂、聚丙烯酸酯类树脂等，有的以尼龙织物作基布制成的涂层防水织物，轻薄柔软。如果在其中添加一些亲水性物质，可以增加一些透湿性，形成有微孔的薄膜层。

防水性能不仅与服装材料有关，而且与服装结构有关。多数防水服装同时有防水帽、防水袜与防水手套。防水帽与面部的密封性（若无防水帽则是服装颈部的密封性）对服装的防水性至关重要。服装的穿脱开口有胸前两侧开口式（挂脖式）、胸前直开口式与胸前斜开口式（图7-18），均采用水密拉链。防水帽的大小应能调节，在帽的顶部有调节绳。帽与人面部的密封一般采用高弹不透水弹性织物制成。若在服装颈部密封，则可采用弹性领圈和充气领圈相结合的办法。防水袜套可直接与裤脚口相连接。防水手套可直接与衣服袖口相连接。

②保暖服：主要作用是减少机体的热损。保暖服有的直接作为抗浸服的衬里与防水服缝成一体。这种抗浸服平时备而不穿。有的保暖服单独成衣，分衣裤相连式和衣裤分离式，穿脱开口多为胸前直开口式，或用拉链或用纽扣。

胸前两侧开口式（挂脖式）　　　胸前直开口式　　　胸前斜开口式

图7-18　抗浸服开口形式

保暖服面料应选用柔软、光滑、阻燃、强度高的织物。丝棉、羽绒、驼毛或金属棉可作为保温层材料。

4. 高空飞行密闭服

在23000m高空飞行，飞行员随时都有致命的威胁。因为人体如果暴露在19200m高度，没有采取保护措施，则人体组织液体将会剧烈蒸发，形成皮下组织的航空气肿，可致飞行员于死地。若飞机座舱突然在高空发生泄漏，飞行员暴露在16000m高度，即使飞行员呼吸纯氧，丧失意识的时间只有5～6s。

对暴发性高空缺氧与低气压最根本的防护措施是立即下降到安全高度12000m以下，但是飞机在23000m高空飞行，下降到12000m的高度需要数十秒钟。因此，高空飞行密闭服就应运而生，以保证高空飞行员继续飞行的生命安全。

高空飞行密闭服装就是在飞行员的周围造成一座"微小加压舱"，即是一种带密闭头盔的密闭飞行服装，由不透气材料制成。它把人体与周围空间完全隔绝开，人体处在此密闭空间里，由输往密闭服装内的气体对人的体表施加均匀的气体压力，能保证人体正常的生命活动能力。多使用于长时间飞行的高空侦察机、海军飞机等。

密闭服的研制开始于20世纪30年代。最早研制密闭服的国家是苏联。1931年，苏联研制成功试验性密闭服；1937年，又研制成功满足一定生理卫生要求的密闭服；1940年，完成了性能完善的试验密闭服；1950年，苏联终于研制出实用的BCC-D4高空救生密闭服。

美国在1937年研制出密闭服；1942年，美国海军负责研制密闭服，经过不断改进，终于研制出性能较完善的MKⅢ、ModⅡ、X-MC-2、MK-4（图7-19）等密闭飞行服。我国于1960年研制成功试验性通风式密闭服。

MK-4航空密闭服包括壳体、头盔、可卸手套和靴子等组成。壳体分两层，外层是尼龙织物制造的限制层，内层是气密层，由涂氯丁橡胶的尼龙织物制成。头盔由塑料壳体和密封面窗组成。脸部密封层将头盔分隔成前后两个部分，前部（即脸部）是由装在头盔上的微型氧气调节器供氧作为呼吸之用；后部与服装内层相通，用空气通风。当转动头部时，头盔通过气密轴承旋转。MK-4型密闭服重约9.0kg（服装壳体6.0kg，头盔2.4kg）。

（1）高空飞行密闭服的作用及基本要求：飞机座舱在高空失去气密性时，飞行员只有穿着高空飞行密闭服装才能不降低高度继续长时间飞行，并完成飞行任务。密闭服装性能

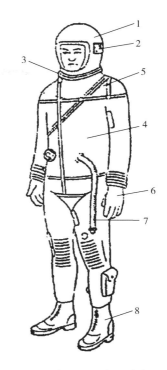

图7-19 美国MK-4航空密闭服
1—头盔 2—微型氧气调节器 3—颈部接头
4—服装限制层 5—气密拉链 6—通风手套
7—通风空气软管 8—可卸气密靴

在飞行员弹射离机时，防止高空高速气流的吹袭；还可使人体免受高温和低温的影响；并能保证飞行人员在海上漂浮，不致溺毙或冻死。当飞机座舱失去气密性时，密闭服装内要有一定压力，以避免由于气压过低而造成对人体的伤害，还应充分供氧，以保证人体的呼吸需要。

密闭服装应具备下列基本性能：

①服装充气后，不妨碍飞行员必要的活动，头颈部能运动自如。

②飞行员戴上密闭头盔后，不影响视力和视野，脸前透明面窗可以随意开合。

③服装应牢固、轻便、不透气和耐臭氧。

④全套服装穿着后应保证通风，排除水汽与二氧化碳。

⑤保证人体温度环境的安全舒适。

⑥通话系统要有防噪声干扰和提高发音清晰度等良好性能。

⑦应容易穿戴，有多种规格，可按身材调整。

⑧全套服装应有浮力、不透水，在冷水中保证飞行员不冻死。

（2）高空飞行密闭服的分类：密闭服装可按服装内环境保持与控制方式不同分为两类：即通风式和再生式（又称闭式循环式）。通风式密闭服装主要在航空上采用。再生式密闭服装（图7-20）主要用于航天和登月。

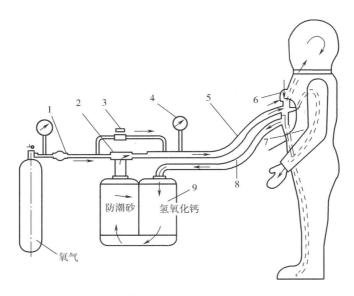

图7-20 再生式密闭服

通风式是由内环境控制系统向服装内通风机构输入一定流量的氧气，更新内环境，由输出口排出服装内不符合生理卫生学要求的废气。为服装增压和通风可采用空气，空气通过温度和流量调节装置进入密闭服装。给飞行员供氧是机上肺式氧气调节器通过面罩进行的。在跳伞下降时由跳伞氧气调节器进行供氧。

通风式的密闭服装按密闭头盔结构分两种：即戴面罩和不戴面罩。不戴面罩的密闭头盔内的空气相对温度比戴面罩的要高些，因为呼出气体直接排在头盔里。为了防止密闭头盔玻璃面板蒙上水汽，影响视力，在观察面板两块玻璃间装有电加温线路，或在观察面板玻璃上镀金属膜，进行通电加温。不戴面罩的密闭头盔若损坏了气密性，就会引起缺氧。它的优点是没有面罩压紧面部和刺激皮肤，也不会因呕吐而带来危险，而戴面罩的情况下，呕吐物会使面罩活门堵塞。

再生式密闭服装不采用面罩。用一个吸收筒清除呼出气体中的二氧化碳和水汽，气体通过吸筒充满密闭服装，氧气瓶内气体压缩能的引射器或电驱动的通风装置，都可作为气体循环动力源。为了调节密闭服装内的气体温度，在气体闭合回路上，可装加热或冷却用的热交换器。因为在再生式密闭服装内的整个空腔都充满纯氧，所以服装整个系统的防火性有着特别重要的意义。对于航空方面，在25km以上飞行或继续航行时间很长的情况下，可采用再生式密闭服装。

（3）高空飞行密闭服的结构：密闭服装本身由两个基本部分组成：即密闭服衣面和密闭头盔。

①密闭服衣面：密闭服衣面设计最主要的要求是能活动自如、牢固、气密、舒适和轻巧。在设计柔软的密闭服衣面时，应将人体的主要机体看成由相交的旋转体组成，故柔软衣面各部件力求做成旋转体型。如人体躯干是圆筒形，骨盆和臀部是半球形，大腿、小

腿和前臂是截圆锥形等。这样制造出的服装各部件组合起来像一个立体的人形。在人体的关节相应位置衣面处应装置活动关节，这样在服装充气时，可获得满意的人体关节活动性能。目前，密闭服装的颈部、肩部和腰部处多装上气密转动轴承来改善这些部位的活动性，并在肘和膝等部位加上简单的铰接关节来获得一定的活动能力。

密闭服衣面有两种结构。第一种是气密层与限制层合为一体的结构。由双层或三层气密涂层织物与其外表面上受力系统组成一体的衣面，并罩一件轻便罩衫以防止衣面擦伤和撕裂。第二种是气密层与限制层分开的结构。内衣是橡胶制成，确保气密性；外衣是受力件，由铝制编织物制成，可防辐射热和防火。

密闭服穿脱的方法有多种。最常用的是开前襟，用气密拉链开合；也可将服装制成上衣和裤装，在腰部用气密拉链开合。

服装最好按人体坐姿设计，但又要便于飞行员站立走动。为此，在衣面腹部处横向位置装有快速开合拉链。当飞行员立起行走时拉开拉链，而坐到座位上后便迅速闭合拉链。

②密闭头盔：密闭头盔有大容积和小容积之分。头盔的面部制成可开启式的透明面板，便于在地面或低空开启面板进行呼吸。大容积头盔用一带锁扣的连接环固定在密闭服的颈圈上。在这种头盔内，即使飞行员面部带有面罩，头部在头盔内也可以自由转动。小容积头盔装在带气密轴承的连接器上。头盔随飞行员头部转动而转动。头盔有可动的滤光镜位于观察面板的外面，可以防止眩光。密闭头盔内装有无线电通讯联络用的耳机与送话器。

密闭头盔外壳一般采用聚碳酸酯或玻璃钢制成。聚碳酸酯透光率达86%～92%，可制成全透明的密闭头盔，有较高的冲击韧性，比玻璃钢的强度高，是一种适合承压的轻质材料。用它制成的盔壳，受力变形均匀，富有弹性，利于防碰减震并兼有隔音、隔热性能。用玻璃钢制作的盔壳重量轻。在应急落入水中时，密闭头盔可防止水渗入，并保证呼吸。

除了这两个基本组成外，还有气密靴、气密手套等。气密靴是可卸的，以便飞行员按自己的脚型进行挑选，穿密闭服也方便些。在机场等待起飞时，可以脱下靴得到一些自然通风。气密靴的用途是防寒、防潮、防低气压对人体的危害。应该不压迫脚部局部皮肤、血管和神经，穿得牢、重量轻。靴子外层应采用耐高温的材料制成，内层为气密层，靴内应有通风管。

气密手套的锁扣应便于飞行员脱下或戴上。为了操作小仪表的某些小开关，手套应易于脱卸。为了保证手指活动自如，手套手指处采用薄型织物，手指和活动关节处采用半弯曲的形式来达到。手套在充气加压后，不应影响手指和手掌活动。手的汗腺分布密度大，又是神经性发汗的重要部位，必须有良好的通风结构。手指处于肢体末端，血液循环差，手指分散，散热面积大，易冷怕寒。这些都是手套的技术关键。手套通常由内手套、气密限制层和附件组成。

（4）高空飞行密闭服的压力调节：在飞机座舱失去气密性时，保持密闭服装内一定的压力，才能保证飞行员在高空继续飞行的安全。有两种方法可以自动调节密闭服装内的气体压力。

一是根据调节前的压力调节密闭服装的放气量。这种方法适用于各种密闭服装，而通风式密闭服装必须采用此法。压力调节器必须安装在密闭服装衣面上易于调节的位置。调节器应该保证在座舱"高度"小于10km，应能让空气畅通地从服装内放出，使服装压力保持在不大于$0.02kg/cm^2$，以便使服装宽松地包围着飞行员身体的周围。如果座舱"高度"超过10km，调节器应关闭，以保证密闭服装内压力恒定。

密闭服装衣面上还装有一个余压调节器，当飞行员发生高空病时，则将密闭服装上的绝对调压器关闭，打开余压调节器，使密闭服装内压力升高，服装内压力保持在$0.4kg/cm^2$。

二是根据调节后的压力改变向密闭服装的供氧量。这种方法适用于再生式密闭服装。在氧气供给系统中装设一个泄漏补偿器，当密闭服装内压力下降时补给氧气。有可能引起密闭服装气体泄漏的主要构件是密闭服的衣襟、密闭头盔连接器、观察面板、气密手套连接器、活动关节和调压活门等。现代航空飞行密闭服装中，当余压为$0.27 \sim 0.40kg/cm^2$时，通风式密闭服装和再生式密闭服装容许的气体泄漏量分别为$2 \sim 4L/min$和$0.2 \sim 0.5L/min$。

（5）高空飞行密闭服的通风：密闭服装因为是气密的，所以要通风，以保证飞行员服装内的环境舒适。可以通过向衣面及其绝热层分送空气，从而保证人体表面通风，以保持人体正常的热状态。在通风式航空密闭服装中，空气沿着可弯曲的导管向四肢输送，并有一部分输送到躯干。然后，通过调节器向服装外排出。在再生式密闭服装中，一般所有氧气都进入头盔，然后沿着人体流过，再由四肢返回集气总管。这样的通风系统保证头盔内二氧化碳含量最小。

密闭服装所需要的通风量取决于衣面和头盔内所容许的二氧化碳和水汽浓度，以及温度状态。一般在任何高度下二氧化碳均不容许高于12mmHg，可以确定在1min内必须向不带面罩式密闭头盔供给的氧—空气混合气体的容积应为38.14L/min。密闭服装所需的通风量与规定的空气相对湿度有关。飞行员在安静状态时，呼出水分约为50g/h，在中等体力负荷下，呼出水分约为150g/h，为了排除水汽和在外壳里面建立正常的卫生条件，空气相对湿度应为$20\% \sim 60\%$。

密闭服装所要求的通风容积流量要根据热量计算来决定。为了保持热平衡和舒适条件，应该每分钟给通风式密闭服装供$250 \sim 350L$。为有正常的热舒适环境，当座舱内温度为$50 \sim 60℃$时，输入到外壳的通风温度应为$5 \sim 10℃$，当座舱内温度低于$-50℃$时，输入到外壳的通风温度应为$60 \sim 80℃$。

（三）航天服

应用现代技术、化学燃料、原子反应堆、多级火箭等可以使久居全地球上的人类实现进入宇宙空间的新时代。实际上是在太阳系的行星之间航行，也叫星际航行。星际是一个危害人类生存的极端恶劣的环境，如真空、高温与低温、太阳辐射、宇宙线和流星等，在行星之间航行会处于失重的状态。为了保护航天员在星际航行的安全，防护措施通常有两种：一种是环境保护，将航天员保护在密闭座舱里，与外界隔绝；二是个体防护，将航天员保护在特别的航天服里。航天服是保证航天员在整个航天过程中生命安全和执行任务的一种个人防护装备。

航天服是在航空密闭服的基础上发展而来。美国于1959年改进海军研制的MK-4型密闭服（美国称全压服），用于第一艘载人飞船水星计划。接着改进X-15试验飞机用的密闭服，用于第二系列的载人飞船双子星座。经过进一步的性能改进后，用于第三系列的阿波罗计划与太空实验室。目前正在致力于研制用于航天飞机的性能较完善的航天服与高压全活动型航天服。

美国第一次出舱活动是在1965年6月，双子星座4号航天员E·怀特（E·White）穿着最初期的舱外用航天服G-4C型，活动性能不佳，在空间活动了21分钟。服装具有真空屏蔽层和防微流尘层，头盔有滤光镜。服装内绝对压力为186~207mmHg（24.8~27kPa），服装漏气量不超过0.2L/min。

2003年10月15日，我国"神舟5号"载人飞船成功发射升空。中国太空第一人杨利伟，圆了中国人的千年飞天梦。杨利伟所穿的航天服是由高强度涤纶做成的，重约10kg。由于我国首次太空飞行没有安排出舱活动，所以为航天员配备了舱内航天服。舱内航天服主要用于救生目的，当飞船座舱发生泄漏，压力突然降低时，航天员穿上它，接通舱内供氧系统，就能确保安全。

国产舱内航天服（图7-21）主色为乳白色，镶有天蓝色的边线，穿着舒适，具有国际先进水平。由三部分组成：①限制层，保护服装内层结构；②气密层，具有良好的透气

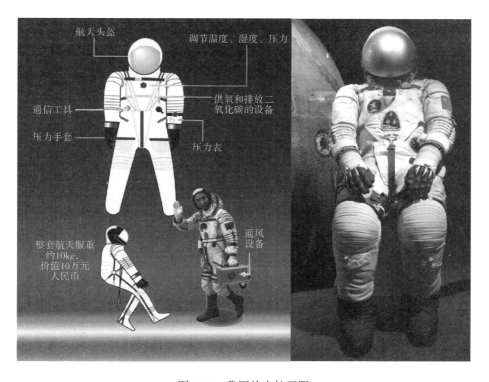

图7-21　我国舱内航天服

性；③散温层，连接内衣裤。航天员穿戴的头盔由聚碳酸酯制成，能隔热、隔音和防碰撞。手套与航天服配套，加压充气后具有良好的活动性能和保暖性能。

1. 航天服的基本要求

（1）飞船在轨道上作正常状态航行（常态航行）中，为了不妨碍航天员的工作和活动，应该可以把头盔的面窗打开或将头盔脱掉，也可以将手套脱掉，或必要时将整个脱掉。当座舱失压而处于应急状态（应急航行）时，应该能立即穿好并处于充气加压的密闭状态，以保证航天员不受低压和缺氧的危害。

（2）航天员在宇宙空间（座舱外或月球等天体上）进行科学考察，安装和修复飞船外表面金属设备，或进行空间救生以及轨道站组装时，给航天员提供一个与外界隔绝的保证生存的密闭小环境，以便不受宇宙环境因素的危害。此时由背包生命保障系统建立必要的大气环境，并要有体位稳定和移动装置以保证航天员能随意行动。

（3）弹射离舱时，用以防止速压、高空低温的危害；降落到海上时，又可用来防寒抗浸、水上漂浮，保证航天员安全返回。

2. 航天服的功能

（1）人体吸入的氧气压力，不低于187mmHg（2.4gkPa）。

（2）人体受到的大气压力取决于服装压力。

（3）服装处于加压状态，人体关节容易活动。

（4）服装处于加压状态围径膨胀度低，纵径不伸长。

（5）坚固可靠，不破裂。

（6）加压与不加压状态，呼吸自如，无阻力。

（7）人体各部位受压一样，无局部压迫感。

（8）服内环境二氧化碳不高于5mmHg（0.67kPa）。

（9）服内温度不超过26℃，湿度不高于60%。

（10）服内环境（压力、氧气、二氧化碳、温湿度）控制系统，自动工作10秒钟内压力达到规定水平。

（11）服装容易穿脱，时间按服装类型而定，最长不应超过5min。

（12）头盔面窗透明度高，视野广，视物不畸变，不结雾结霜，头盔脱戴方便、快捷，面窗开闭快捷、容易。

（13）落水时，备有必需救生装置。

（14）防辐射热、紫外线、红外线、宇宙线。

（15）防微流尘。

（16）防寒保暖。

3. 航天服的分类

航天服是宇航员在太空穿着的特种服装，是保护宇航员在太空免受低温、射线等侵害，并提供人类生存所需条件的保护服装。阿波罗号使用的早期航天服为A7L型航天服，如图7-22所示。按用途范围，航天服一般分舱内航天服、舱外航天服、舱内外共用航天服。这里主要介绍舱内航天服和舱外航天服。

（1）舱内航天服：舱内用航天服有水星服、阿波罗服（N-PGA）、航天飞机EIS（舱内应急）服、东方号服、YF200S服、中国神舟5号和神舟6号航天服。舱内航天服也称为舱内压力救生服，是宇航员在载人航天器座舱内穿着的。此类服装为宇航员在飞船内进入轨道和返回地面时穿着，用于飞船座舱发生泄漏、压力突然降低时，舱内航天服自动系统会接通舱内与之配套的供氧、供气系统，服装内就会立即充压供气，并能提供一定的温度保障和通信功能，让宇航员在飞船发生故障时能安全返回。舱内航天服的设计通常是为每一位航天员定做的，它是在高空飞行密闭服的基础上发展起来的。舱内航天服比较轻便，在不加压的时候穿着比较舒适、灵活。舱内用航天服通常由头盔、外罩、气密限制层、通风供氧结构、保暖层、内衣、手套和航天靴等组成，图7-23为出征仪式上着舱内航天服的航天员刘洋。

（2）舱外航天服：舱外航天服是宇航员出航

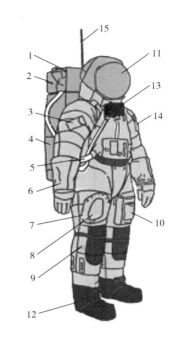

图7-22　A7L型航天服
1—应急供氧系统　2—通信装置
3—防护口袋　4—背包生命保证系统
5—供氧导管　6—可脱掉的手套
7—宇宙射线能量传感器　8—尿收集器
9—金属丝防护网　10—工具袋
11—滤光面窗　12—月球靴
13—距离控制联合装置
14—手电筒　15—天线

活动、进行太空漫步时穿着的。舱外用航天服有A7LB阿波罗登月服、AES航天飞机空间活动服、中国神州7号航天服。我国"飞天"舱外航天服如图7-24和7-25所示。舱内外共用航天服有双子星服、上升号服、礼炮号服。舱外用航天服由于防护性能和使用性能要求高，在结构和防护性能上比舱内服有所增添。舱外航天服的结构非常复杂，它具有加压、充气、防御宇宙射线和微陨星袭击等功能，舱外航天服内还安装有通信系统、生命保障系统。

宇航员在进行舱外活动时，需要穿着舱外航天服对太空进行科学探索。太空中的温度接近绝对零度（-273.15℃），还存在各种宇宙射线。航天服必须具有多重功能，提供氧气和水蒸气，为宇航员维持一定的温度、湿度和大气压力，防御来自银河系的射线、太阳风、太阳耀斑以及微小陨石、太空碎片、原子氧和火箭燃料分解产生的腐蚀性化学物质的袭击，而且还要解决通信、机动及生命保障系统等方面的需要。

相对于舱内航天服来说，舱外航天服的设计要复杂得多，可以将其看成是一个可以操作活动的小型载人航天器。这种航天服增加了航天员出舱进入宇宙空间活动的背包式生命保障系统的设计。舱外航天服的结构十分复杂，一般至少有五层。

摄像头

"飞天"头盔上还装有摄像头，可以拍摄航天员出舱操作时的情景

头盔

面窗共有4层，其中两层充压结构间将被充入高纯氧气。外面还有一层防护面窗，再外层则是滤光面窗，其对太阳光的折射率很低，一旦航天员遇到高强光照面，就可拉下这层面窗

手套触觉

手套在指尖部分只有一层气密层，可以保持触觉。利用三维扫描技术，制造出适合亚洲人的手套，灵敏度可助航天员握住铅笔粗细的东西

手臂有汉字

航天服的左臂上印着鲜红的国旗，右臂上有汉字"飞天"，"飞天"是我国研制的第一代舱外航天服，整体设计和各部件的设计、组装都是自主完成

安全挂钩（腰部两侧）

航天服上的两个安全挂钩对于这次任务非常重要。出舱时挂钩可以起到安全防护作用，使航天员出舱不脱离舱体

便携通风装置

3名航天员每人手中都拿着一个小箱子，箱子上有管子连接航天服。专家解释，这是小型的便携通风装置，带电源和风扇，可以连接舱内电源

舱内工作袜

与舱内工作服相适配的舱内工作袜采用抗菌袜，返回着陆后穿用的工作鞋采用硬底、软帮式轻便鞋结构

图7-23　出征仪式上着舱内航天服的航天员刘洋

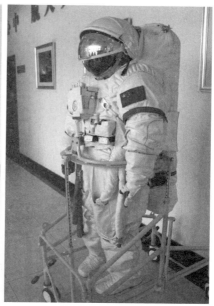

图7-24　"飞天"舱外航天服

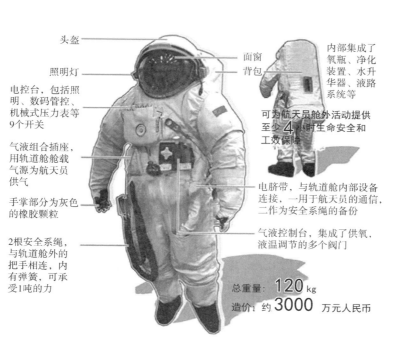

图7-25　"飞天"舱外航天服结构

①与皮肤直接接触的贴身内衣层：它又轻又软，富有弹性的内衣上还常配有辐射剂量计，以监测环境中各种高能射线的剂量，辐射剂量的数据作为对航天员的动态监控，避免航天员误入危险的高辐射区。舱外航天服还配备有生理监控系统的腰带，藏有一套复杂的微型监测系统，负责各种生理数据以及航天服内部的温度记录。

②液冷服：采用的是新技术"热管液体调温"。服装上排列有大量的聚氯乙烯细管，管中流动着一种液体，可调节温度的液体通过细管流动，并由背包上的生命保障系统来调节控制液体的温度。航天员可手动选择三种温度，分别为27℃、18℃和7℃。

③有橡胶密封的加压层：层内充满了相当于一个大气压的空气，以保障航天员处于正常的压力环境，不致因压力过低而危及生命。

④约束层：它把充气的第三层约束成一定的服装形状，同时也协助最外层抵御微小陨石、陨星的袭击。

⑤通常用玻璃纤维和一种叫"特氟隆"的合成纤维制成，它具有很高的强度，足以抵御像枪弹一样的微陨星的袭击；另外还增加可吸收宇宙射线的防辐射层。舱外航天服最外层由透明的头盔和背上的"旅行背包"组成。"旅行背包"是一个完整、轻便的生命保障系统，其装置包括氧气瓶、水罐、通风装置、泵、过滤装置、调节空气和冷却水温的调节器以及高效银—锌电池。在"旅行背包"的下端是一个备用的氧气包，可用于呼吸等。"旅行背包"的上端是一个带天线的无线电设备，可以保持与地面的联系。航天员通过胸部的控制器，控制和调节生命维持装置。另外，由于航天服一般都很重，为便于航天员的行动，各个重要的关节部位都要求有较高的灵活性，常须加设特别柔软的护垫。除了服装以外，太空航天服通常还配有一些辅助设备如下：①头盔，盔壳由聚碳酸酯制成，不仅隔音、隔热和防碰撞，而且还具有减震性好、重量轻的特点；②送话器；③宇航的徽记；④通信工具；⑤供氧和排放二氧化碳的设备；⑥通信和医用传感器的连接器；⑦调节衣服内的压力、温度和湿度的装置；⑧宇航员专用表；⑨压力表，随时显示航天服内的压力；⑩通风设备，在宇航员上飞船之前，需要通过这个设备透气，同时排掉多余的热量。此外，航天服上还配有废物处理装置和生物测量装置等。

4. 航天服的结构

舱内航天服通常结构设计为4～14层。以14层为例，最里层是液冷通风服的衬里；衬里外面是液冷通风服，它是由尼龙弹性纤维和穿在上面的许多输送冷却液的塑料细管制成；液冷通风服外是2层加压气密层；然后是限制层，用来限制加压气密层向外膨胀；限制层的外面是防热防微陨尘服，由8层组成；最外一层是外套。

舱外航天服的结构可多达25层以上。在航天服设计制作时，要把废物处理装置和生物测量装置缝在结构复杂的多层航天服内。废物处理装置即用高性能吸收材料收集尿液。生物测量装置是通过贴在宇航员身上的电极，测量宇航员的心率、呼吸、血压等生理参数，并直接通过飞船遥测系统传到地面飞行控制中心。这些都要采取许多特定的生产技术来解决处理。舱外航天服的生产环境要求十分严格，一件航天服从设计到制作要经历成百上千道工序。

下面介绍各类型航天服的主要组成部分。

（1）外罩：外罩是服装最外的一层，其用途是保护气密限制不受磨损，弹射跳伞时保护限制层不受速压的损坏，有防火功能。舱外用服装的外罩还应防护空间环境因素的危害。常用的外罩材料主要有聚间苯二甲酰间苯二胺，俗称为HT-1的织物，涂聚四氟乙烯的纤维织物，聚酯纤维织物等。

舱外用航天服的外罩表面还应具有必要的光学性能，对光的反射率高，即对波长为$0.36\sim0.75\mu m$的可见光的吸收系数越低越好。颜色应选用白色或在织物的表面镀铝。

为了适应长时间在月球表面上活动的需要，必须提高外罩的防护性能。登月服外罩可选用直径为$3\sim5\mu m$的玻璃纤维布。在膝部和肘部增加由细金属丝编制的防护网。月球表面上还有可能遇到继发的陨石碎块，其速度虽不大（$1\sim1.5km/s$），但仍具有破坏力，故需要防护层加以防护。该层还可以防备微流尘的破坏作用，$1\times10^{-6}\sim1\times10^{-4}g$以上的微流尘就能够击空一般的防护层，破坏气密层，造成爆发性减压，直接危害生命。小于$1\times10^{-7}g$的粒子的碰撞也能损坏飞船上的光学仪器、观察窗、太阳能电池组件等，航天服外罩也将受到轻伤。登月服的防护层通常采用氯丁橡胶尼龙布。

（2）真空隔热屏蔽层：该层的用途是保护航天员在舱外或月球上活动时，不受外界环境过热或过冷的侵袭。在太阳光照射下，防止辐射热透入服装里；在太阳的阴影里（背阳侧），防止服装内部热量散失。在月球表面上辐射热量大，灰尘也多。若灰尘附着在外罩表面，会降低光学性能，增大吸热率，故需要提高真空隔热屏蔽层的隔热值。

屏板是$10\mu m$厚的铝箔，或用表面镀铝的塑料薄膜制成，后者的优点是强度大、重量轻、导热系数也低。通常采用由金属镀膜的聚酯薄膜（或聚酰胺薄膜）和卡普龙编制的网状衬垫制成。

（3）气密限制层：该层包括气密层与限制层两个层次。由于两者多是结合在一起的整体结构，特别是硬胎结构（橡胶与织物模压成型），故合称为气密限制层（图7-26）。

气密层应选用漏气量甚微的胶卡或胶布。采用缝纫成型的软胎结构时，由于胶布具有一定的漏气量难以维持在最低水平。为了减少由地面上携带到空间的气体容量，必须尽量降低漏气量。近年来，由于采用了硬胎的模压成型，此问题得到了较好的解决。

为了提高关节的活动性能，多年来工程设计人员曾试制了波纹管式、网状限制式、橘瓣式和气密轴承转动式等多种形式的结构。

（4）通风结构与水冷服：由于气密层既不透空气又不透水汽，必须把人体不断排出的热量和水汽排出服装。当戴上头盔或面窗关闭使航天员处于密闭状态时，还必须供给氧气并排除废气，以确保航天员呼吸新鲜空气。所有这些生理卫生学要求，均需通过服装通风结构来完成。

通风结构的设计应满足以下原则：①通风气流分布到全身各部位，不应有死区；②通风气流应沿身体表面缓慢流动，以便充分地带走热和湿气，更有效地利用通风流量；③选

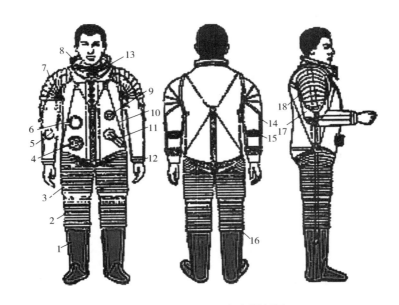

图7-26　航天服的气密限制层

1—限制层　2—膝关节　3—胯关节　4—服装压力调节器　5—压力表　6—密封电插头
7—肩关节　8—颈圈　9—安全活门　10—张紧钢索　11—通风管　12—袖口　13—进食口
14—袖长调节带　15—肘关节　16—下肢调节带　17—肩关节导管　18—肩关节钢索

定身体几个主要部位，确定通风部位的流量分配比例。

（5）保暖层与内衣：保暖层位于气密层与内衣之间，保护航天员在环境温度变动范围不太大的条件下维持舒适状态。应选用热阻大、柔软、重量轻的特制材料（如羊毛制品、合成纤维絮片等），以便既有良好的隔热性能，又不因过厚而妨碍动作。为了保证航天服具有全面的防护性能，服装的层次很多，但每一层都不能过厚，以免造成服装臃肿，妨碍动作，这在工程设计中是严禁的。考虑到冬季寒区（如降落后不能立即被发现）停留时，可另外携带防寒外罩。在宇宙空间停留时，考虑到防护太阳辐射热，可增添真空隔热屏蔽层。航天服的隔热性能取决于各个层次隔热性能的总和，保暖层仅为其中的一部分。

内衣直接影响人体皮肤温度和贴近内衣的空气层的温度，对皮肤的生理功能也产生直接的影响。故对内衣应有如下要求：①柔软、有弹性、对皮肤无刺激性；②吸湿性好，在潮湿的状态下不应黏贴皮肤，以免影响汗的排出和蒸发；③透气率高，有利于皮肤表面与周围空气之间进行气体交换。

（6）加压手套：手套在充分加压后，不应影响手指和手掌活动。手的汗腺分布密度大，又是精神性发汗的重要部位，必须有良好的通风结构。这些都是解决手套的技术关键。

手套通常由舒适手套（相当于人体内衣）、气密限制层和附件组成。在工艺成型上有软胎结构，也有硬胎结构，两者各有其优缺点。

图7-27所示是一般常见的一种航天用加压手套。为了改善手指的活动，在手指关节部位增添"橘瓣"式结构；为了限制手套的膨胀，增添限制带（或金属限制环）；为了脱戴

方便，手套固定在腕部断接器上。后者可保证整个手随意的旋转。手套也有与整个服装同样的活动性能要求，目前的方向是采用等容结构，以便适应手活动的需要。另外，还着重于研究影响手感（触觉）最小的织物。

（7）航天靴：航天靴的用途是防寒、防潮湿、防低压对人体的伤害，也防机械性损伤。其设计要求与手套相似，更需合脚，不压迫局部的皮肤、血管和神经；穿得牢靠，不易脱落，重量轻。

航天靴有三种类型。一是与服装气密限制层构成整体，不能单独脱下；二是通过断接器可以穿脱的气密靴（图7-28）；三是穿在气密限制层外面的套靴。这三种类型各有优缺点，在实践中都曾被用过。航天靴与服装一样，不是常用装备，仅限于训练和执行任务期间穿。而且在尚未分型分号大批生产之前仅用一次飞行。故在材料选择上应考虑这一特点。靴子的外层应重点保证强度、不变形，耐磨不应作为要求。这样可以做到既满足性能要求，又保证重量轻。采用新的材料，如靴采用特制的泡沫塑料，靴面用合成纤维类，并用少量的皮革做镶边。

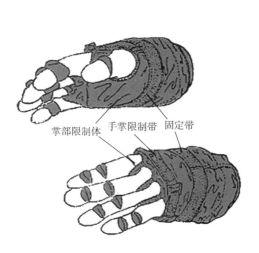

掌部限制体　手掌限制带　固定带

图7-27　航天用加压手套

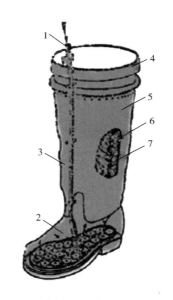

图7-28　航天靴
1—通风管连接件　2—脚通风垫　3—通风管
4—连接环　5—皮革面　6—皮革衬里
7—涂胶气密层

登月用的靴子应具有良好的保暖与隔热性能，保护脚掌不受月球表面高温或低温的伤害。对登月靴的要求是能耐150～200℃的环境温度。

（8）背包生命保障系统：背包生命保障系统是一套复杂的装备，其基本用途有以下五个方面。

①维持航天服里规定的压力。

②供给航天员呼吸用的氧气。由于采用较低的压力，又要防止产生减压病，故只有供

给纯氧才能保证人体的需要。密闭循环回路的供氧量平均应不少于1L/min。氧气推带量根据舱外活动时间确定。

③通风散热和除湿。通风流量平均应有200L/min。

④向水冷服提供循环水（流量数据见"水冷服"）。

⑤清除人体排出的废气。

根据上述基本用途设计的生命保障系统应绝对安全可靠；手控与自控相结合，以自控为主；整个系统紧凑，适于安装在背包里。背包的体积越小越好，背包过大，过渡舱的直径必将随之增大，会妨碍航天员的活动。所有的部件都是密封的，背包本身可以不密封，只用于存放各部件，有防护作用。背包应在较小的舱内容易背上或脱下。

（9）稳定和移动装置：航天员在宇宙空间不能如同在地面上随心所欲地行动，并随时都有旋转的可能。为了稳定体位并定向活动，必须使用稳定体位和空间移动装置。

喷枪是航天员在空间行动时使用的一种简便工具，在上部装有一个向前方喷射的喷嘴，在两侧装有向后方喷射的喷嘴。手柄上装有扳机。需要行动时将喷枪放在身体重心所在部位，用手按压扳机，起动喷射器，产生推力，即可促使身体移动。

稳定装置可保证航天员向任一方向移动并稳定体位。该装置通常由以下各主要部分组成：①动力系统。用90%的过氧化氢为燃料，用氮气推动燃料到喷射器，用手调节燃料的供给量。分别各有两个喷嘴用于向前、向后、后上和向下移动。②操纵系统。该系统保证航天员在三个平面上移动时体位的稳定。通常是自动控制，但也可以手控。③信号系统。体位的稳定是通过三个陀螺仪来实现。由陀螺仪发出信号控制喷射器的阀门。如果信息超过规定水平以及补偿±5°的扰动时，喷射器开始工作。此外，该系统对于各关键部件发生故障时可预先发出警报信号，以确保安全。

5. 航天服的材料

为了配合航天服的多层复杂结构，在制作过程中使用了多种材料，以实现航天服的各种功能。

内衣层选用柔软、吸湿和透气的棉针织面料制成。液冷层以抗压塑料管缠绕人体表面，以冷却水降温散热。隔热层以多层镀铝的聚酯薄膜夹以无纺布制成。加压气密层由涂氯丁尼龙胶布等复合而成，内部可充气。限制层采用高强度的涤纶织物叠合而成，防止气密层破裂；外罩反射层由镀铝织物或含氯材料制成，可反射太阳光并防流星和超速尘埃的冲击。舱外面料采用高性能混合纤维制成，具有强度高、耐高温、抗撞击、防辐射等特性。

航天服材料也使用了很多高科技新型面料。新型航天服材料有一种高级"洛科绒"制成的介质相变调温服装材料，在正常体温状态下，该材料固态与液态共存。用太空相变调温绒制成的服装，当人从正常温度环境进入温度较高环境时，相变材料由固态变成液态，吸收热量；当人从正常温度环境进入温度较低的环境时，相变材料从液态变成固态，放出热量，从而减缓人体体表热量散发，保持舒适感。航天员杨利伟所穿的航天服中就应用了

130多种新型材料。为了防止膨胀，航天服上特制了各种环、拉链、缝纫线以及特殊衬料等。同时，保温、吸汗、散湿、防细菌、防辐射等功能也体现在其中。

科学家正使用"聪明材料"研制能够自我修复破损的航天服。新型航天服最里面的密封层将使用三层结构的"聪明材料"制造。所谓"聪明材料"，就是在两层聚氨酯之间夹着厚厚的一层聚合物胶体。如果聚氨酯层出现破损，胶体就在破损部位渗出、凝固，自动将漏洞堵上。在真空箱中进行的实验表明，该材料可以自动修复直径最大为2mm的破洞。"聪明材料"将附有一层交叉的通电线路，如果材料出现较大破损，电路就会被破坏，传感器会立即把破损位置等信息传送给计算机，并及时向宇航员发出警报。另外，"聪明材料"还将使用涂银的聚氨酯层，它们可以杀死病原体。

（四）防弹服

防弹服是在特定的环境下为了保证人的生存而穿着的个体防护装备，它能吸收和耗散弹头、破片的动能，阻止穿透，有效地保护人体受防护的部位。目前，防弹服主要是指保护前胸和后背的防弹背心（图7-29），防止流弹及破片对人体重要部位造成杀伤。

防弹服经历了由金属装甲防护板向金属合成材料的过渡，又由单纯合成材料与金属装甲板、陶瓷护片等复合系统发展的过程。防弹材料经也历了从金属材料到高性能合成纤维及其复合材料的发展历程。

图7-29　防弹服

1. 防弹服的分类

防弹服有多种分类方式。根据防护等级，分为防弹片、防低速子弹、防高速子弹三级；根据式样，分为背心式、夹克式、套头式三种；根据使用对象，分为地面部队人员防弹系统防破片背心、战车乘员防弹系统防破片防弹服、保安防弹服、要人防弹服等多个品种；根据使用范围，分为警用和军用两种；根据使用材料，分为软体、硬体和软硬复合体三种。

软体防弹服的材料以高性能纺织纤维为主，这些高性能纺织纤维具有极强的能量吸收能力，因此能赋予防弹服的防弹功能。由于这种防弹服一般采用纺织品的结构，重量轻，并且具有相当的柔软性，穿着舒适，故称为软体防弹服，军警执行日常任务时多穿这类防弹服。硬体防弹服则是以特种钢板、超强铝合金等金属材料或者以氧化铝、碳化硅等硬质非金属材料为主体防弹材料，由此制成的防弹服一般不具备柔软性。软硬复合式防弹服的柔软性介于上述两种类型之间，它以软质材料为内衬，以硬质材料作为面板和增强材料，是一种复合型防弹服。

作为一种防护装备，防弹服的核心性能是防弹性能。但作为一种功能性服装，它还应具备一定的服用性能。防弹服的服用性能要求是指在不影响防弹能力的前提下，防弹服应尽可能轻便舒适，人在穿着后仍能较为灵活地完成各种动作。穿着舒适性是防弹服的一项重要指标，包括透气、柔软、轻便等方面。通过合理的结构设计，软体防弹服可以取得较好的柔软性和轻便性。在目前的软体防弹服设计中，大多数都使用降低凹陷深度的材料和缓冲材料，以达到降低背衬材料上的凹陷深度和减少对人体的冲击力的目的。然而，过多的辅助材料明显导致了防弹服柔软性的降低和整体重量的增加。

新型防弹服的款式很多，如防弹背心、防弹T恤、防弹衬衫、防弹夹克、防弹棉衣、防弹雨衣、防弹皮衣、防弹外套等。从外观上看，新型防弹服较之普通的服装不仅毫不逊色，还另有一番特别的韵味。

2.防弹服的纤维及材料

（1）锦纶：20世纪50年代，美军首先试验使用锦纶这类软质合成纤维材料制作防弹服。他们发现12层特制锦纶布可起到一定的防弹效果，当子弹击中防弹服时，纵横交织的多层锦纶像网一样裹住子弹，如果子弹继续运动就必须拉伸锦纶。锦纶的张力降低了子弹的运动速度，消耗并吸收了子弹的动能。由于弹片的动能和运动速度一般比子弹低得多，所以锦纶防弹服对弹片的防护作用更明显，但是，由于锦纶的抗张强度所限，锦纶防弹服要起到好的防护效果，重量须在4.5kg以上，而穿上这么重的防弹服，士兵的作战能力至少要降低30%。

（2）Kevlar纤维：全称为聚对苯二甲酰对苯二胺纤维，是美国杜邦公司于20世纪60年代中期研制出的一种合成纤维，它的抗张强度极高，是锦纶的2倍多，而吸收弹片动能的能力是锦纶的1.6倍，是钢的2倍。这种纤维具有耐腐蚀、耐磨损、热稳定性好、强度高等诸多优良特性，它的出现使柔软的纺织物防弹衣性能大为提高，同时也在很大程度上改善了防弹衣的舒适性。多层Kevlar纤维织物对枪弹也能起到较好的防护效果，即由几十层Kevlar纤维和其他面料可加工制成防弹服，当子弹击中防弹服时，Kevlar纤维便被拉伸，从而将子弹的冲击力分散到织物中的其他纤维上。由于用Kevlar纤维制成的防弹服比锦纶防弹服重量轻，防弹性能好，所以它受到许多国家军队和警察的青睐。

（3）超高分子量聚乙烯纤维：1979年荷兰DSM公司生产的Dyneema纤维，是世界上第一种超高分子量聚乙烯纤维。它具有优良的力学性能，相同线密度下的抗拉强度是钢丝的15倍，比芳纶高40%，是普通化学纤维和优质钢纤维的10倍，仅次于特级碳纤维。但它在横向力学、高温力学和多种树脂的黏结方面性能较差。该纤维在当今的防护产品领域应用广泛，已被国内很多防弹衣及防弹头盔生产商采用。20世纪90年代美国实现了商品名为"Spectra"超高模量聚乙烯纤维的商业化生产，它具有比Kevlar更优越的性能、强度和更高的模量，是其分子量在100万~500万的聚乙烯所纺出的纤维。在保持与Kevlar制品相同防护性能的条件下，由这种纤维材料制成的防弹头盔和背心重量可减轻1/3。超高模量聚乙烯纤维耐化学腐蚀且耐磨；密度很低，有着优异的力学性能和能量吸收性能；该纤维密度在所有高性能纤维中最小，可以大大减轻工作人员的体力强度。

（4）蜘蛛丝：蜘蛛丝是目前世界上最坚韧且具有弹性的纤维之一，属于生物蛋白纤维。1997年初美国生物学家发现，一种名为"黑寡妇"的蜘蛛可吐出两种高强度的丝，一种丝的断裂伸长率为27%；另一种丝则具有很高的断裂强度，比制造防弹背心的Kevlar纤维的强度还高得多。这种蜘蛛网质地比钢铁还坚韧而且非常轻巧，有着自然界产生的最好的结构，并具有很高的防断裂强度和优良的综合性能，质地坚韧、强度大、弹性好、柔软、质轻等，比合成材料或生物聚合体轻25%，因此非常适合制造防弹服。另外，还可生物降解和回收。它在航空航天（如飞机和人造卫星的结构材料、复合材料、宇航服装）、军事（如坦克装甲、防弹衣、降落伞）、建筑（如桥梁和高层建筑的结构材料）、医学（如人造关节、肌腱、韧带）等领域表现出了广阔的应用前景。

（5）碳纳米管：碳纳米管为空石墨圆柱体，只有一个原子厚度。它与高分子材料结构相似，但其稳定性要高很多。若将其制成复合材料，可使其具有良好的强度、弹性、抗疲劳性和各向同性的特点；可提升超高分子量聚乙烯的工程特性，加强其散热力，利用这类材料制成的防弹衣不但可以承受更大的冲击力，且更透风、轻巧、舒适。

随着生物技术的进步，像蜘蛛丝这样坚韧的材料有可能通过转基因或合成的方法得以大量生产。纳米技术的发展也将使柔韧、坚固的防弹材料的开发成为可能。目前，常用作复合材料基体的高性能纤维主要有碳纤维、芳纶纤维、超高分子量聚乙烯纤维、玻璃纤维等。这些高性能纤维与纤维增强树脂能复合出性能更加优越的防弹复合材料，具有质量轻、柔韧性好、防护效果好等优点。

（6）剪切增稠液体：剪切增稠液体是一种由聚乙二醇和硅微粒合成的超浓液体。它被灌装在传统防弹衣的夹层内或涂抹在纤维表面，当子弹或弹片打到这种防弹衣上时，里面的液体会在射弹的巨大压力下瞬间转化为一种硬度极高的物质，形成一块"盾牌"；一旦压力消失，便又迅速还原为液体状态。STF防弹服的防护可靠性大大增强，重量轻于目前产品，生产成本大幅度降低，具有很好的发展前景。

（7）其他：目前，世界各国利用转基因或基因重组的方法，研制出牛奶钢、羊奶蛋白和"家蚕吐出蜘蛛拖牵丝"等超强防弹材料。但是这些材料尚未投入实际应用。

①牛奶钢：1999年，美国科学家利用转基因办法，将"黑寡妇"蜘蛛的蛋白质注入一头奶牛的胎盘内进行特殊培育，等到这头奶牛长成后所产下的奶中就含有"黑寡妇"蜘蛛的蛋白纤维，这就增强了牛奶蛋白纤维的强度。这种新型的牛奶纤维，既保持了牛奶丝的精美与柔韧，又使它的物理强度比钢铁的强度还要大10倍以上，因此被称为"牛奶钢"，它成为目前世界上最引人注目的生物钢之一。这种超强坚韧的轻型牛奶钢能轻易地阻挡枪弹的射击，可以用来制造防弹背心、坦克和飞机的装甲以及军事建筑物的理想防弹服。

②羊奶蛋白：美国、加拿大等国家的科学家们将蜘蛛蛋白基因注入一只特殊培育的山羊体内，在这只山羊产下的奶中含有大量的柔滑的蛋白质纤维，通过提取这些纤维，就可以生产出比钢铁强度还大10倍的物质。这种超强坚韧的物质可以用来制造防弹背心等。据

说一只羊每月产下的奶中提取的纤维可制成一件防弹背心。

③ "家蚕吐出蜘蛛拖牵丝"：我国历经5年艰辛攻关，在家蚕丝基因重链中产生了部分蜘蛛拖牵丝，即蛛网的支撑丝（如伞骨部分），是蛛丝中强度、弹性最好的部分，在家蚕丝基因中插入绿色荧光蛋白与蜘蛛拖牵丝融合基因后，得到了荧光茧。含有蜘蛛丝的蚕茧能发出神秘的绿光，它与用荧光染料制成的荧光丝有本质区别，是高级绿色环保防弹服材料，还适宜制成防伪标志。

3. 防弹服的织物组织及织造工艺

织物结构的不同会影响防弹衣的防弹性能，合理安排织物的组织结构可以大大提高防弹衣的防弹性能，甚至达到舒适性和减重的功效。减轻防弹衣重量，提高防护能力的另一个重要途径是不同防弹材料的优化组合。纤维复合材料在防弹领域的应用发展越发广阔，高性能纤维常以机织物、无纬布等形式存在，且原料组织结构及制备工艺、层合方式等因素对于材料的防弹性能具有较大的影响。目前国内防弹衣制作主要是通过应用高模量、高性能的芳香族聚酰胺纤维和高分子聚乙烯纤维作为制作材料，通过高密机织物织造出单层织物。材料的结构设计一般是指多层结构材料的混杂铺层设计、三维立体结构设计和特殊性结构的设计等，包括材料层厚度的控制、材料组成次序和连接方式的设计等。

另一种优异织物结构的防弹材料就是单向带层合无纬布材料。它是将超高分子量聚乙烯和芳纶纤维平行排布，并用树脂浸渍，制成预浸料。使用时，将单向带层合预浸料按不同的方向叠合在一起，并使之固化，从而制成可以使用的材料。这种材料可以浸入剪切增稠液体，从而提高其防弹防刺性能。目前超高分子量聚乙烯纤维和芳纶生产单向带层合预浸料，因为其质轻、能抵御子弹和刀具的巨大冲击力且能减少对人体的伤害，已经成为防弹产品如软质防弹衣和硬质防弹头盔、防刺衣、运钞车和装甲坦克的防弹板的核心材料。

二维织物多采用紧度较高的平纹组织，也有尝试纱罗组织的。二维层合工艺相对简便，目前研究人员可以通过研究复合层的受冲击情况，对各复合层的角度进行改进从而验证其防弹性能有无提高，为在结构方面的改进提供科学的理论依据。二维机织物组织结构柔软，穿着舒服，在高效防弹的同时提高了防弹衣的舒适性。

三维复合织物，如三维蜂巢织物或三维柱形复合织物，在不减弱防弹能力的前提下，通过高强度树脂的内部填充（中心仍然采用中空）来减少防弹衣主体织物的层数。学者杨丹发明了一种三维立体防弹衣用面料，该面料为三维防弹面料，其组织结构为三维角联锁机织物结构，经纬纱材料都为芳纶。该三维防弹面料的可塑型是传统二维面料完全不能比拟的，它能形成55~75mm的弯曲深度，是传统二维防弹面料的三倍。该三维防弹面料通过基于三维切片数学模型制成衣片，再利用其高可塑性整体成型，制成的三维立体防弹衣在有效提供防弹保护的同时，穿着舒适、符合女性身体曲线、环保及无污染、对人体无害，已经满足美国防弹测试标准的要求。

无纬布是采用高强高模聚乙烯纤维为基材，经高科技设备均匀铺丝，使纤维单向平行排列，并以高强弹性体树脂浸渍涂胶和薄膜黏合，再经0°/90°的双正交复合层压而成。

有学者将超高分子量聚乙烯和芳纶纤维平行排布，使用时，将单向带层合预浸料按不同的方向叠合在一起，加以固化。该核心材料质轻、能抵御子弹和刀具的巨大冲击力且能减少对人体的伤害。帝人芳纶公司（Teijin Aramid）公司已于2013年推出Twaron单向层合板UD22用于防弹衣，具备柔软性、低重量且增强保护的作用。

结合二维织物层合材料、三维织物增强材料和无纬布，设计不同组合、角度等复合形式，有利于提升材料的柔韧性，减轻重量，有效缓解防弹衣柔软度不够、厚重等缺陷。美国采用了一种新型编织法——多轴向铺层系统，其特点是使铺层结构每层中的每根纱线配置到精确的位置上，以实现给定方向的最大强力，或在各个方向上都有相同的强力。采用这种方式纺织成的防弹衣面料，质地更柔软、重量更轻、防弹能力比普通机织面料明显提高。

防弹衣采用间隔织物作为里料，改良后的防弹衣重2.16kg，比改良前轻了0.13kg。间隔织物具有极好的微气候效应，更有助于热湿的传导，人体穿着改良后的防弹衣在动态下，热湿传导性、透气散热性优于改良前的防弹衣，人体穿着更舒适。间隔织物是由三部分组成的，如果贴近皮肤的那一层用吸湿性比较好的纤维来编织（如棉、麻等），则防弹衣的舒适性会有很大的提高。

4. 防弹服的服装结构

随着科学技术的进步，警用、军用防弹衣从硬体到轻体发展，并在保证其达到一定的防弹性的同时追求防弹衣的轻便、舒适。防弹面料不再是防弹织物（或无纬布）的简单叠加。采用合理的结构及外形设计，实现重量的均衡分配也是提高穿着舒适性的途径之一。一般来说，隐蔽式防弹背心包含外背心套和防弹插板两个模块。防弹背心合身程度、背心性质与服装舒适度之间存在重要的关联，应注意防止防弹背心上移或者变形，并考虑向外背心套中插入块头更小、柔韧性更强、透气性更好的织物以提高其舒适度。对于刚度较大的陶瓷复合插板，采用双曲面设计较之单曲面设计更能与人体躯干曲线契合，因而随体性和舒适性得以改善。对于前后分体的背心式防弹衣，其重量主要由肩部承担，而士兵的许多战术技术动作需要肩部及上肢完成，更加重了肩部的疲劳。这种情况在使用硬体插板时更为突出。

学者蒙德哈尔（Mondehar）设计了一种带背架式的防弹衣，通过背架将防弹衣的重量进行重新分配，将原来集中于肩部的重量分配到背部、腰部和骨盆等处。试验表明，重量分布均匀的防弹衣，可较明显地提高舒适感。轻型改进防弹衣采用护甲插入方式，将类似鞋底质地的聚合物膜套嵌入许多圆柱形小瓷块，代替了传统完整的一大块瓷质护甲。这些瓷块分摊枪击产生的能量，大大提高了防护性能，经此方法改良的防弹衣重量较改良前轻30%，很大程度上提升了防弹衣的服用舒适性。

云南大学张克勤教授研发了一种高性能防弹衣，该防弹衣采用具有一定弧度的曲面结构的防弹块按照鱼鳞状排列形成放单层，软面材料缝制在防弹衣的前后片上。该防弹衣防弹块的曲面结构和鱼鳞状排列所形成的放单层有效地缓解了子弹对人体的伤害，相对于传统的防弹衣而言，其重量更轻，由于软面材料的应用，大大提高了其穿着舒适性。

杜立伟教授研究了一种防弹衣叠层基材，该防弹衣叠层基材包括基材的迎弹面和贴身面。其技术要点是：所述基材的迎弹面采用超高分子量聚乙烯纤维无纬布；所述基材的贴身面采用芳纶纤维无纬布；迎弹面有效的缓冲子弹对人体的冲击力，阻挡子弹对人体产生伤害；贴身层具有一定的吸收子弹被阻挡而形成的震动波，避免人体产生二次伤害。与同类产品相比，叠层基材以其整体重量轻、厚度薄、手感柔软等优异的性能得到广泛应用。

军用防弹衣要求便于穿脱和调节，在调节功能的结构设计上应尽可能简洁实用。因此，在保证连接可靠的前提下，尼龙搭扣被广泛地使用。在整体结构设计上，前后片分体式是军用防弹衣一个主要的结构形式。

美军改进的PASGT采用独到的适体性设计，其背部的Kevlar防弹层分为四部分：上背部由相互叠合的三块防弹层组成，分别与下背部的另一块防弹层搭接。这一结构使防弹背心能够适应人体在做各种不同动作时所引起的体型变化，采用了弹性带和搭扣的垫肩使上臂的活动更为灵活。

5. 防弹服的散热系统

影响机动性能的因素主要是军用防弹衣的重量、防护面积及组件的结构设计。防弹背心属于功能性服装范畴，其主要起到覆盖和保护的作用，借助专用材料以增强其高防护性能，追求高防弹能力和大防护面积的过程中必然导致防弹衣重量的增加，从而牺牲机动性能。防弹衣通常不透气，易造成身体热湿积蓄。结构设计不合理，或整体刚度过高将会限制士兵行动的自由度和灵敏度，不仅影响舒适感，同样也影响机动能力和执行工作的有效性，使他们处于危险的境地。

美国标靶（Point Blank）防弹衣研究人员认为，散热是防弹衣穿着舒适性的主要问题。因此，他们对防弹衣的散热性能，即维持人体舒适感的热湿交换平衡条件非常重视。公司研究开发的CCT系统Transpor防护系统和白色的Cool Max T恤都是为了减轻防弹衣产生的热湿负荷，改善人——服装系统的微气候。

波兰等国家针对提升防弹背心舒适性所开展的研究旨在通过减少防弹背心的重量、穿着特殊内衣改善汗液转移性能，或背心内衬应用吸湿快干的材料来提高背心使用者的舒适度。这种方法的应用效果有限，使用防水透气内衬可以大大提高静态模式的舒适度，但在运动模式下作用不明显。防水透气面料可以帮助分散运动中产生的热量，整体提高防弹背心的舒适度。

通过附加冷却装置也可以起到很好的散热效果。自动调温纤维/纺织品通过纺织品表面或纤维内含有的相变材料可以达到调节温度的作用。这类材料能够根据外界环境的变化，在一定范围内自由调节纺织品的温度，比一般常规织物更具舒适性。应用相变自动调温的智能纺织品广泛应用在航空和军事等一些特殊的领域中。

6. 防弹服的评价指标

软质防弹衣主要由防弹层和外套组成。防弹层是防弹衣的核心部分，它是由多层防弹材料构成，目前主要是芳纶材料和高性能聚乙烯材料。当前，我国有两个标准指导防弹衣的研发、生产和采购，分别是GA 141—2001《警用防弹衣通用技术条件》和GJB 4300—2002《军用防弹衣安全技术性能要求》。而国际上比较通用的是美国防弹衣标准NIJ 0101.04《Ballistic Resistance of Personal Body Armor》。

（1）防弹速度V_{50}：是评估防破片性能的一个重要指标。它是指模拟破片在规定弹速范围内，对受试样品形成穿透概率为50%的极限速度。V_{50}值越高，防弹材料的防弹性能越好。

（2）穿透层数：单纯根据"穿透层数"来判定防弹衣的安全性是不确切的。因为穿透层数与防弹衣所用的防弹材料、防弹材料的重量、材料档次有关。如Gold Flex材料单层的单位面积重量为238g/m²，而Spectra Shield Lcrw材料只有98g/m²，因此，即使防护等级相同，在受同样子弹冲击情况下，前者的穿透层数一般比后者少很多。

（3）防弹服的重量：在同一防护等级的情况下，影响防弹服重量的因素主要是所用的防弹材料及防弹服的防护面积，其次是防弹服外套所用的材料。一般来说，防弹材料档次越高，防弹服的重量越轻。一件同样材料的防弹服，防护面积相差0.01m²，其重量相差67g。在2009年公安部装备财务局所抽检的样品中，三级软质防弹衣平均重量为3.22kg，最重的达4.18kg，显然，偏重的防弹衣对于长时间执勤的警员来说将成为负担。

（4）凹陷深度：将"凹陷深度"作为非贯穿性损伤性能指标，应考虑背衬材料刚性的影响。在刚性相同的情况下，一般凹陷深度越大，相应的非贯穿性损伤也越大。如果一味地追求防弹衣较小的凹陷深度，必然会降低防弹衣穿着的舒适性及服用性。因此，只要凹陷深度指标在标准范围（25mm）以内就是合格的产品。

思考题

1.简述运动功能服装的定义及分类。

2.简述特种功能服装的定义及分类。

3.选定某种运动功能服装，分析其工效学设计方案，并思考其评价方法。

4.选定某特种功能服装，分析其工效学设计方案，并思考其评价方法。

参考文献

［1］张辉，周永凯，黎焰.服装人体工效学［M］.北京：中国纺织出版社，2015.

［2］张文斌，方方.服装人体工效学［M］.上海：东华大学出版社，2015.

［3］张渭源.服装舒适性与功能［M］.北京：中国纺织出版社，2005.

［4］中泽愈.人体与服装［M］.袁观洛，译.北京：中国纺织工业出版社，2000.

［5］戴鸿.服装号型标准及其应用［M］.北京：中国纺织出版社，2009.

［6］丁玉兰.人机工程学［M］.北京：北京理工大学出版社，2011.

［7］田村 照子.衣服と気候［M］.日本：成山堂書店，2013.

［8］日本家政学会被服衛生学部会.アパレルと健康—基礎から進化する衣服まで［M］.日本：井上書
　　院，2012.

［9］阮宝湘.工业设计人机工程［M］.北京：机械工业出版社，2012.

［10］王永进.动态人体尺寸的测量方法［J］.纺织学报，2013（4）：104–110.

［11］方方，张渭源，张文斌，郎军.人体测量标准的研究［J］.东华大学学报（自然科学版），2005，
　　 （1）：132–138.

［12］罗仕鉴，朱上上，孙守迁.人体测量技术的现状与发展趋势［J］.人类工效学，2002（2）：31–34.

［13］杨庆仁，李祖华.服装人体测量技术及运用［J］.广西纺织科技，2008（2）：41–45.

［14］肖红.服装卫生舒适与应用［M］.上海：东华大学出版社，2009.

［15］姚穆.纺织材料学［M］.北京：中国纺织出版社，2009.

［16］刘颖，戴晓群.服装热阻和湿阻的测量与计算［J］.中国个体防护装备，2014（1）：32–36.

［17］陈益松，范金土，张渭源.新型出汗假人“Walter”与一步法测量原理［J］.东华大学学报（自然
　　 科学版），2005（3）：100–103.

［18］J. Fan，Y. S. Chen. Measurement of clothing thermal insulation and moisture vapour resistance using a novel
　　 perspiring fabric thermal manikin［J］. Measurement science and technology，2002（13）：1115–1123.

［19］阚永葭.小型人工气候室的设计与开发［D］.天津工业大学，2017.

［20］孙远.日本新文化式原型结构原理的实际应用研究［D］.武汉纺织大学，2014.

［21］周建萍，陈晟.KES织物风格仪测试指标的分析及应用［J］.现代纺织技术，2005（6）：37–40.

［22］屠吉利，刘今强.基于PhabrOmeter的毛巾织物手感风格评价［J］.纺织学报，2013（8）：48–51.

［23］肖学霞.基于FAST仪力学性能测试的织物手感客观评价研究［D］.苏州大学，2005.

［24］SMITH CJ， HAVENITH G. Body mapping of sweating patterns in male athletes in mild exercise-induced hyperthermia. European Journal of Applied Physiology， 2011， 111（7）： 1391-1404.

［25］邸竞峰.中山装产生、演变及其审美特征初探［D］.内蒙古大学，2011.

［26］刘静静.中山装的变迁、特征及创新性研究［D］.湖南师范大学，2011.

［27］董姝婷.非竞技自行车运动服饰设计开发研究［D］.东华大学，2012.

［28］丁殷佳.风速与汗湿对运动服面料热湿舒适性的影响及综合评价［D］.浙江理工大学，2015.

［29］陆明艳，戴晓群.高性能运动服［J］.现代丝绸科学与技术，2015（2）：69-72.

［30］赵锦.功能性骑行服设计研究［J］.轻纺工业与技术，2011（2）：31-42.

［31］于海.功能性运动服装设计开发流程管理［D］.北京服装学院，2013.

［32］吴冰晶.关于功能性运动服的分析与展望［J］.艺术与设计（理论），2016（8）：97-98.

［33］藏洁雯.户外运动服的设计与应用研究［D］.东华大学，2013.

［34］徐春华.户外运动服装的色彩研究［D］.东华大学，2012.

［35］董梅.户外运动服装对功能性面料的选择与应用［D］.苏州大学，2016.

［36］郑素华，张欣，应柏安.篮球运动服装舒适性研究［J］.西安工程大学学报，2008（1）：51-54.

［37］王丽敏.女性乒乓球服的热湿舒适性研究［D］.北京服装学院，2011.

［38］马素想，张辉，朱冠男.乒乓球服袖型结构的运动功能性研究［J］.北京服装学院学报，2013（1）：42-49.

［39］吴旭波.基于生物力学的防护性网球运动服装的研究［D］.上海工程技术大学，2014.

［40］姚娟，刘长明.高空飞行密闭服装［J］.中国个体防护装备，2010（5）：52-55.

［41］房瑞华.防寒抗浸服［J］.中国劳动防护用品，1994（12）：31-34.

［42］王洋.飞行员—囊式抗荷服—环境系统热湿传递模型研究［D］.南京航空航天大学，2013.

［43］邓少求，陈卫东.飞行员的个体防护救生装备［J］.中国个体防护装备，2003（6）：27.

［44］王云，刘长明.飞行员个体防护装备、元件的设计［J］.中国个体防护装备，2016（5）：46-53.

［45］朱铮，刘长明.航天服——飞行员和宇航员个体防护装备系列介绍［J］.2010（4）：51-56.

［46］贺昌城，顾振亚.抗浸服及抗浸层面料概述［J］.针织工业，2002（3）：92-95.

［47］邱义芬，李艳杰，任兆生.某型囊式抗荷服热性能分析［J］.北京航空航天大学学报，2009（9）：1035-1038.

［48］朱铮，刘长明，刘思辰.人体热状况和极端温度条件下飞行员的防护装备［J］.中国个体防护装备，2017（1）：48-52.

［49］袁江亮，靳向煜，柯勤飞.基于混纺纱强伸性能研究的耐高温抗荷服面料研制［J］.产业用纺织

品，2010（10）：18–22.

［50］王珊珊.基于男子颈部三维模型的服装压感舒适性研究［D］.江南大学，2017.

［51］刘运娟.基于脑电技术的服装压力舒适性评价方法的基础研究［D］.江南大学，2016.

［52］姚怡，胡莹.基于人体穿着实验的女装腰袋定位和尺寸设计［J］.纺织学报，2011（6）：113–123.

［53］蔡薇琦.基于小型人工气候室的纺织品热湿舒适性测试装置的研究［D］.天津工业大学，2017.

［54］曹俊周，吴春英.特种功能服装研究的现况［J］.2001功能性纺织品及纳米技术应用研讨会论文集，2001.

［55］张玉秀.网球爱好者对网球服功能性和款式结构需求的实证研究［J］.染整技术，2017（6）：57–58.

［56］苏玉兰，王新厚，唐予远.我国阻燃防护服的市场需求及法规现状［J］.郑州纺织工学院学报，1999（4）：49–52.

［57］李盛丹.业余自行车运动骑行服设计研究［D］.沈阳师范大学，2015.

［58］姜怀.运动服的功能与合理设计的基础［J］.第十届陈维稷优秀论文奖论文汇编，2007.

［59］吴佳莲.专业运动服面料发展趋势的探讨［J］.天津纺织科技，2012（8）：16–18.

［60］殷祥刚，管小卫，陈蕾，孙灏明，魏峰，窦明池.阻燃防护服产品质量评价指数模型［J］.消防科学与技术，2016（12）：1736–1739.

［61］杨璨，张皋鹏.阻燃防护服的功能性与舒适性［J］.轻工科技，2012（6）：101–102.

［62］张云.基于人体工效学的高尔夫服装热湿舒适性研究［D］.上海工程技术大学，2011.

［63］田苗，王云仪，张向辉，张忠彬.高温防护服的舒适工效性能评价与优化对策［J］.东华大学学报（自然科学版），2013，39（06）：754–759.

［64］陈百顺，苏建梅，刘凤荣.《户外运动服装 冲锋衣》国家标准解读［J］.针织工业，2015（12）：80–83.

［65］王希.我国冲锋衣行业发展战略模式与选择研究［D］.北京交通大学，2017.

［66］夏羽，郭依伦，彭长龙，边伟波，龚小舟，陈晓钢.防弹衣的服用发展趋势［J］.中国个体防护装备，2013（4）：12–14.

［67］赵胜男，罗汝楠，范敏，张辉.防弹衣及其舒适性研究现状［J］.纺织科技进展，2017（3）：10–14.

［68］唐久英，张辉，周永凯.防弹衣的研究概况［J］.中国个体防护装备，2005（5）：24–27.

［69］张辉，周亚夫，周永凯，曹俊周.炼焦防护服的工效学评价［J］.北京服装学院学报，1993（02）：25–30.

［70］张龙女，王云仪，李亿光.油罐清洁连体作业服的开发和工效学评价［J］.纺织学报，2013，34（08）：105–109.

［71］GB/T 16160—2008，服装用人体测量的部位与方法［S］.北京：中国标准出版社，2008.

［72］骆顺华，王建萍.基于二维图像非接触式人体测量方法探析［J］.纺织学报，2013（8）：151–155.

［73］齐行祥.基于个性化虚拟人台的服装合体性评价模型研究［D］.东华大学，2011.

［74］甘以明.织物冷暖触感的评价以及服装压对评价的影响［D］.东华大学，2012.